Klaus Robin, Roland F. Graf, Reinhard Schnidrig

Wildtiermanagement

NATUR

Klaus Robin
Roland F. Graf
Reinhard Schnidrig

Wildtiermanagement

Eine Einführung

Haupt Verlag

Autoren und Verlag danken folgenden Institutionen für die Unterstützung bei der Herausgabe dieses Buches:

Ernst Göhner Stiftung

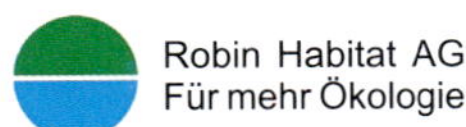

Natur- und Tierpark Goldau

Robin Habitat AG

Schweizerische Gesellschaft für Wildtierbiologie SGW-SSBF

Schweizerische Vogelwarte Sempach

Zürcher Hochschule für Angewandte Wissenschaften
Institut für Umwelt und Natürliche Ressourcen

1. Auflage: 2017

Bibliografische Information der *Deutschen Nationalbibliothek*
Die Deutsche Nationalbibliothek verzeichnet diese Publikation in der Deutschen Nationalbibliografie; detaillierte bibliografische Daten sind im Internet über http://dnb.dnb.de abrufbar.

ISBN 978-3-258-07792-5

Der Haupt Verlag wird vom Bundesamt für Kultur mit einem Strukturbeitrag für die Jahre 2016–2020 unterstützt.

Umschlag, Satz und Gestaltung: Doris Wiese, D-Bad Krozingen
Lektorat: Manuela Kupfer, D-Marburg
Printed in Germany
www.haupt.ch

Wünschen Sie regelmäßig Informationen über unsere neuen Titel im Bereich Natur und Garten? Möchten Sie uns zu einem Buch ein Feedback geben? Haben Sie Anregungen für unser Programm? Dann besuchen Sie uns im Internet auf www.haupt.ch. Dort finden Sie aktuelle Informationen zu unseren Neuerscheinungen und können unseren Newsletter abonnieren.

Inhaltsverzeichnis

Vorwort

Wildtiere waren in zahlreichen Kulturen über Jahrtausende Lieferanten von Protein und Werkstoffen. An sie heranzukommen, setzte eine gute Beobachtungsgabe voraus, kostete viel Aufwand, stieß zahlreiche technische Erfindungen an, erzwang Kooperationen und begründete Traditionen. Die Zahl der Menschen war klein. Wildtierpopulationen standen unter dem Einfluss klimatischer und meteorologischer Faktoren, von Nahrungsmangel, Parasitenbefall und Prädation. Der Einfluss des Menschen als Prädator reihte sich ein in dieses ökologische Netz und war über lange Zeiträume kaum relevant. Allmählich wuchsen aber die Populationen des Menschen an und damit einher ging ein immer stärkerer Druck auf die Wildtiere. Viele größere Arten wie Riesenhirsch, Wildpferd oder Auerochs starben regional oder global aus.

Ein nächster Schub der Umgestaltung des Lebensraums entwickelte sich durch die Viehzucht und den Ackerbau. Durch die Domestikation großer Herbivoren und später weiterer Tierformen (Huhn, Truthuhn und andere) wurde die Versorgung mit Protein allmählich von Wildtieren abgekoppelt und die menschlichen Populationen wuchsen rasant. Mit ihnen wuchs auch der Raum- und Ressourcenbedarf für Land- und Waldwirtschaft, für Wohn-, Industrie- und Verkehrsinfrastruktur. Im 19. Jahrhundert begannen in westlichen Kulturen Menschen damit, den Raubbau an der Natur zu kritisieren. Sie lehnten die Fokussierung des menschlichen Handelns ausschließlich auf den eigenen Profit ab. In ihren Überlegungen orientierten sie sich an Naturvölkern, die sich als Teil eines Universums betrachteten. Um dieses große Ganze zu respektieren und ihre Ressourcen nicht zu gefährden, hatten sich indigene Völker für die Nutzung der Natur strenge Regeln auferlegt, denn sie begriffen, dass Übernutzung ihr eigenes Überleben gefährdet.

Im Spannungsfeld zwischen Wildhuftieren und Wald entwickelte der amerikanische Förster und Ökologe Aldo Leopold (1887–1948) einen integralen Ansatz und erkannte neben zahlreichen ökologischen Zusammenhängen die Verantwortung des Menschen für die Natur als Ganzes. Er gilt als der eigentliche Begründer des Wildtiermanagements und beeinflusst mit seinen Schriften das Fachgebiet noch immer. Ihm war schon damals klar, dass Wildtiere spezifische Ansprüche an ihren Lebensraum stellen und in der Regel große Räume benötigen, um langfristig überlebensfähige Populationen zu bilden. Diese Ansprüche stehen noch heute oft in Konflikt mit der menschlichen Nutzung. Deshalb sind viele Wildtierarten gefährdet. Andere hingegen profitieren von veränderten Landnutzungsformen und Nutzungsintensitäten, nehmen zahlenmäßig zu und verursachen Schäden an landwirtschaftlichen Kulturen oder im Wald. Verschiedene Wildtiere sind als Jagdbeute begehrt, während andere als Bedrohung wahrgenommen werden. In diesem Spannungsfeld umfasst das Wildtiermanagement einen Steuerungsprozess, mit dem Aufgaben und Probleme im Umgang mit Wildtieren und ihren Lebensräumen erkannt, analysiert und gelöst werden können. Dieser Prozess erleichtert es, wildtierbezogene gesellschaftspolitische Ziele zu erreichen und gleichzeitig den Eigenwert und die Ansprüche der Wildtiere zu respektieren.

Dieses Buch will beim bewussten und verantwortungsvollen Tun und Unterlassen im Umgang mit Wildtieren eine Hilfe sein. Es richtet sich an Studierende der Fachgebiete Biologie, Umwelt und Primärproduktion sowie an Behörden der Bereiche Natur, Jagd und Fischerei, Wald- und Landwirtschaft. Außerdem will es Wildhüter, Naturschützer, Jäger, Förster, Naturpädagogen, interessierte Laien und allgemein Personen ansprechen, die sich für unsere Wildtiere und ihre Lebensräume einsetzen.

Mit grundsätzlichen Überlegungen, mit Erläuterungen zur Rechtslage auf nationaler und öfters auch auf internationaler Ebene sowie mit Fallbeispielen wollen wir Regelprozesse und Ausnahmeereignisse offenlegen und zu mehr Verständnis für die Wildtiere und ihre Lebensweise und Ansprüche beitragen.

Uznach / Wädenswil / Ferenbalm Januar 2017
Klaus Robin, Roland F. Graf, Reinhard Schnidrig

Einleitung

1

1.1 Warum dieses Buch?

Die Zeiten, als Auerochsen die Äcker sesshaft gewordener Indogermanen ruinierten, sind längst vorbei. Seit jenen weit zurückliegenden Zeiten hat sich das Gesicht der Erde in nahezu allen Belangen verändert. Viele Arten haben unter dem Einfluss des Menschen ihren Lebensraum teilweise oder ganz verloren, sind ausgestorben oder ausgerottet worden. Andere haben veränderte Lebensbedingungen genutzt und weite Areale besiedelt. So wanderten Individuen einiger Arten aus den Wäldern in die Siedlungen und Städte, fanden dort gute Nahrungs- und Rückzugsräume vor und bildeten permanente Populationen. Weitere Arten wurden erst durch den Menschen, bewusst oder unbewusst, in neue Lebensräume verfrachtet, setzten sich dort fest und verbreiteten sich manchmal schnell, oft aufgrund fehlender Konkurrenz oder anderer limitierender Faktoren wie etwa Parasiten.

Die globale Biosphäre unterliegt einem stetigen Wandel, was uns vor große Herausforderungen stellt, und dies auf zahlreichen Ebenen. So müssen wir die vielfachen Verflechtungen unterschiedlichster Organismen verstehen und uns bemühen, die hohe Komplexität gegenseitiger Abhängigkeiten zu durchschauen: Was hängt in welchem Ausmaß von wem ab? Welches sind anthropogene und welches nicht anthropogene Einflussfaktoren und wie stark wirken sie – einzeln oder in ihren gegenseitigen Abhängigkeiten? In einem nächsten Schritt sind Ziele zu definieren, die nicht immer eindeutig sind und einem fortwährenden und oft unvorhersehbaren Wandel unterliegen. Es müssen Schlüsse gezogen, Aktionen eingeleitet und deren Wirkung kontrolliert werden. Dabei ist stets zu bedenken, dass erwartete Ergebnisse möglicherweise nicht eintreffen, Prozesse langsamer oder schneller vor sich gehen oder trotz aller Umsicht in der Vorbereitung aus dem Ruder laufen. Die Politik wünscht sich einfach verständliche Zieldefinitionen, plausible Ziele-Maßnahmen-Wirkungsgefüge, die rasch, zumindest heute und möglichst auch noch bis zur nächsten Wahlperiode, gültige Resultate liefern. Solche Ansprüche sind eher selten erfüllbar.

Im vorliegenden Buch befassen wir uns mit Wildtiermanagement (WTM). Unter Wildtiermanagement verstehen wir den konzeptionellen und operativen Umgang mit Wildtieren und ihren Lebensräumen. Dabei sind sowohl die Bedürfnisse der Wildtiere als auch die Ansprüche menschlicher Nutzer zu berücksichtigen. Anders ausgedrückt bezeichnet Wildtiermanagement einen Steuerungsprozess zum Lösen von Aufgaben und Problemen mit Bezug zu Wildtieren und ihren Lebensräumen. In diesem Steuerungsprozess sind die Zusammenarbeit mit Vertretern von Behörden und Verbänden der Bereiche Wald- und Landwirtschaft, Jagd, Naturschutz sowie die Einbeziehung weiterer betroffener Kreise unabdingbar. Wildtiermanagement bewegt sich im Überschneidungsbereich von Ökologie, Naturschutzbiologie sowie wirtschaftlichen und gesellschaftlichen Interessen. Wildtierfragen sind meist in einen räumlichen Kontext eingebunden. Deshalb ist Wildtiermanagement sehr oft auch Landschaftsmanagement – die Ansprüche der Wildtiere müssen bei raumrelevanten Entscheiden berücksichtigt werden.

Im Gegensatz zur Wildtierökologie oder Wildtierbiologie ist das Wildtiermanagement keine wissenschaftliche Einzeldisziplin, sondern ein Anwendungsbereich, der sich für die Lösung praktischer Fragestellungen auf wissenschaftliche Grundlagen stützt.

Weit gefasst können dem Begriff «Wildtiere» alle höheren Organismen zugeordnet werden, die weder Pflanze noch Pilz noch ein Produkt der Domestikation sind. Wir fokussieren uns hier auf Wirbeltiere, deren Ansprüche auf unterschiedliche Weise mit denen des Menschen an die Natur kollidieren. Oder umgekehrt: Wo die menschlichen Ansprüche mit den Bedürfnissen von Wildtieren in Konflikt geraten, ist zu fragen, ob diese Ansprüche gerechtfertigt sind, und falls ja, wo und in welchem Ausmaß. Um dieses immense Tätigkeitsfeld weiter einzugrenzen, befassen wir uns vorwiegend mit dem geografischen Raum der Alpen und seiner Vorländer, schauen aber immer wieder darüber hinaus, wenn wir Vergleiche benötigen, um Vorstellungen, Prozesse und Ergebnisse besser verständlich zu machen.

Das Management von Wildtieren verlangt sehr gute Kenntnisse der jeweiligen im Fokus stehenden Art. Wir müssen möglichst «alles» über die Biologie dieser Art wissen, über ihr Sozialsystem, ihre Einnischung in die Umwelt und ihre Interaktionen mit den höher und den tiefer gestellten Organismen der trophischen Kaskade. Dabei müssen wir uns aber bewusst sein, dass wir diesen Ambitionen immer hinterherhinken. Stetig ist zu überprüfen, inwieweit unsere Kenntnisse ausreichen für eine gut unterbaute Beurteilung einer Fragestellung. Oder bewegen wir uns möglicherweise auf (zu) dünnem

Eis, wenn wir einen Istzustand beschreiben, Zielsetzungen definieren, Maßnahmen vorschlagen und umsetzen sowie die Zielerreichung überprüfen?

Im Wildtiermanagement spielen nicht nur Fakten, Rezepte und Pläne eine zentrale Rolle, sondern auch der Faktor Mensch. Eine Sachlage kann noch so klar und offensichtlich sein – wenn eine der involvierten Gruppen sie als nicht plausibel oder verzerrt wahrnimmt oder sie gar ignoriert, entstehen Hindernisse, die nicht immer auf die Schnelle zu überwinden sind. Unterschiedliche Sichtweisen auf ein und dasselbe Thema können, unabhängig von der Rechtslage und dem Kenntnisstand, Lösungen blockieren oder, schlimmer noch, bereits die Suche nach Lösungen behindern. In solchen Fällen sind manchmal diplomatische Verhandlungen, zuweilen aber die juristischen Interventionsmöglichkeiten des Rechtsstaats oder der Druck von Nichtregierungsorganisationen (NGOs) erforderlich, um Schritt für Schritt weiterzukommen. In diesem Zusammenhang ist größter Wert auf eine sachgerechte Rollenverteilung der Organisationsebenen zu legen. Auch auf solche Aspekte geht dieses Buch ein.

Das vorliegende Werk ist entstanden aus Vorlesungstexten, Übungsbeschreibungen, zahlreichen studentischen Arbeiten, zudem gestützt auf die Aus- und Weiterbildung sowie die Erfahrung der Autoren, die alle seit Jahren im Bereich der Wildtierforschung und des Wildtiermanagements tätig sind. Überdies beziehen wir uns auf relevante Literatur. Anders als in der wissenschaftlichen Primärliteratur üblich, stützen wir nicht jede unserer Aussagen auf Quellen ab, um die Lesbarkeit zu erleichtern. Die von uns zitierte Literatur sollte dem Leser dennoch einen Zugang zu einer vertieften Auseinandersetzung mit der Materie ermöglichen. Zudem haben wir darauf geachtet, nicht nur englische Primärliteratur heranzuziehen, sondern auch deutsche Fachartikel, da diese außerhalb des Hochschulbereichs einfacher zu beschaffen sind.

In deutschsprachigen Publikationen zum Umgang mit jagdbaren Wildtierarten werden oft Begriffe aus der Jägersprache wie «Wildbret» (Fleisch von Wildtieren), «Haupt» (Kopf von Wildwiederkäuern), «Rotwild» (Rothirsche aller Geschlechts- und Altersklassen) usw. verwendet. In der Jägersprache schwingt die jagdliche Nutzung einer Tierart mit, was jedoch nur einen Teil der Aspekte abdeckt, die wir unter dem Begriff «Wildtiermanagement» zusammenfassen. In diesem Buch werden wir deshalb die neutralen, fachlichen Begriffe für Wildtiere, deren Körperteile und den Umgang mit ihnen verwenden. Für die jagdlichen Begriffe verweisen wir auf die entsprechende Literatur (Frevert 2007, Jagd- und Fischereiverwalterkonferenz der Schweiz JFK-CSF-CCP 2014).

1.2 Struktur dieses Buches

Der Umgang mit Wildtieren in einer menschgeprägten Landschaft erfordert unterschiedliche Methoden des Managements, je nach Status der Arten, gesellschaftlichen Ansprüchen und daraus abzuleitenden ökologischen und ökonomischen Zielsetzungen. Entsprechend können Wildtiere unter dem Aspekt steuernder Eingriffe oder bewussten Gewährenlassens der natürlichen Dynamik im Wesentlichen in vier Kategorien eingeteilt werden:

- «Zu wenig!»: Wildtierpopulationen können durch unterschiedliche Ursachen gefährdet sein. Dieser Gefährdung begegnet der Mensch, indem er Arten durch Nutzungsverzicht schützt und durch Aufwertung und Beruhigung der Lebensräume fördert. Besteht bei einem Restvorkommen Inzuchtgefährdung, kommt eine Bestandsaufstockung in Betracht. Bei gänzlichem Erlöschen hilft unter bestimmten Voraussetzungen die Wiederansiedlung.
- «Im Gleichgewicht?»: Im Wildtiermanagement werden Voraussetzungen dafür geschaffen, dass Wildtierpopulationen ihr natürliches Potenzial möglichst vollständig ausschöpfen und gleichzeitig die Nutzungsinteressen des Menschen gewahrt sind. Unter dem natürlichen Potenzial verstehen wir Vorkommen, die langfristig überlebensfähig und den natürlichen Ressourcen angepasst sind sowie eine artgemäße Zusammensetzung aufweisen. Unter dem Aspekt «im Gleichgewicht» fassen wir deshalb autochthone Wildtiere zusammen, die nachhaltig genutzt werden (jagdbare Arten) oder in Bezug auf die gesellschaftliche Akzeptanz an Grenzen stoßen.
- «Zu viel?»: Nutzen einzelne Arten leicht verfügbare Ressourcen sehr erfolgreich, können regionale Vorkommen über ein vorher definiertes Gleichgewicht hinaus anwachsen und mit menschlichen Ansprüchen in Konflikt geraten. Aus der Perspektive der betroffenen Nutzergruppen sind sie zu häufig, was mit ökologischen Maßstäben nicht notwendigerweise übereinstimmt.
- «Neu»: Unter bestimmten Voraussetzungen dehnen Wildtierarten ihr Verbreitungsgebiet aus und immigrieren ohne aktive menschliche Unterstützung in früher besiedelte oder bisher nicht bewohnte Areale. Diesen natürlichen Prozessen stehen bewusst oder unbewusst ablaufende anthropogen verursachte Neuansiedlungen in historisch nicht besiedelten Lebensräumen gegenüber (Neozoenthematik). Oft erweisen sich diese Neozoen als besonders konkurrenzstark, weil die autochthone Fauna nicht ausreichend Zeit hatte, sich evolutiv an die Neuankömmlinge anzupassen.

Die Einteilung einer Art in eine der vier Kategorien kann sich im Verlauf der Zeit ändern, zudem lassen sich gewisse Arten mehreren Kategorien zuordnen. Der Rothirsch beispielsweise gehört zu den jagdbaren Arten («Im Gleichgewicht?»). Er kann unter bestimmten Umständen jedoch zu Schäden in Forst- und Landwirtschaft führen («Zu viel?»). Anfang des 20. Jahrhunderts hätte der Rothirsch in die Kategorie der gefährdeten Arten («Zu wenig!») gehört, da er damals in weiten Teilen Europas praktisch ausgerottet war.

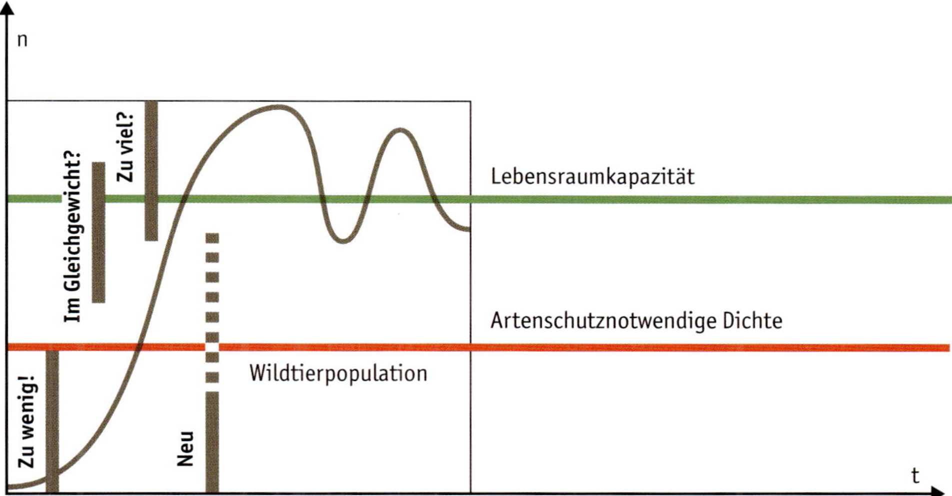

Abb. 1.1: Die Kategorien «Zu wenig!», «Im Gleichgewicht?», «Zu viel?» und «Neu» lassen sich in der schematischen Entwicklung einer Population unterschiedlichen Phasen zuordnen.

2 Herangehensweise an Aufgaben des Wildtiermanagements

Wildtiere nutzen ihren Lebensraum und die darin vorhandenen Ressourcen gezielt, um ihre Bedürfnisse nach Nahrung, Ruhe und Sicherheit bestmöglich zu decken. In der heutigen Kulturlandschaft kollidiert dies immer wieder mit menschlichen Ansprüchen – es kommt zu Konflikten mit sehr unterschiedlichem Verlauf. Im Optimalfall lässt sich der Konflikt in einem definierten Routineverfahren zur Zufriedenheit aller Beteiligten lösen. Ein typischer Ablauf wäre folgendermaßen: Ein Naturnutzer wendet sich mit einem Problem an die Behörde, das Problem wird analysiert, Ziele und Maßnahmen werden definiert, die Maßnahmen umgesetzt und deren Wirkung kontrolliert. Wird das Ziel nicht erreicht, wiederholt sich der Prozess (Abb. 2.1).

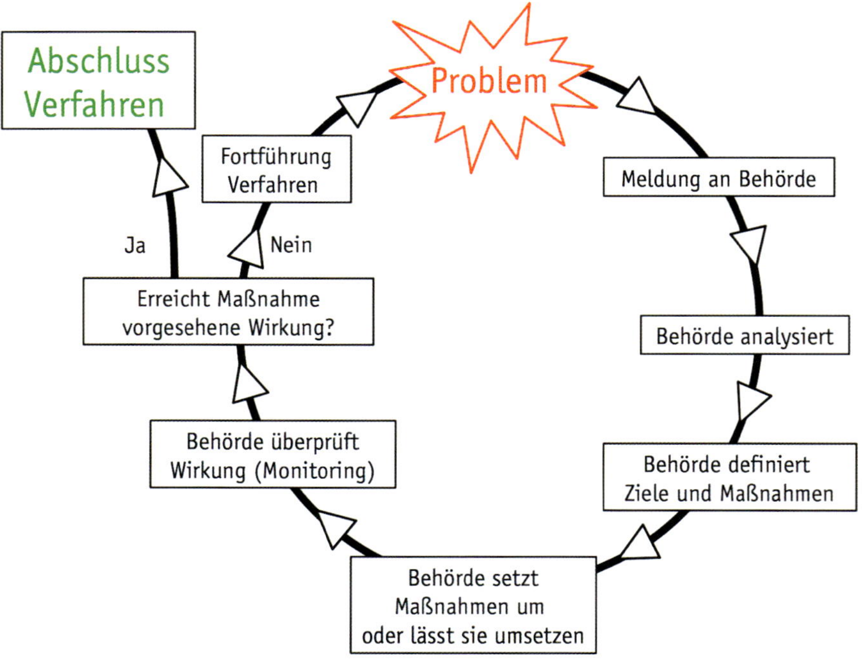

Abb. 2.1: Typisches Verfahren bei der Bewältigung von Problemen im Wildtiermanagement

Abb. 2.2: In Biberrevieren lassen sich Bäume in Gärten und Parkanlagen mit Einzelmaßnahmen davor schützen, angenagt zu werden. Hier wurde dazu ein massives Diagonalgeflecht angebracht.

Abb. 2.3: Zum Schutz des Weißtannen-Endtriebs vor Verbiss durch Wildhuftiere können als Einzelmaßnahme unter anderen solche Manschetten aus Kunststoff angebracht werden.

In der Realität können Nutzungskonflikte viel komplizierter und explosiver verlaufen. Dies geschieht vor allem dann, wenn Probleme seit langem bestehen und/oder die beteiligten Kreise das Problem unterschiedlich beurteilen. In solchen Situationen ist ein Dialog kaum möglich, ein Konsens scheint ausgeschlossen. Die «Geschädigten» bilden Interessengemeinschaften, setzen die Medien darauf an und versuchen Politiker für ihr Anliegen zu gewinnen. Damit wollen sie die zuständige Behörde unter Druck setzen. Sie schlagen öffentlich radikale Lösungen vor, deren Umsetzbarkeit nicht geprüft ist (effizient? rechtskonform?). Arbeitsgruppen werden einberufen und Experten eingesetzt. Diese Experten werden auf Kompetenz und politische Verlässlichkeit geprüft und von der Gegenseite diskreditiert (Eskalationsstufe 1). In der Krise nehmen Beteiligte die Sache selbst in die Hand, es kann zu illegalen Handlungen kommen, der Druck auf die Behörden wächst. Die Behörden genehmigen im Auftrag der Politik Methoden im gesetzlichen Graubereich und bekommen Beifall von den «Geschädigten». Dies ruft Widerstand bei der Gegenpartei hervor und der Konflikt geht in Eskalationsstufe 2 über.

Solche Eskalationen entwickeln sich, weil die Beteiligten sehr unterschiedliche Kenntnisse, Vorstellungen und Haltungen haben und die Situation abweichend voneinander bewerten. Während die eine Seite die menschlichen Nutzungsinteressen grundsätzlich über Naturanliegen stellt, vertritt die andere Seite beharrlich die Anliegen der Wildtiere. Diese unterschiedliche Wertung kann auf jeweils anderer Betrachtung und Kenntnis des Systems gründen. Oft werden aber auch ganz andere Ziele verfolgt und es geht nicht in erster Linie um die Sache. Das können lokale ökonomische Interessen, Arbeitsplätze, technische Einrichtungen oder persönliche Interessen sein. Wichtig ist, dass manche Sachverhalte tatsächlich eine subjektive Wahrnehmung zulassen, andere jedoch faktenbelegt sind und nicht unterschiedlich gewertet werden können. Die Aufgaben des Wildtiermanagements bestehen darin, subjektive Wertungen am Stand der wissenschaftlichen Kenntnisse zu prüfen, um anschließend eine faktenbasierte Argumentation zusammenzustellen und zu kommunizieren, sowie rechtskonforme Maßnahmen zu empfehlen beziehungsweise umzusetzen (Hofer 2016).

2.1 Problemanalyse

Im Fall eines Konflikts mit Wildtierbezug klärt die Behörde oder eine von ihr beauftragte Institution die Ausgangslage/den Istzustand möglichst objektiv ab. Dabei stützt sie sich entweder auf Fachliteratur und bestehende Daten oder es werden zusätzliche Daten erhoben und analysiert. Im Folgenden beschreiben wir den Idealablauf einer Problemanalyse, gehen auf die relevanten Fakten und Analysen sowie auf die dafür verwendeten Methoden ein.

In der Praxis kommen sehr vielfältige Abweichungen von diesem Idealablauf vor. Meinungen und Fakten werden oft und manchmal ganz bewusst vermischt. Subjektive Wahrnehmungen und divergierende Wertvorstellungen verhindern Objektivität und können den Ablauf bereits im Stadium der Problemanalyse beeinträchtigen.

Abb. 2.4: Regelmäßige Erhebungen von Wildtierbeständen bieten im Vergleich mit Resultaten früherer Perioden gute Grundlagen für die Schätzung von Bestandstrends.

2.1.1 Systemgrenzen und Raumskalen

Probleme im Wildtiermanagement haben immer einen Raum-Zeit-Bezug, der für die Lösungsfindung wesentlich ist. In der Problemanalyse müssen deshalb das relevante räumliche System und die entsprechenden Zeiträume definiert werden. Dieser Schritt ist nicht trivial, sondern setzt eine gute Systemkenntnis voraus. Im Beispiel des Kormoranmanagements ist zu berücksichtigen, dass die Schweizer Population permanent aus den viel größeren Populationen in Nordeuropa gespeist wird. Bestandsregulationen wären demnach kaum oder zeitlich nur sehr limitiert wirksam. Diesem großräumigen Aspekt ist Rechnung zu tragen, auch wenn in einem lokalen Konflikt der Schwerpunkt auf der Situationsanalyse vor Ort liegt. Es gibt folglich unterschiedliche Raumskalen, auf denen jeweils andere Aspekte für die Problemanalyse relevant sind (z. B. Storch 2003; siehe Kapitel 4).

2.1.2 Wer sind die Wissensträger?

Nur Personen mit Kenntnissen über Wildtiere und möglichst mit Felderfahrung können Wildtiermanagement betreiben. Andernfalls fehlen qualitatives Wissen, Erfahrung, Gespür und Intuition für die Thematik – Qualitäten, die wichtig sind bei der Interpretation von Resultaten, der Entwicklung von Hypothesen und der Lösung praktischer Managementaufgaben.

Über die qualitativen Kenntnisse hinaus sind für jeden Wildtiermanagementprozess quantitative, systematisch erhobene Daten über die jeweiligen Wildtiere unabdingbar. Solche Datenerhebungen erfolgen anhand spezifischer Fragestellungen, welche von Fachleuten ausformuliert und in Bezug auf ihre Umsetzbarkeit mit Praktikern besprochen werden sollten. Abhängig von der Fragestellung können Wildtierökologen, Wildhüter, Jäger oder interessierte Laien mit spezifischen Artenkenntnissen Datenerhebungen selbst durchführen. Diese erfassten Daten sollten in zentralen Datenzentren gesammelt (in der Schweiz CSCF und Schweizerische Vogelwarte), verwaltet, für Wildtiermanagementprojekte nutzbar gemacht und vor missbräuchlicher Verwendung geschützt werden.

Zur Plausibilitätskontrolle der Forschungsergebnisse, Gutachten und Managementkonzepte sollten felderfahrene Experten (zum Beispiel Wildhüter) hinzugezogen werden. Die Prüfung der Resultate ist wichtig wie in anderen Disziplinen auch. Wir müssen offen sein für neue Erkenntnisse und bereit, diese in Managemententscheide einfließen zu lassen. Beispiele aus der Vergangenheit zeigen, dass eine vorherrschende Meinung und darauf aufbauende Managemententscheide falsch sein können. So wurde der Tannenhäher früher als Baumschädling eingestuft und aktiv dezimiert. Heute ist bekannt, dass er über die Anlage von Futterdepots die Verjüngung und Ausbreitung der Arve (Zirbelkiefer) unterstützt (Mattes 1982).

2.1.3 Fortschritt in der Erfassung wildtierbiologischer Grundlagen

Manche Wildtiere sind relativ leicht, andere aber extrem schwierig zu beobachten. So sind die Brutbestände des in Kolonien lebenden Kormorans recht gut erfassbar. Auch saisonale, von einem Großteil der Population angetretene Wanderungen sind quantifizierbar. Hingegen lassen sich Bestände von heimlich und in deckungsreichen Lebensräumen lebenden Arten nur schwer erfassen (zum Beispiel Reh, Luchs, Auerhuhn). Daten über seltene Ereignisse, wie Wanderungen einzelner Individuen zwischen Populationen des waldbewohnenden Auerhuhns, können lediglich mit großem Aufwand und fast ausschließlich mittels genetischer Analysen erhoben werden.

Die Methoden, mit denen man das Leben der Wildtiere erforscht, haben sich in den letzten Jahrzehnten stark verändert. Beispielsweise zeigt sich ein klarer Trend von invasiven zu nichtinvasiven Methoden. Wurde der Nachweis einer seltenen Art früher oft mit dem Gewehr verifiziert, liefern heute leistungsfähige Digitalkameras oder die Analyse genetischen Materials aus Kot, Haaren oder Federn den Artnachweis

Abb. 2.5 ↓ und 2.6 →: Heute bietet der Markt eine Vielzahl an Fotofallen/automatischen Kameras an, die technisch unterschiedlich ausgestattet sind.

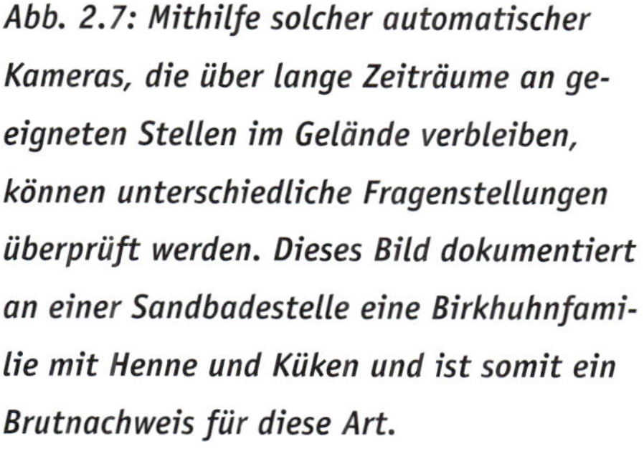

Abb. 2.7: Mithilfe solcher automatischer Kameras, die über lange Zeiträume an geeigneten Stellen im Gelände verbleiben, können unterschiedliche Fragenstellungen überprüft werden. Dieses Bild dokumentiert an einer Sandbadestelle eine Birkhuhnfamilie mit Henne und Küken und ist somit ein Brutnachweis für diese Art.

Abb. 2.8: Bei diesem Bild geht es um den Beleg für die Anwesenheit des Wolfs und darum, ob ein Tier allein oder in einer Gruppe unterwegs ist (Calandarudel GR/SG).

und weitergehende Informationen. Um die Bestände und die Artzusammensetzung von Kleinnagern zu bestimmen, arbeitete man früher vorwiegend mit Totschlagfallen, während heute – zumindest in der Schweiz – vorwiegend Lebendfallen benutzt werden (Capt 2012). Diese Entwicklung erfolgte einerseits aufgrund neuer technischer Möglichkeiten, andererseits auch aufgrund veränderter Werthaltungen in der Gesellschaft, welche «unnötiges» Töten respektive Leiden von Tieren ablehnt.

Gleichzeitig fand in der wildtierbiologischen Arbeit eine Computerisierung und Technisierung statt. Noch vor 50 Jahren wurden grafische Darstellungen von Hand gezeichnet. Heute ist praktisch jede Amtsstelle in der Lage, grafische Analysen selber zu erstellen und räumliche Bezüge mithilfe Geografischer Informationssysteme (GIS) zu visualisieren. An Hochschulen sind komplexe multivariate Analysemethoden zum Standard geworden, Populationen wie Lebensräume werden am Computer modelliert.

***Abb. 2.9:** Im Konflikt zwischen Kormoran und Berufsfischerei geht es u. a. darum, wie viele Fische in Netzen durch Kormorane verletzt werden; im Bild eine Auswahl verletzter Felchen aus Netzen im Neuenburgersee.*

***Abb. 2.10:** Mithilfe von Drohnenfotos lassen sich Wildschweinschäden an Kulturen, hier in einem Maisfeld, sichtbar machen und im Nachgang mit digitalen Methoden quantifizieren.*

2.1.4 Methoden zur Erfassung von Schäden

Die Methoden zur Erfassung des Schadensausmaßes werden besonders kritisch betrachtet. Unterschiedliche Auffassungen über die zu berücksichtigenden Aspekte, die Art der Aufnahmemethoden und die Wertung der erhaltenen Resultate befeuern häufig Konflikte mit Wildtierbezug. Beispiele sind Wald-Wild-Konflikte oder der Konflikt um Kormorane und Berufsfischerei (siehe Kapitel 6.3).

Deshalb sollte man größten Wert auf objektive, transparente Methoden zur Erfassung von Schäden legen. Idealerweise werden Schäden zudem von unabhängigen Personen oder Institutionen ermittelt und nicht durch die geschädigte oder für den Schaden aufkommende Partei. Eine andere, pragmatische Möglichkeit ist, dass sich die geschädigte und für den Schaden aufkommende Partei in einer paritätischen Kommission über die Höhe der Schäden und die entsprechenden Maßnahmen einigen.

2.2 Zieldefinition

2.2.1 Übergeordnete Ziele

Die Ziele im Wildtiermanagement sind oft nicht klar definiert und können sich im Lauf der Zeit ändern. In der ersten Hälfte des 20. Jahrhunderts ging es vor allem darum, die Populationen weniger jagdbarer Arten so zu steuern und zu fördern, dass ein maximaler Ertrag (Jagdstrecke) möglich wurde, ohne die Populationen zu gefährden. Dagegen stehen heute zunehmend auch die nicht konsumtive Nutzung (zum Beispiel Tourismus, Artenvielfalt als Reservoir für die Herstellung von Medikamenten) und die Erhaltung der Arten im Vordergrund.

Die Ziele im Wildtiermanagement sind eine Funktion menschlicher Werte und Traditionen. Wir können die Ziele in drei Kategorien unterteilen:

1. Erhaltung der Arten und ihrer Lebensräume: Alle wild lebenden Wildtiere und ihre Lebensräume sind langfristig gesichert. Ein spezielles Augenmerk liegt dabei auf gefährdeten und prioritären Arten im Sinne der Verantwortung.
2. Lösung von Konflikten: Durch Problemanalyse, Regulierungsmaßnahmen und Erfolgskontrolle sollen Konflikte entschärft und von den Betroffenen akzeptierte Zielzustände erreicht werden.

3. Nachhaltige Nutzung: Die nachhaltige Nutzung wird in eine konsumtive (verbrauchende; zum Beispiel Jagd) und eine nichtkonsumtive Nutzung (zum Beispiel Birdwatching) unterteilt.

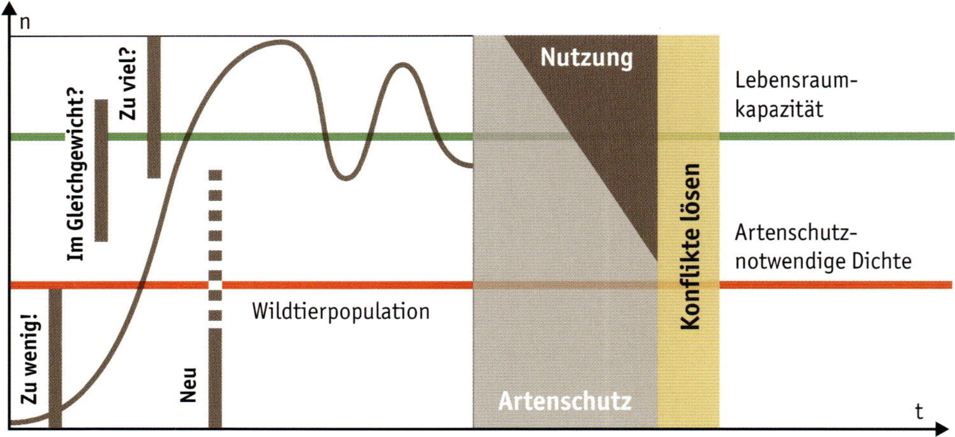

***Abb. 2.11:** Im Umgang mit Wildtieren hängt die Zielsetzung von der Entwicklungsphase der Population ab. Konflikte mit menschlichen Interessen können auf jeder Stufe der Populationsentwicklung entstehen.*

2.2.2 Konkrete Ziele

Welcher Zielzustand ist in welcher Raumskala und in welchem Zeitraum anzustreben? Auf diese Frage gibt es eine Vielzahl von Antworten, abhängig vom Status einer Tierart, den involvierten Interessen der Menschen und den regionalen oder lokalen Gegebenheiten. Konkret werden zum Beispiel folgende Ziele anvisiert.

Aus der Perspektive der Ökologie:

- Eine Population ist langfristig überlebensfähig und weist eine ausreichende genetische Vielfalt auf.
- Die artenschützerisch notwendige Bestandsgröße ist definiert.
- Ein Wildtierbestand weist einen natürlichen Altersaufbau sowie eine ebensolche Sozialstruktur auf und zeigt ein natürliches Raum-Zeit-Verhalten.
- Ein Wildtierbestand ist an die Kapazität seines Lebensraums angepasst (was das heißen kann, wird im Kapitel «Rothirsch» besprochen).

Abb. 2.12: Nach der erfolgreichen Wiederansiedlung des Alpensteinbocks in den Alpen sind Eingriffe in die Populationen insbesondere dort erforderlich, wo die Art Schäden an Schutzwäldern verursacht. Das Management wird in den verschiedenen Alpenländern unterschiedlich gehandhabt. In der Schweiz ist der Alpensteinbock eine geschützte Art, deren Management einer Sonderregelung untersteht. Von Bedeutung ist, dass sich die Eingriffe nicht ausschließlich auf starke Hornträger konzentrieren, sondern beide Geschlechter und alle Altersklassen betreffen.

- Genügend große und qualitativ ausreichend ausgestattete Lebensräume sind erhalten oder werden nötigenfalls aufgewertet, vergrößert oder neu geschaffen, um die Kapazität zu erhöhen.

Aus der Perspektive menschlicher Interessen:

- Präventionsmaßnahmen reduzieren die Schäden auf ein tragbares Maß.
- Ein Wildtierbestand wird so reguliert, dass Schäden ein tragbares Maß nicht überschreiten.
- Ein Bestand entwickelt sich so, dass eine angemessene, nachhaltige Nutzung durch Jagd und Fischerei möglich ist.
- Die öffentliche Sicherheit ist gewährleistet.

2.3 Maßnahmen

Bereits aus den Zielsetzungen wird ersichtlich, dass Maßnahmen an sehr unterschiedlichen Punkten ansetzen können. Im Folgenden liefern wir einige mögliche Ansätze. Auf konkrete Maßnahmen für einzelne Arten oder Artengruppen werden wir detailliert in Beispielen eingehen.

- Direkter Eingriff in die Population: Eingriffe können direkt auf die Population wirken, indem die Zahl der Tiere reduziert wird oder die Alters- und Sozialstruktur gezielt verändert werden.
- Veränderung des Verhaltens der Wildtiere: Bei bestimmten Nutzungskonflikten kann es zielführend sein, systematisch auf das Verhalten der Wildtiere einer Population einzuwirken.
- Lebensraumgestaltung: Andererseits können Eingriffe in das Habitat zu einer Verbesserung der Nahrungsverfügbarkeit und anderer Ressourcen führen, was die Kapazität des Lebensraums erhöht.
- Maßnahmen am Verhalten der Ressourcennutzer: Gezielte Nutzungslenkung kann Konflikte mit Wildtierbezug entschärfen. Ein Beispiel dafür sind Ruhezonen für Wildtiere (Wildruhezonen), welche den Wildtieren ruhige Einstände schaffen und damit auch einen Beitrag zur Entschärfung von Wald-Wild-Konflikten leisten.
- Kommunikation: Eine adäquate, zielgerichtete Kommunikation kann den Prozess der Lösungsfindung unterstützen, die Akzeptanz für Ansprüche der Wildtiere steigern oder die Wahrnehmung eines wildtierbezogenen Konflikts in der Öffentlichkeit verändern.

Allgemein sollte ein Wildtiermanager alle gängigen Methoden zur Konfliktverhinderung oder -minimierung kennen und anwenden können. Die Maßnahme der Tötung eines «störenden» Wildtiers, respektive der Regulierung einer schadenstiftenden Population soll nicht die erste und einzige Option sein, sondern die letzte. Als Leitlinie gilt der Grundsatz «Prävention vor Intervention». Ist eine Intervention zwingend, sind zu Beginn sanftere und erst bei Nichterreichen der Ziele schwerwiegendere Maßnahmen zu prüfen und wenn nötig anzuwenden (Schweregradkaskade, Abb. 2.13).

Nicht für jedes Problem gibt es eine vorgefertigte Lösung. Grundsätzlich müssen regionale oder sogar lokale Gegebenheiten berücksichtigt werden. In vielen Fällen muss eine Managementstrategie später aufgrund neuer Erkenntnisse angepasst werden, denn dass unser Kenntnisstand unvollständig ist, ist eher der Normalfall.

Manche vorgeschlagenen Maßnahmen kreuzen sich mit anderen Zielen/Interessen. Deshalb ist das Wirkungsgefüge zu analysieren, um Kollateralschäden an der Natur oder an land- und waldwirtschaftlichen Kulturen zu vermeiden.

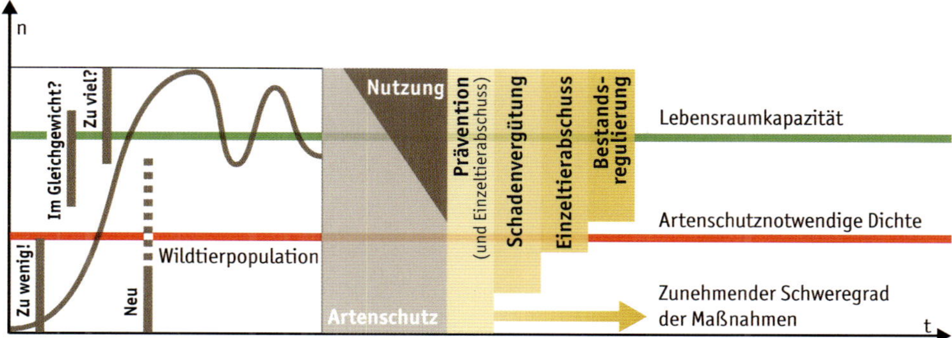

Abb. 2.13: Drängen sich Maßnahmen auf, sind im Rahmen der Schweregradkaskade stets zuerst mildere Eingriffsformen anzuwenden. Erst bei Nichterreichen der Ziele kommen Eingriffsformen höherer Schweregrade zum Einsatz.

Abb. 2.14: Wildruhezonen schützen Wildtiere vor den negativen Auswirkungen freizeittouristischer Nutzungen. Um solche Areale nicht nur planerisch, sondern in der Realität störungsfrei zu halten, ist es erforderlich, dass Naturnutzer sich an die Regeln halten. Instrumente, um dieses Ziel zu erreichen, sind eindeutige Kartendarstellungen im Internet und an den wichtigsten Ausgangspunkten von Touren eine gut sichtbare Beschilderung im Gelände, zudem eine adäquate Kontrolle und ein Verwarnungs- und Sanktionssystem, das der Sachlage gerecht wird.

Wildhüter – kompetente Praktiker im Wildtiermanagement

Ein Interview mit Rolf Wildhaber, Kantonaler Wildhüter St. Gallen

Wie wird man Wildhüterin oder Wildhüter?

Persönliche Grundvoraussetzungen sind ein gutes Auge und ein ausgeprägtes Gespür für natürliche Prozesse, zudem ein freundlicher Umgang mit Menschen. In der Schweiz ist Wildhüter kein Lehrberuf. Wildhüter stammen meist aus Berufen, deren Tätigkeiten sich mit jenen des Wildhüters zum Teil überschneiden. Sie durchlaufen nach Tätigkeitsbeginn den interkantonalen Grundkurs für Wildhüter, der in Modulen aufgebaut ist und drei Jahre dauert. Nach mindestens fünf Jahren Berufspraxis folgt eine anspruchsvolle Berufsprüfung zum «Wildhüter/Wildhüterin mit eidgenössischem Fachausweis». Ich selbst habe meine Berufsprüfung 2013 abgelegt.

Welche Tätigkeiten gehören zu einem typischen Arbeitstag eines Wildhüters?

Den typischen Alltag des Wildhüters gibt es nicht. Selbstverständlich planen auch wir unsere Arbeitstage. Wir müssen aber immer bereit sein, uns auf eine neue Situation einzustellen und den Tagesplan umzustellen.

Insgesamt befassen wir uns zu etwa einem Drittel unserer Arbeitszeit mit dem Vollzug gesetzlicher Vorgaben (Bund und Kanton) der Bereiche Jagd, Naturschutz, Heimatschutz, Tierschutz. Auch Pflanzenschutz gehört zu unseren Tätigkeitsfeldern. Zu einem weiteren Drittel arbeiten wir im Lebensraum- und Artenschutz. Zum Beispiel bringen wir uns ein bei Bahnprojekten in Skigebieten oder der Planung von Finnenbahnen, bei Anpassungen kommunaler Schutzverordnungen, bei der Ausscheidung von Wildruhezonen oder bei der Projektierung von Waldentwicklungsplänen. Der dritte Teil unserer Arbeitszeit ist dem Bereich Jagd gewidmet. Er umfasst die Organisation und Durchführung regelmäßiger Bestandserhebungen und die Überwachung des Gesundheitszustands der Wildtiere, dann die eigentliche Jagdplanung sowie die Kontrolle der Jagdausübung. Unsere Aufgaben umfassen viele Kontakte zu den Behörden des eigenen Kantons und, bei grenzüberschreitenden Fragestellungen (zum Beispiel Steinbock, Großraubtiere), zu jenen der Nachbarkantone, zudem zu Gemeindebehörden, Planungsbüros, Schulen und Hochschulen, zu Landwirten, Alpgenossenschaften, Forstregionen und natürlich zur Jägerschaft.

Ist der Wildhüter eher Wildhüter oder Polizist?

Nach meiner Auffassung ist der Wildhüter Anwalt der wild lebenden Säugetiere und Vögel sowie Lebensraumpolizist.

Inwieweit befasst sich ein Wildhüter mit der Beschaffung von Daten, zum Beispiel für das Monitoring im Rahmen der Biodiversitätsstrategie?

Wildhüter sind in vielen Monitoringprogrammen engagiert. Dies betrifft jagdbare Arten, zum Beispiel den Rothirsch oder die Gämse. Es betrifft auch Arten im Rückgang, zum Beispiel den Feldhasen in Tieflagen und das Auerhuhn in Gebirgswäldern, oder neu auftretende Arten wie den Wolf oder den Biber, wieder angesiedelte Arten wie den Steinbock oder den Bartgeier und Arten, die von der Klimaerwärmung besonders betroffen sind, wie das Alpenschnee- und das Birkhuhn.

Kurzporträt: Rolf Wildhaber (geboren 1970) hat im Erstberuf Maurer gelernt und nach Abschluss der Grenzwachtschule während 15 Jahren bei der Grenzwacht gearbeitet. In der Armee hat er die militärische Ausbildung als Bergführer und Skilehrer durchlaufen. Seit Sommer 2005 ist er als kantonaler Wildhüter im Sarganserland SG tätig, hat zwischenzeitlich den interkantonalen Grundkurs für Wildhüter absolviert und 2013 den Eidgenössischen Fähigkeitsausweis erworben. Rolf Wildhaber ist als Revierpächter aktiver Jäger und Schweißhundeführer und seit vielen Jahren in der Jägeraus- und -weiterbildung engagiert.

2.4 Erfolgskontrolle

Zu einem umfassenden Managementprozess gehört zwingend eine adäquate Erfolgskontrolle der umgesetzten Maßnahmen. Je nach Eingriffsart ist die entsprechende Wirkung zu kontrollieren. Wenn regulierend in eine Populationsstruktur eingegriffen wird, sollte die Alters- und Sozialstruktur der Population überwacht werden. Wird ein Lebensraum aufgewertet, muss die Veränderung der Habitatstruktur und der relevanten Ressourcen, aber auch die Reaktion der betreffenden Population untersucht werden. Tritt eine Wildruhezone in Kraft, sollte eine Wirkungskontrolle zeigen, ob sich die Menschen an die Regelungen halten und die Wildtiere von der Maßnahme profitieren. Weiter kann geprüft werden, ob sich die Wildtiere dank der Wildruhezone besser beobachten lassen. Abhängig von der Maßnahme ist ein Monitoring der relevanten Messgrößen und Ebenen anzustreben.

2.4.1 Allgemeine Grundsätze bei Wirkungskontrollen

In sehr vielen Fällen lässt sich die Wirkung von Maßnahmen nur über eine längere Zeitperiode feststellen – wir sprechen dann auch von Monitoringprojekten. Bei der Planung langfristiger Wirkungskontrollen muss man besonderes Augenmerk auf eine saubere Methodenwahl legen. Die Methode der Wahl hängt von der Fragestellung und dem Ziel der Erhebung ab. Meist spielen auch die zur Verfügung stehende Zeit und finanzielle Ressourcen eine große Rolle. Komplette Erhebungen existieren kaum – die gewählte Methode ist meist ein Kompromiss zwischen der notwendigen Datenqualität und dem tragbaren Erhebungsaufwand. Nur bei Routineuntersuchungen kann die Erfassungsmethode am Schreibtisch geplant werden. In der Regel ist hingegen eine Pilotphase erforderlich, um die Erfassungsmethode zu optimieren. Hierbei muss die Biologie der im Fokus stehenden Art unbedingt berücksichtigt werden.

Das oberste Ziel langfristiger Monitoringaufgaben ist es, systematische Fehler zu vermeiden. Solche Fehlerquellen können sein:

- Bearbeitereffekt: Die Erfahrung und das «Auge» für ein Phänomen unterscheiden sich meist zwischen zwei Beobachtern. Die Lösung sind vorausgehende Schulung und Trainieren der Feldaufnahmen. Der Arbeitsaufwand beziehungsweise die Aufnahmegeschwindigkeit sollte möglichst einheitlich sein.
- Die Beobachtungswahrscheinlichkeit einer Tierart ändert sich in Raum und Zeit: Je nach Tageszeit und Saison variiert die Aktivität von Wildtieren, was sich

auf deren Erfassbarkeit auswirkt. Auch die Witterungsbedingungen steuern die tierische Aktivität und beeinflussen die Erfassungsbedingungen. Ferner ist die Beobachtungswahrscheinlichkeit in Abhängigkeit von Lebensraumtyp, Dichte der Vegetation und Übersichtlichkeit des Geländes verschieden hoch.

- Populationsdichte: Bei tiefer Dichte wird eine Population oft unterschätzt, bei hoher Dichte wegen Doppelzählungen überschätzt.

Neben der Aufnahmemethode gehört zum Monitoringkonzept auch ein klar definiertes räumliches und zeitliches Aufnahmedesign (z. B. Silvy 2012, Krebs 2014). Generell verweisen wir, was die Methodik von Monitoringaufgaben betrifft, auf die weiterführende Literatur (z. B. MacKenzie et al. 2006, McComb et al. 2010, Silvy 2012, Royle et al. 2014).

Abb. 2.15: Rothirschrudel zeigen sich am Tag nur selten derart offen wie diese in der Talebene des Rheintals ruhende Gruppe. Die Beobachtungswahrscheinlichkeit variiert stark in Abhängigkeit des Lebensraums, der Tages- und Jahreszeit sowie der Witterungsbedingungen.

2.5 Erfolgsfaktoren

Wie eine Konfliktbewältigung abläuft, hängt von mehreren Faktoren ab, die wir nachfolgend detailliert beschreiben. Zentral ist eine klar definierte Rollenverteilung, der Kenntnisstand der Sachlage muss ausreichend sein und gut dokumentiert vorliegen, die Kommunikation muss von Anfang an so erfolgen, dass sich alle Beteiligten ernst genommen fühlen. Es muss genügend Zeit eingeplant werden.

Erfahrungsgemäß ist die «Dimension Mensch» einer der bedeutendsten Faktoren für die Lösung von Konflikten mit Wildtieren. Deshalb ist es oberstes Ziel, auf die Sachebene zu kommen beziehungsweise auf dieser zu bleiben und Entscheide auf objektiv erhobene Fakten zu stützen.

2.5.1 Kenntnisstand der Ausgangslage – Blindflug versus Sichtlandung

Entscheide im Wildtiermanagement stützen sich im Idealfall auf gesicherte Daten zur Ausgangssituation, die entweder bereits vorhanden sind oder aufgrund eines Konflikts erhoben werden. Welche Daten in welcher raum-zeitlichen Dimension für einen Entscheid erforderlich sind und mit welchen Methoden sie zu gewinnen sind, werden wir in Kapitel 4 eingehend erläutern.

In der Praxis basieren Entscheide jedoch oft auf einem beschränkten, unvollständigen Kenntnisstand. Entsprechend haben auch Managemententscheide oft nur vorläufigen Charakter. Im Wildtiermanagement spricht man heute deshalb von «adaptivem Management». Ein solches Vorgehen überfordert jedoch meist die Politik, die rasche, pragmatische Lösungen verlangt.

Sehr häufig wird mangelndes Wissen, manchmal auch gesichertes Wissen, unbewusst oder gezielt mit Meinungen vermengt oder gar durch sie ersetzt. Dies geschieht insbesondere, wenn das Problem schon lange besteht und die Konfliktparteien es unterschiedlich beurteilen.

2.5.2 Rollenverteilung

Eine klar definierte und gelebte Rollenverteilung ist wichtig, damit Konflikte mit Wildtierbezug effizient gelöst werden können. Konflikte entstehen nicht nur zwischen den Aktivitäten des Tieres und menschlichen Interessen, sondern vor allem zwischen

Menschen, die unterschiedliche Interessen vertreten. Der Biber und der betroffene Mensch können nicht miteinander reden. Dafür gibt es in der Gesellschaft Sachverständige, welche die Ansprüche der Wildtiere kennen und vertreten. Ihre Aufgabe ist es, die Einflüsse des Wildtiers möglichst objektiv zu beurteilen, zu erforschen oder sich auf entsprechende, verlässliche Arbeiten in vergleichbaren Lebensräumen zu stützen. Sie müssen Bagatellfälle von scherwiegenden Fällen unterscheiden sowie die jeweils adäquaten Maßnahmen vorschlagen und gegenüber den Beteiligten begründen. Der «Wildtiermanager» muss den biologischen Hintergrund, die ökonomischen Konsequenzen, die technische Durchführung der Maßnahmen und auch die geltende Rechtslage erläutern können. Wenn er im Dienst des Staates steht, dann ist die Vollzugspflicht beim Amt. Steht er außerhalb staatlicher Strukturen, ist der direkte Vollzug nicht möglich. In diesem Fall ist es seine Aufgabe, Optionen zu entwickeln und begründete Empfehlungen abzugeben, wie die staatliche Vollzugsstelle (zum Beispiel Jagd- und Fischereiverwaltung, Wildhut) die Umsetzung durchführen soll.

Abb. 2.16: Im Wildtiermanagement muss ein Experte die Lebensweise bestimmter Tierarten, z. B. des Braunbären, und auch die Rechtslage kennen, um praxistaugliche Maßnahmen vorzuschlagen.

2.5.3 Kommunikation und persönliche Beziehungen

Management heißt, Ziele in Zusammenarbeit mit Menschen zu erreichen. Dies gilt auch für den Bereich Wildtiermanagement, doch dürfte hier die Herausforderung noch etwas größer sein, weil sich Wildtiermanager in erster Linie für Wildtiere und vielleicht erst in zweiter Linie für den Umgang mit Menschen interessieren.

Besonders die größeren Wildtiere stehen im öffentlichen Interesse und in den Schlagzeilen. Ein Wildtiermanager sollte sich deshalb proaktiv um die Kommunikation in heiklen Dossiers kümmern. Beispielsweise kann das bedeuten, dass eine regionale Behörde ein Kommunikationskonzept entwickelt, das beim Auftauchen eines Probleme verursachenden Braunbären zur Anwendung kommt (BAFU 2009). Für die Planung von Wildruhezonen ist die Einbeziehung der betroffenen Nutzergruppen in einem frühen Stadium vorzusehen, damit in der lokalen Bevölkerung eher eine Akzeptanz erreicht wird (Robin et al. 2010a).

In einer typischen Problemkonstellation stehen sich verschiedene Nutzergruppen oder ihre Vertreter sowie die Personen gegenüber, welche die Gesetzeslage oder die Interessen der Wildtiere vertreten. Nicht selten kennen sich diese Personen gut oder lernen sich bei lang andauernden Konflikten immer besser kennen. Gemeinsame Begehungen der Konfliktperimeter im Feld fördern dies noch. Das erhöht die Chance, dass sich diese Personen als kompetente Menschen respektieren, obgleich sie unterschiedliche Interessen vertreten. Die Sozialkompetenz der Beteiligten sowie deren Beziehungen sind demnach mitentscheidend für die Lösung von Konflikten.

Sind jedoch die Fronten bereits verhärtet oder heftige Konflikte zwischen verschiedenen Stakeholdern zu erwarten, bieten Mediationsverfahren einen möglichen Ausweg (z. B. Ziellessen 1998, Friedman & Himmelstein 2015).

2.5.4 Funktionierende Behörden

Den Behörden kommt eine zentrale Rolle im Wildtiermanagement zu. Sie haben den Auftrag, in Konfliktfällen die geltenden rechtlichen Rahmenbedingungen durchzusetzen. Dabei gilt es in einem ersten Schritt festzustellen, ob eine Konfliktbeurteilung unbegründet oder ein Schaden als Bagatellfall einzuordnen ist. Handelt es sich um einen Bagatellfall, hat der Nutzer den Schaden beziehungsweise die Präventionsmaßnahmen selber zu tragen. Ist der Schaden erheblich, wird ein Verfahren zur Entschädigung eingeleitet und die Verstärkung der Präventionsmaßnahmen geprüft. Für bekannte und häufige Schadenfälle sind Routinen entwickelt worden, die reibungslos ablaufen. Beispielsweise existieren in der Landwirtschaft klare und gut akzeptierte Entschädigungsverfahren unter Einbeziehung von Schadensschätzern und paritätischen Kommissionen.

Für Krisen- und neu auftauchende Schadensituationen sind die Abläufe nicht immer klar definiert und es besteht die Gefahr, dass Gesetze und Verordnungen nicht eingehalten werden. So stellte zum Beispiel ein Kanton zur Verhinderung von Schäden an Fischereigewässern eine pauschale Abschusserlaubnis für Graureiher aus, obwohl gesetzlich nur Einzelabschüsse vorgesehen sind. NGOs klagten und bekamen schließlich vor dem Bundesgericht Recht. Dieser Kanton hatte seine Kompetenzen überschritten.

Dieses Beispiel illustriert einen Trend, nämlich die Verantwortung vermehrt auf die Gerichte zu übertragen, also weg von der Wildtierbiologie. Dabei geht es den Klägern darum, Entscheide der Behörden zu hinterfragen. Es kommt vermehrt zu komplexen, langen und teuren Verfahren und in deren Verlauf bisweilen zu illegalen und anarchischen Reaktionen.

Abb. 2.17: Auch im Umgang mit Schäden am Wald, die durch Wildhuftiere verursacht werden, gibt es Routineverfahren. Doch sind sich die zuständigen Amtsstellen und die betroffenen Grundeigentümer nicht immer einig. Wird z. B. durch intensiven und langjährigen Wildverbiss, wie er an diesem «Geissentannli» zu erkennen ist, die Schutzfunktion eines Schutzwalds beeinträchtigt, kann dies zu heftigen Diskussionen führen.

Bevor Behörden Maßnahmen anordnen, die einen Eingriff an Wildtierbeständen geschützter Arten, in generellen Schonzeiten oder wichtigen Lebensraumelementen bedeuten, müssen sie betroffenen Personen oder beschwerdeberechtigten Organisationen rechtliches Gehör gewähren. Nachfolgend müssen solche Entscheide beschwerdefähig publiziert werden, um sie einer richterlichen Überprüfung zugänglich zu machen.

2.5.5 Der Faktor Zeit

Für einen korrekten Ablauf des Wildtiermanagements braucht es genügend Zeit. Bei Problemen stehen Entscheidungsträger häufig von Anfang an unter Druck oder sehen unvermittelt eine Chance, ein brisantes Problem anzugehen oder ein bedeutendes Projekt in Gang zu setzen. Dies verhindert in vielen Fällen, dass die Ausgangslage sauber erfasst wird. So hätte beispielsweise eine mehrjährige Vorbereitungsphase bei der Luchsumsiedlung von den Nordwestalpen und dem Jura in die Nordostschweiz wertvolle Informationen über das veränderte Verhalten von Wildhuftieren beim Wiederauftreten dieses Großraubtiers geliefert und noch klarere Aussagen unter anderem über den Einfluss des Luchses auf die Waldverjüngung erlaubt (Robin & Ryser 2007, Schnyder et al. 2016).

Bei mehrjährigen Studien wird oft bereits nach dem ersten Jahr das Management angepasst, selbst wenn erst provisorische Ergebnisse vorliegen. Veränderungen von Populationen müssen jedoch über mehrere Jahre verfolgt werden, um klare Trendaussagen zu ermöglichen.

In Wiederansiedlungen ist zu garantieren, dass das Projekt ausreichend lange läuft, bis sich ein nachhaltiger Erfolg eingestellt hat (siehe Kapitel 3.2). Wird es frühzeitig abgebrochen, ist der meist immense Aufwand der Ansiedlung vergebens, über viele Jahre eingespielte Projektstrukturen müssen zunächst abgebaut und bei einem Neuanfang mühsam wieder aufgebaut werden.

2.5.6 Zusammenarbeit von Forschung und Praxis

Wissenschaftlern wird oft vorgeworfen, sich nicht mit den realen, aktuellen Problemen zu beschäftigen oder praxisferne, unrealistische Lösungen zu präsentieren. Selbst die Wildtierforscher befänden sich abgehoben in ihrem Elfenbeinturm. In der Tat führt der Publikationsdruck zu einer Flut von englischen Fachpublikationen, die vielen Praktikern nicht zugänglich sind. Umgekehrt gibt es jedoch auch eine Art Trutzburg-Ver-

Abb. 2.18: Das Projekt Luchsumsiedlung Nordostschweiz LUNO hat im Polygon Tössstock – Speer – Churfirsten – Kreuzberge – Säntis eine neue Teilpopulation gegründet. Im Bild: Freilassung des Luchsweibchens Alma in Sevelen, Kanton St. Gallen; 02.04.2008.

halten. Damit ist die grundsätzliche Abneigung sogenannter Praktiker gegenüber wissenschaftlichen Untersuchungen und Resultaten gemeint, mit der Konsequenz, dass wertvolle wissenschaftliche Erkenntnisse nicht in die Praxis umgesetzt werden.

Im Idealfall besteht deshalb eine enge Zusammenarbeit zwischen Wildtierforschern und Vertretern der Praxis (Arlettaz et al. 2010). Zudem muss die Wildtierforschung nicht nur internationale Zeitschriften bedienen, sondern auch praxisrelevante Informationen in allgemein verständlicher Form in deutschen Fachjournalen, Zeitschriften oder Online-Plattformen verbreiten (siehe auch Interview mit Raphaël Arlettaz).

Forschung und Praxis in der Naturschutzbiologie

Ein Interview mit Raphaël Arlettaz, Professor für Conservation Biology an der Universität Bern

In einem Fachartikel (Arlettaz et al. 2010) identifizieren Sie und Ihre Mitautoren eine Lücke zwischen der wissenschaftlichen Forschung und der Umsetzung in die Praxis. Was machen Sie und ihre Arbeitsgruppe konkret, damit Ihre Resultate in der Naturschutzpraxis Anwendung finden?

Will ein Naturschutzbiologe praktischen Erfolg vorweisen, ist sein persönliches Engagement in der Umsetzung von Naturschutzmaßnahmen grundlegend. Einerseits ist er dadurch in der Lage, die praxisrelevanten Fragen zu stellen. Anderseits kann es sich positiv auf ein Umsetzungsprogramm auswirken, wenn es von Wissenschaftlern begleitet wird. Naturschutzprogramme sind besonders dann erfolgreich, wenn sie durch interinstitutionelle Teams aus Praktikern, Behörden und Wissenschaftlern ausgeführt werden.

Das heißt nun aber nicht, dass alle Wissenschaftler selber in der Praxis Hand anlegen müssen. Basierend auf der eigenen Motivation und Komfortzone sollten Naturschutzforscher selbst entscheiden, wo sie sich entlang des Gradienten Grundlagenforschung – angewandte Forschung – Praxis positionieren. Die Universitäten sollten jedoch das Umfeld dafür schaffen, dass ein Engagement am rechten Ende des Gradienten möglich ist. Die aktuellen Leistungsindikatoren bevorzugen dagegen klar die Grundlagen und zu einem geringeren Grad die angewandte Forschung und werten vor allem Publikationen in international angesehenen Fachjournalen aus. Für Wissenschaftler in der Naturschutzbiologie sollten deshalb zusätzliche Leistungsindikatoren gelten, welche den Einfluss in der praktischen Umsetzung messen. Insbesondere Wissenschaftlern mit unbefristeten Stellen legen wir nahe, die Phase der konkreten Umsetzung als Feldtest der Erfolgskontrolle persönlich mitzugehen, damit die eigenen Forschungsresultate einen möglichst großen Effekt erzielen.

In einem Ihrer Forschungsfelder befassen Sie sich mit dem Phänomen der Störung von Wildtieren durch Freizeitaktivitäten. Welches waren die Auslöser für dieses Engagement?

Wintersport hat in den Alpen stark zugenommen und erzeugt einen zusätzlichen Druck auf die Wildtiere. Es ist dringend notwendig, die schädlichen Effekte auf

Wildtiere genauer zu verstehen, um effiziente Maßnahmen zur Entschärfung dieses Problems zu entwickeln. In unserer Forschung am Beispiel des Birkhuhns konnten wir demonstrieren, wie das Verhalten (zum Beispiel Nahrungsaufnahme) und die Physiologie (Stressreaktion, Metabolismus) der Vögel durch die menschliche Störung beeinflusst sind. Diese Ergebnisse haben Argumente geliefert, um Wildruhezonen in den Alpen einzurichten.

Kurzporträt: Prof. Dr. Raphaël Arlettaz (geboren 1961) studierte Zoologie und Geografie mit Schwerpunkt Ökologie in der Landschaftsplanung an der Universität Freiburg, Schweiz. Er promovierte 1994 an der Universität Lausanne über die Ökologische Nischentrennung der Geschwisterarten Großes und Kleines Mausohr *(Myotis myotis, Myotis blythii)*. Stationen seiner wissenschaftlichen Laufbahn waren die Universität Lausanne, die Schweizerische Vogelwarte Sempach, die Universitäten Aberdeen (Schottland, UK) und Bristol (UK) sowie die Außenstation der Schweizerischen Vogelwarte in Salgesch und nun Sion, VS. Seit 2001 leitet er den Lehrstuhl für Conservation Biology der Universität Bern.

2.6 Die rechtliche Basis und deren Geschichte

2.6.1 Hierarchie des Rechtsstaats

Das Zusammenleben braucht Regeln, das gilt zwischen den Menschen ebenso wie für den Umgang der Menschen mit Wildtieren. Die Ordnung eines Rechtsstaats moderner Prägung kennt fünf Hierarchiestufen: das internationale Völkerrecht, von der Staatengemeinschaft ausgehandelt; die nationale Verfassung, vom Volk entschieden; die Gesetze, vom Parlament erarbeitet und verabschiedet; die Verordnungen, von der Regierung erlassen; die Richtlinien und Vollzugshilfen, von der Verwaltung in Kraft gesetzt. Grundsätzlich kann die nachgeordnete Ebene nur verschärfen, aber keineswegs lockern.

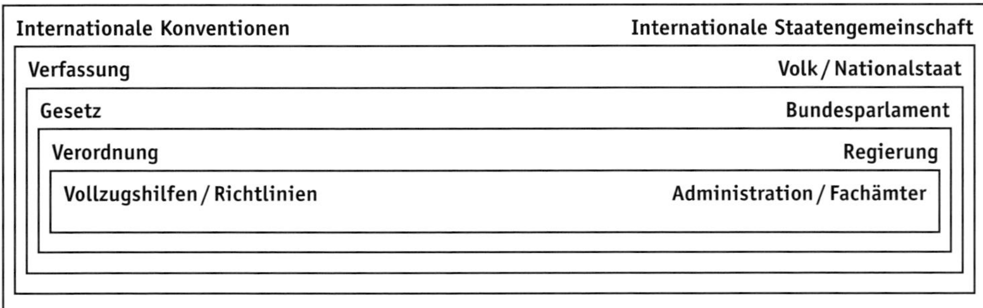

Abb. 2.19: Die Ordnung eines Rechtsstaats moderner Prägung kennt fünf Hierarchiestufen, an die sich auch der Umgang mit Wildtieren zu halten hat.

2.6.2 Hierarchie der Raumorganisation

Diese Rechtshierarchie liegt in föderalen Staaten auf einer Raumorganisation mit mindestens vier verschiedenen legitimierten Ebenen: dem Planeten Erde, dem Territorium der Nation, den Kantonen der Eidgenossenschaft oder den Ländern in Deutschland oder Österreich, den Gemeinden. In manchen Kantonen beziehungsweise Ländern kommt noch die Ebene der Bezirke dazu, die mehrere Gemeinden zusammenbindet. Die Bezirke haben in der Regel nur eine Funktion für die Wahl der Volksvertreter in die Parlamente, sie können aber durchaus auch im Bereich des Wildtiermanagements eine Funktion erhalten, zum Beispiel bei der Festlegung von Abschussquoten jagdbarer Tierarten.

2.6.3 Beispiel Bärenmanagement: verschiedene rechtsstaatliche Verpflichtungen je nach Raumzuständigkeit

Um eine gute Rechtsbasis für den Umgang von Menschen mit Wildtieren zu schaffen, müssen sich die Regeln in einem Land jeweils in diesem doppelten Hierarchiesystem verorten lassen. Nehmen wir als Beispiel den Umgang mit dem Braunbären in der Schweiz. Die Verbreitung von *Ursus arctos* ist in Europa westlich des Balkans im 20. Jahrhundert auf kleine Restvorkommen in den Pyrenäen, auf der Iberischen Halbinsel und in den Alpen geschrumpft. Der Braunbär ist deshalb auf die Liste der streng geschützten Tierarten des Übereinkommens über die Erhaltung der europäischen wild lebenden Pflanzen und Tiere und ihrer natürlichen Lebensräume (Berner Konvention) gesetzt worden. Die der Berner Konvention beigetretenen Länder wie die Schweiz sind deshalb verpflichtet, diese Tierart in der nationalen Gesetzgebung zu schützen. Der Schutz der natürlichen Vielfalt der Tier- und Pflanzenwelt sowie der bedrohten Arten vor Ausrottung ist auch das Gebot der Bundesverfassung (Art. 78 Abs. 4 BV). Der Braunbär war früher heimisch in der Schweiz und ist deshalb im Verfassungsartikel mit gemeint. Entsprechend wird der Braunbär im Bundesgesetz über den Schutz und die Jagd der wild lebenden Säugetiere und Vögel (Jagdgesetz, JSG) nicht als jagdbare Tierart im Art. 5 aufgeführt und damit über den Art. 7 Abs. 1 als geschützte Tierart deklariert. Der Bund ist nun also verantwortlich für das Setzen von Regeln, welche die Erhaltung der Lebensräume und von Populationen dieser Art gewährleisten. Das Bundesparlament hat entschieden, dass der Bund die vom Braunbären möglicherweise verursachten Schäden mitbezahlt, und es beauftragt den Bundesrat, die Voraussetzungen der Entschädigungspflicht zu bestimmen (Art. 13 Abs. 4, JSG). Entsprechend regelt der Bundesrat in der Verordnung über die Jagd und den Schutz wild lebender Säugetiere und Vögel (Jagdverordnung, JSV) die Schadenverhütung und -vergütung (Artikel 10, 10bis, 10ter und 10quater, JSV). Er weist das Bundesamt für Umwelt (BAFU) an, ein «Konzept Bär» zu erarbeiten, welches unter anderem Grundsätze über den Schutz, die Ermittlung von Schäden und Gefährdungen sowie die Vergrämung oder den Abschuss von problematischen Braunbären beinhaltet. Im «Konzept Bär» unterstützt das BAFU die mit dem Vollzug betrauten Kantone mit konkreten Vorgehensempfehlungen. Zum Beispiel präsentiert das Konzept, wie das Verhalten von Braunbären in der Kulturlandschaft einzuordnen und zu bewerten ist. Es setzt Regeln, wann der Abschuss eines einzelnen Braunbären durch die Kantone gerechtfertigt ist. Da die lernfähigen Braunbären sich rasch durch das Fressen organischer Abfälle in Dörfern an den Menschen gewöhnen, empfehlen der Bund und die Kantone den Gemeinden, in Regionen mit einwandernden Braunbären die Abfallkübel bärensicher umzurüsten.

Abb. 2.20: «Bär am Ziegenstall». So lautet der Untertitel zu dieser Darstellung aus Tschudi 1944. Das Bild vom Braunbären war geprägt durch seine Kraft, die Übergriffe auf Vieh und durch die Furcht vor einer Begegnung.

2.6.4 Historie der Rechtsetzungsentwicklung

Die Geschichte der rechtlichen Regelung des Wildtiermanagements ist im Wesentlichen eine Entwicklungsgeschichte der Jagdgesetze. Um die heutigen Gesetze zu verstehen, lohnt sich ein Rückblick auf deren Entstehung. Über Tausende von Jahren haben die Menschen frei und ungebunden gejagt, mit dem Ziel, sich Nahrung und Felle zu beschaffen. Regeln einer Obrigkeit gab es keine, außer vielleicht Vereinbarungen zwischen benachbarten Sippen betreffs wer wo wann jagen sollte. Mit dem Sesshaftwerden nach der letzten Eiszeit, dem gezielten Bewirtschaften von Nutzpflanzen und dem Domestizieren von Wildtieren sowie dem Erbauen von Dörfern und Städten änderte sich das Leben grundsätzlich. Jäger wurden zu Bauern und Händlern. Die Jagd wurde zur Nebenbeschäftigung, die Jagdbeute zum Zubrot. Wilde Tiere, die in den gehegten Kulturen Schaden anrichteten oder mit den Hoftieren in Konkurrenz standen, wurden verfolgt und ausgerottet.

Bauern und Städter machten sich das Land untertan, sie schufen das Eigentum. Fortan gab es mehr und weniger Besitzende, viele Ansprüche von vielen, und in der Folge oft Streit um Land und Boden. Es bildete sich ein Feudalsystem, bei dem sich wenige alles nahmen. Auch das Jagdrecht eigneten sich die Fürsten, Grafen, Barone und Könige an, und damit den Besitz der Wildtiere. Die Jagd wurde zum Freizeitvergnügen und zur Übung für die Kampfkunst in Friedenszeiten. Die Feudalen unterschieden die edlen Tiere von den niederen. Das Erlegen Ersterer, zum Beispiel Braunbär, Rothirsch, Wildschwein, Auerhahn, war nur Edelmännern auf der hohen Jagd erlaubt, den Bauern und dem armen Taglöhnervolk blieb die niedere Jagd auf Hasen und Füchse, aber auch die Schäden an ihren Ernten und Nutzviehherden aufgrund der überhöhten Bestände des hohen Wildes.

Mit der Französischen Revolution Ende des 18. Jahrhunderts änderte sich das Staatswesen von Privilegien und Unrecht in Europa schlagartig. Das Volk und die Völker übernahmen die Herrschaft, der Adel wurde entmachtet. Eines der ersten Rechte, die sich die Völker zurücknahmen, war das freie Jagen. In Ländern wie der Schweizerischen Eidgenossenschaft, in denen die föderale Demokratie sich rasch etablierte, waren die Konsequenzen für die Wildtiere allerdings verheerend. Die Kantone als Inhaber des Jagdregals vermochten es nicht, die Wildbestände vor Übernutzung zu schützen. In der Schweiz waren nach wenigen Jahrzehnten Steinbock, Rothirsch, Wildschwein und Reh ausgerottet, die Gämse, die großen Beutegreifer und Greifvögel auf wenige Restvorkommen reduziert. Zudem wurden Wälder und Weiden, die Lebensräume der Wildtiere, durch die Nutztiere der wachsenden Bevölkerung übernutzt. Es brauchte in der zweiten Hälfte des 19. Jahrhunderts die ordnende Hand des Bundes. Mittels nationaler Gesetze über den Wald und zur Jagd konnte die Biodiversitätskrise aufgefangen werden, und das mit einfachen Maßnahmen: Schutz der Waldfläche vor Rodung, Pflicht zur nachhaltigen Holznutzung, Einschränkung der Jagdzeit auf den Herbst, Schutz der Mutter- und Jungtiere, Ausscheidung von Jagdbanngebieten sowie Bestellung einer professionellen Wildhut zur Bekämpfung der Wilderei.

Rasch erholten sich die durch die freie Volksjagd geschundenen Wildhuftierbestände, eine Bejagung wurde wieder möglich. Und genau das war auch die Hauptzielsetzung des damaligen, vor allem ökonomisch motivierten Jagdrechts, welches Nützlinge und Schädlinge unterschied. Schadenstiftende Tiere wie Braunbären, Fischotter, Adler oder Geier wurden weiterhin verfolgt und in weiten Kreisen ausgerottet.

Erst als die phosphatangereicherten Flüsse und Seen schäumten, der Rauch der Fabrikkamine die Birken schwärzte, Pestizide der Landwirtschaft die Vögel vergifteten und die Luft die Kinder krank machte, wurden Natur- und Umweltschutz salonfähig. Die in der zweiten Hälfte des 20. Jahrhunderts revidierten Gesetze über die Jagd und den Schutz der wild lebenden Tiere kennen nun ökologisch motivierte Zielsetzungen: Schutz der Vielfalt von Arten und Lebensräumen, Verhinderung von Schäden durch die Einpassung von Wildtierbeständen in ihre Kulturlandschaftslebensräume sowie Nachhaltigkeit in der jagdlichen Nutzung.

Abb. 2.21: Der Engadiner Gian Marchet Colani (1772–1837) war als Jäger, Büchsenmacher, Schlosser und Alpinist eine über die Landesgrenzen hinaus bekannte Persönlichkeit. Er erlegte in seinem Leben zwei Bären, zwei Wölfe und mehr als 2700 Gämsen.

2.6.5 Bedeutung des Jagdregals

Das für das moderne Wildtiermanagement wohl wichtigste Element in der Rechtssetzung ist der Entscheid darüber, wer das Jagdregal innehat, also das Recht, frei lebende Wildtierbestände zu nutzen. In der Schweiz, im lateinischen Europa und in Skandinavien ist dies die Allgemeinheit, also die Kantone oder Provinzen oder Departemente. In den preußisch-habsburgisch geprägten Ländern wie Deutschland und Österreich ist das Jagdrecht an den Besitz von Grund und Boden gebunden. Erlaubt Ersteres, dass der Staat hoheitlich den Schutz und die Nutzung von Wildtieren umfassend regelt und kontrolliert, sei es über ein Jagdlizenz- oder ein Jagdrevierverpachtungssystem, schafft Letzteres das Anrecht der privaten Landeigentümer auf die direkte Mitgestaltung der Nutzung der im Jagdrecht behandelten Tierarten und beeinflusst damit wesentlich die Art der Organisation und die Weise des Handelns des Staates. Das System mit freier Volksjagd innerhalb eines staatlichen Rechtsrahmens ist eine folgerichtige Weiterentwicklung der Volksaufstände vor 200 Jahren. Das Eigentümersystem fußt auf dem vorrevolutionären Feudalsystem mit Privilegien für die großen Landbesitzer, das sich nach den europäischen Revolutionswirren in abgeschwächter Form in einigen Regionen Europas wieder «eingeschlichen» hat. Während der jahrzehntelangen Aufbauphase der Wildhuftierbestände wirkten sich die Unterschiede der beiden Systeme kaum auf das Wildtiermanagement aus. Mit der Rückkehr der großen Beutegreifer Luchs, Wolf und Braunbär ändert sich dies nun aber rasch und enorm, mit besonders großen Herausforderungen für das Eigentümersystem: Die großen Prädatoren können das Jagdregal schmälern und damit den Nutzen von Privatbesitzern beeinträchtigen. Sie beanspruchen Räume, die meist um ein x-Faches größer sind als die Landbesitze, wodurch die Zusammenarbeit von vielen einzelnen Grundbesitzern notwendig wird beziehungsweise neu organisiert werden muss. In Abwesenheit großer Prädatoren etablierten sich ökonomisch ausgerichtete Jagdpraktiken, zum Bespiel Fütterungen und Rotwildwintergatter, die mit Wölfen oder Braunbären im System nicht aufrechtzuerhalten sind. Mangels staatlicher Aufsicht lässt sich das Einhalten der Rahmengesetze nicht kontrollieren.

2.6.6 Die fischereiliche Nutzung im Recht

Eine ähnliche Entwicklung wie das Jagdrecht erlebte auch das Fischereirecht (Gonseth et al. 2010). In der zweiten Hälfte des 19. Jahrhunderts harmonisierte in der Schweiz ein eidgenössisches Gesetz den Schutz und die Nutzung der Fischbestände. Alte Nutzungsrechte und -regelungen wurden abgelöst durch eine Neuordnung des Fischereiregals mit Schutzbestimmungen über Mindestfanggrößen und Schonzeiten sowie Vorschriften der Kantone zum Schutz der Fischlebensräume. Doch die industrielle Revolution schritt voran. Fabriken und Laufkraftwerke wurden gebaut, Fließgewässer korrigiert und begradigt, das Wasser mit verschiedenen Schadstoffen in immer größeren Mengen belastet. Die Lebensbedingungen für die Fische verschlechterten sich zunehmend. Um den fischereilichen Ertrag zu halten oder gar zu steigern, wurden in der Folge an den Stauwehren Fischpässe und zum künstlichen Besatz mit Jungfischen Brutanstalten gebaut. In vielen Gewässern wurden fremde Nutzfischarten ausgesetzt. Die Rechtssetzung förderte nicht nur die Lebensraumzerstörung durch Technik und menschliche Eingriffe, sie begünstigte viele Jahrzehnte auch die Ausrottung von Fischottern, Graureihern und anderen für die Fischerei besonders schädlichen Tierarten. Heute weiß es der Gesetzgeber besser. Wegweisend ist auch im Fischereirecht der Grundsatz der Erhaltung und nachhaltigen Nutzung einer natürlichen Ressource. Das Aussetzen von landes- und standortfremden Arten ist verboten oder erfordert zumindest eine Bewilligung, die Revitalisierung der Gewässer ist das neue Credo der Verantwortlichen für Fischerei und Naturschutz.

2.6.7 Weiterentwicklung der rechtlichen Basis

Das Allgemeinheitssystem stößt bei der Entwicklung von adäquaten Rechtsrahmen auf neue Prüfsteine. Rothirsch, Wildschwein, Luchs, Wolf, Braunbär, Lachs und Seeforelle leben in Populationen und Räumen, die sich nicht an die Grenzen von Ländern, Kantonen, Provinzen oder Departementen halten. Das Wildtiermanagement der Zukunft mit einer wirksamen Jagd- und Fischereiplanung unter Einbeziehung ökologischer Systeme braucht ein Denken, Planen und Handeln in Wildräumen, Gewässersystemen und Populationen. Dazu müssen neue Wege der Zusammenarbeit zwischen den Einheiten der etablierten Behörden geschaffen werden, welche wiederum eine Weiterentwicklung der rechtlichen Basis bedingen.

Arbeiten an Wildtierpopulationen im Raum

3

Wildtierpopulationen haben immer einen Raumbezug. Entsprechend finden auch die allermeisten Tätigkeiten im Wildtiermanagement in einem räumlich definierten Rahmen statt. In diesem Kapitel stellen wir Methoden vor, mit denen grundlegende Informationen über Wildtiere und deren Populationen gewonnen werden. Weiter beschreiben wir Instrumente für den Umgang mit Wildtieren von der Jagdplanung bis zum Landschaftsmanagement.

Als Einstieg sind für uns einige Überlegungen zur Berücksichtigung des Raums in der Ökologie und im Wildtiermanagement wichtig. Jedes Individuum benötigt eine bestimmte Fläche Habitat, die Größe dieser Fläche definiert sich über die Art, das Geschlecht und die verfügbaren Ressourcen wie Nahrung, Nistplatz oder geeignete Partner. Der Raum, den eine Population benötigt, besteht aus der Summe der Streifgebiete oder Territorien der Individuen und Familien. Die Populationen lassen sich in einen Landschaftsbezug stellen und sind über zu- beziehungsweise abwandernde Individuen mit benachbarten Populationen verbunden. Aus dieser Betrachtung wird klar, dass es in der Ökologie und im Wildtiermanagement eine Hierarchie verschiedener Raumskalen gibt – und je nach Ziel und Fragestellung sind die entsprechenden, relevanten Raumskalen zu berücksichtigen (z. B. Storch 2003, Silvy 2012).

Im Beispiel des Auerhuhns ist auf der Ebene des Waldbestands eine lichte, lückige Waldstruktur zu erhalten oder neu zu schaffen. Allerdings reichen einzelne kleine Flecken mit günstiger Waldstruktur nicht aus. Eine Population benötigt mindestens 100 km^2 möglichst zusammenhängenden Nadel- oder Mischwald, wovon rund zwei Drittel eine günstige oder ideale Waldstruktur aufweisen müssen. Damit eine Population langfristig überlebt, sollte ein Austausch mit benachbarten Populationen bestehen. Dies ist gegeben, wenn die nächste Population nicht weiter als 5–10 km entfernt liegt. Spätestens auf dieser Ebene der Metapopulation bewegen wir uns weit weg von der Zuständigkeit einzelner Förster. Vielmehr ist hier eine interregionale, nationale oder gar internationale Koordination der Förderanstrengungen notwendig, um mit beschränkten Ressourcen den maximalen Erfolg zu erzielen (Storch 2003).

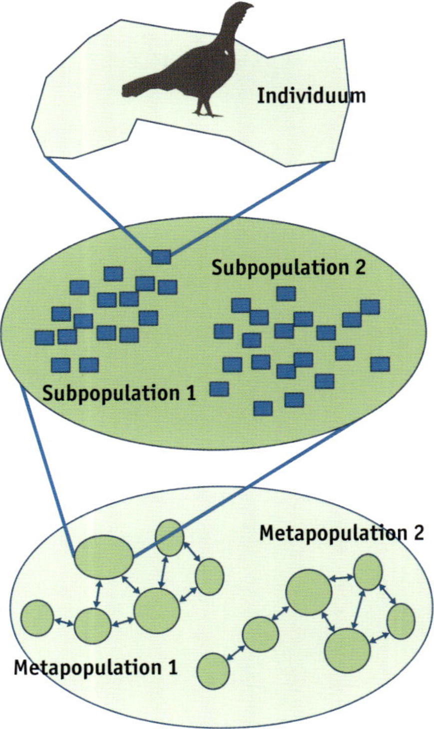

Abb. 3.1: Raumskalen in der Ökologie und im Wildtiermanagement. Je nach Fragestellung und Ziel sind die relevanten Raumskalen zu berücksichtigen, um Fördermaßnahmen oder Konfliktlösungen möglichst effizient zu gestalten.

3.1 Populationen erfassen

Zuverlässige Informationen über Wildtierpopulationen sind die Basis für ein effizientes Wildtiermanagement. Die Anzahl Tiere, die Geschlechts- und Altersklassenverteilung, Nachwuchsraten sowie die Entwicklung dieser Maße über die Zeit sind unabdingbare Daten, wenn es um die Abschätzung der Überlebensfähigkeit einer Population oder einer Art geht und diese gefördert werden soll. Dieselben Daten sind für eine zielgerichtete Jagdplanung oder für die Vorhersage von Nutzungskonflikten nötig. Wildtiere zu zählen ist also eine der grundlegendsten Aufgaben im Bereich des Wildtiermanagements, gleichzeitig jedoch auch eine der schwierigsten.

Viele Tierarten lassen sich aufgrund ihrer heimlichen Lebensweise in schwer zugänglichen oder unübersichtlichen Lebensräumen kaum zählen. Das Reh ist das Paradebeispiel für eine kaum erfassbare Art. Mitte des letzten Jahrhunderts fand im dänischen Untersuchungsgebiet Kalø ein Experiment statt, in dem Rehe aufwendig gezählt wurden (Andersen 1953). Mehrere erfahrene und geübte Wildhüter beobachteten die Rehe in diesem abgegrenzten Waldgebiet und schätzten die Population auf 70 Tiere. Im Anschluss daran wurden im Gebiet alle Rehe geschossen. Das Resultat: 213

	Aspekte der Habitatwahl und des Raumverhaltens	Populationsdynamik und Genetik	Raumdimension Bsp. Auerhuhn
Individuum	Auswahl von Ressourcen / Habitatwahl im Streifgebiet, Abwanderung (Jugenddispersal)	Fitness / Genotyp	Waldstruktur, Waldbestand, Waldbestandsmosaik; 1–10 km^2
Subpopulation	Überlappende Streifgebiete resp. gegen Artgenossen verteidigte Territorien	Demografie / Genotypen	Waldbestandsmosaik, Bergstock
Population	Populationsdichte in der Landschaft; Immigration, Emigration	Demografie / Genfrequenzen	Landschaftsstruktur (Waldverteilung); ab rund 100 km^2; Region
Metapopulation	Räumliche Verteilung der Populationen; Austausch zwischen Populationen	Demografie von Populationen / Verteilung von Genfrequenzen	Großregion, Gebirge
Verbreitung	Räumliche Verteilung der Metapopulationen	Demografie von Metapopulationen	Westeuropa bis Baikalsee, südlicher Alpenrand bis Skandinavien

Tab. 3.1: Für jede Raumskala führen wir relevante Aspekte von Habitatwahl, Raumverhalten, Populationsdynamik und Genetik auf und erläutern die Bedeutung der Raumskalen am Beispiel Auerhuhn.

erlegte Tiere. Die effektive Anzahl Rehe lag also um den Faktor 3 über der von Profis geschätzten Größe. In der Praxis kann also nur in wenigen Fällen der gesamte (absolute) Bestand erfasst werden, meist hingegen ein relatives Maß für die Populationsgröße.

3.1.1 Absolute versus relative Dichte

Als absolute Dichte bezeichnen wir die Anzahl Individuen in einem abgegrenzten Gebiet oder pro Flächeneinheit, zum Beispiel 2,5 Hirsche/km^2. Die Anzahl effektiv anwesender Individuen ist bekannt. Absolute Dichten sind wichtig für die Erforschung einer Art, ihr Management oder ihren Schutz (zum Beispiel Analyse der Überlebenschancen einer Population). Meistens ist die Datenerhebung jedoch sehr aufwendig. Für viele Arten sind nur grobe Schätzungen mit einem großen Vertrauensintervall möglich. Dennoch sind auch solch unscharfe Daten wertvoll. Bei der Interpretation der Daten sollte man sich jedoch dieser Ungenauigkeit bewusst sein.

Als relative Dichte bezeichnen wir die Anzahl Individuen in Relation zu zeitlichen oder räumlichen Größen, zum Beispiel Anzahl Wühlmäuse pro Fallennacht, Rehe pro Ansitzstunde, gesehene Fasanen pro Kilometer Transekt oder Auerhuhnnachweise pro Rasterquadrat. Die Anzahl effektiv anwesender Individuen ist dabei nicht bekannt. Dennoch sind relative Daten wertvoll. Über mehrere Jahre mit derselben Methodik erhoben (im Rahmen eines Monitorings oder einer Erfolgskontrolle), lassen sie Schlüsse über den Bestandstrend zu. Zudem kann die relative Bestandsdichte zwischen verschiedenen Gebieten verglichen werden.

3.1.2 Vielfalt der Methoden

«The only real limitation to censusing wild animals is the imagination of the investigator», oder in deutscher Übersetzung: Die einzige Begrenzung beim Zählen von Wildtieren ist die Vorstellungskraft des Forschers. Dieses Zitat von Krausman (2002) will sagen, dass beim Zählen von Wildtieren Kreativität gefordert ist, eine Vielfalt an Methoden bekannt ist und je nach Tierart, Situation und Fragestellung eine andere Methode zum Ziel führen kann.

3.1.3 Treibzählungen

Treibzählungen (engl. *drives, drive counts*) sind wahrscheinlich die älteste Methode, um Wildtiere zu zählen. Bei dieser Methode werden Zähler an bekannten Wechseln oder Aussichtspunkten platziert, und Treiber durchkämmen das Gebiet. Die Treiber können allerdings auch gleichzeitig Zähler sein. Treibzählungen liefern keine absoluten Bestandszahlen, sondern einen Index für die relative Populationsdichte (Anzahl Individuen pro Trieb). Bei der Interpretation der Zahlen ist Vorsicht geboten: Eine kleine Dichte führt zur Unterschätzung des Bestands, da hier leicht einzelne Tiere übersehen werden, welche sich beispielsweise in dichter Vegetation drücken. Bei hohen Populationsdichten steigt die Gefahr, verschiedene Individuen doppelt zu zählen – der Bestand kann dadurch überschätzt werden.

3.1.4 Direkte Beobachtung

Zählungen durch direkte Beobachtung vom Boden aus: Wildtierarten wie Gämse oder Steinbock, welche sich in offenem Gelände aufhalten, können über direkte Beobach-

Abb. 3.2: Das Reh bevorzugt als Lebensraum eine halboffene, deckungsreiche Landschaft. Unter den mitteleuropäischen Wildwiederkäuern gilt es als jene Art, deren Bestand am schwierigsten zu erfassen ist.

Abb. 3.3: Der Geruchsstoff Baldrian zieht Wildkatzen an. Mit imprägnierten Stöcken ließen sich Wildkatzen vor Fotofallen locken. Beim Reiben an der rauen Oberfläche blieben Haarproben für genetische Analysen zurück. Eine der zentralen Fragen betraf das Ausmaß der Hybridisierung mit der Hauskatze (Nussberger et al. 2014).

tung gezählt werden (BAFU 2010). Auch die Winterbestände der Wasservögel werden durch koordinierte, direkte Beobachtungen im Winterhalbjahr gezählt (Müller & Keller 2015). Direkte Beobachtungen können auch aus der Luft stattfinden, um beispielsweise Winterbestände in unzugänglichen Habitaten zu erheben. Luftbilder, die im Nachhinein ausgewertet werden können, eignen sich speziell für Ansammlungen von zum Beispiel Großsäugern oder Wasservögeln. Diese Methode gewinnt mit der Verfügbarkeit leistungsfähiger Drohnen und der Kombination mit Wärmebildern an Bedeutung (Franke et al. 2012).

3.1.5 Lebendfang

Der Fang von Tieren in Fallen (Lebendfang) liefert in erster Linie eine relative Populationsdichte, da es in der Praxis so gut wie unmöglich ist, alle Tiere in einem Gebiet zu erwischen. Tiere zu fangen braucht umfassende Kenntnisse der Biologie und ein Gespür für die Art. Zudem ist große Kreativität erforderlich, um erfolgreich Fallen zu konstruieren. Bei der Interpretation der Zahlen ist Vorsicht geboten, denn die Fangwahrscheinlichkeit variiert über Zeit und Raum. Zum Beispiel ist die Wahrscheinlichkeit, Mäuse zu fangen, nach der Reproduktionsphase im Sommer und Herbst viel höher (hoher Anteil Jungtiere) als im Frühling, wenn der Bestand natürlicherweise wieder auf einem niedrigen Niveau angelangt ist (Flowerdew et al. 2004, Capt 2012, Jung 2016).

***Abb. 3.4:** Um systematische Informationen über die Verbreitung versteckt lebender Kleinsäuger zu bekommen, wurden früher zumeist Totschlagfallen eingesetzt. Heute ist der Lebendfang und die Freisetzung des gefangenen Tieres nach der Untersuchung Standard. Im Bild wird eine gefangene Schneemaus identifiziert.*

3.1.6 Klassische Methoden des Fang-Markierung-Wiederfangs

Um mit dem Fang von Tieren auf eine absolute Schätzung der Population zu kommen, wird die Methode Fang-Markierung-Wiederfang angewendet. In einer ersten Fangkampagne werden so viele Tiere wie möglich gefangen und markiert. Anschließend werden sie wieder freigelassen. In einer zweiten Fangkampagne ergibt sich ein Verhältnis zwischen markierten und unmarkierten Tieren, über das sich die Population schätzen lässt.

Eine einfache Möglichkeit zur Schätzung der Population geht davon aus, dass das Verhältnis der Anzahl beim zweiten Fang markiert gefundener Tiere zur Gesamtanzahl beim zweiten Fang gefangener Tiere gleich dem Verhältnis der Anzahl beim ersten Fang gefangener Tiere zur Gesamtpopulation ist (Lincoln-Index):

$$W/n = M/N$$

wobei M = Anzahl Tiere bei Fang 1, die alle markiert werden;
n = Anzahl Tiere bei Fang 2; W = Anzahl Wiederfänge mit Markierung bei Fang 2;
N = Geschätzte Populationsgröße
Die geschätzte Populationsgröße errechnet sich demnach wie folgt:

$$N = M^*n/W$$

Vertrauensintervall: $N \pm S$, wobei $S^2 = M^2{}^*n^*(n-W)/W^3$

Diese Schätzung basiert auf der Annahme, dass die Population geschlossen ist (weder Immigration noch Emigration) und die Individuen zufällig verteilt sind. Zudem darf sich die Fangwahrscheinlichkeit zwischen den beiden Fangkampagnen nicht unterscheiden und muss auch bei den bereits gefangenen und wieder freigelassenen Individuen identisch sein. Sind diese Annahmen nicht erfüllt, müsste der Index angepasst oder korrigiert werden. Fang-Markierung-Wiederfang ist aufgrund der vielen Annahmen nicht für alle Wildtierarten geeignet. Je nach Tierart werden die gefangenen Individuen mit Ohrmarken, Fußringen, Farben oder Transpondern (digitale Chips) markiert.

3.1.7 Indirekte Methoden des Fang-Wiederfangs

Es gibt aber auch Fang-Wiederfang-Methoden, bei denen die Tiere nicht physisch gefangen werden. So lassen sich bei manchen Tierarten die Individuen aufgrund äußerlicher Merkmale sicher erkennen. Luchse beispielsweise haben ein individuelles Fellmuster, sodass ein Fang-Wiederfang mit Fotofallen durchgeführt werden kann

(Weingarth et al. 2012, Zimmermann et al. 2013). Eine andere Variante der Fang-Markierung-Wiederfang-Methode funktioniert über genetisches Material, das beispielsweise von Auerhühnern gesammelt werden kann, ohne die Tiere zu fangen (Mollet et al. 2015, Holderegger & Segelbacher 2016).

Abb. 3.5: Falls beide Körperseiten dokumentiert sind, können Luchsindividuen aufgrund der Fellmusterung zweifelsfrei identifiziert werden. Damit bieten sie ideale Voraussetzungen für die Anwendung von indirekten Fang-Wiederfang-Methoden.

3.1.8 Gesangskartierung

Vogelarten, aber auch Amphibien oder Heuschrecken können über akustische Signale vor allem während der Werbe- und Fortpflanzungsperiode erfasst werden. Bei der Gesangskartierung (engl. *call counts*) werden Lautäußerungen der Tiere gezählt. Dabei ist zu berücksichtigen, dass die Anzahl Lautäußerungen nicht exakt mit der Anzahl anwesender Tiere übereinstimmen muss. So ist die effektive Anzahl Laubfroschmännchen um einiges höher als die Anzahl gehörter Rufer (Grafe & Meuche 2005). Ob ein anwesender Brutvogel auch tatsächlich erfasst wird, hängt von einer Reihe von Faktoren ab, unter anderem von den Witterungsbedingungen, der Jahres- und Tageszeit, dem Verpaarungsstatus, aber auch von der Aufmerksamkeit und der Erfahrung des Beobachters sowie seiner Distanz zum Tier. Deshalb sind in der Regel mehrere Kartierungen pro Saison erforderlich. Bei entsprechendem Untersuchungsdesign lassen sich mittlerweile Antreffwahrscheinlichkeiten und andere Unsicherheiten mit statistischen Verfahren quantifizieren und damit die Populationsschätzungen korrigieren (z. B. Kéry et al. 2009).

***Abb. 3.6:* Bei Gesangskartierungen, hier ein singendes Rotkehlchen, müssen Tages- und Jahreszeiten und weitere Faktoren berücksichtigt werden. Zudem sind mehrere Durchgänge erforderlich, um verlässliche Daten zur Populationsdichte zu erhalten.**

3.1.9 Scheinwerfertaxation

Bei Scheinwerfertaxationen werden die Tiere in der Nacht entlang einer genau vorgegebenen Route gezählt. Die Route wird mit einem Fahrzeug langsam abgefahren und das Gebiet beidseits mit Scheinwerfern abgesucht. Diese Methode eignet sich im Frühjahr zum Erfassen von Rothirschen (BAFU 2010, Garel et al. 2010), sie wird von Februar bis April oder Oktober bis Dezember auch beim Feldhasen angewendet (Zellweger-Fischer et al. 2011).

3.1.10 Indirekte Nachweise

Die Kotkartierung (engl. *pellet group counts*) basiert auf der Annahme, dass die Anzahl Kothaufen proportional zur Aufenthaltsdauer der Tiere und deren Dichte ist (Campbell et al. 2004). Im Normalfall erhält man mit der Kotkartierung eine relative Dichte, in seltenen Fällen ist eine Angabe über die absolute Dichte möglich. Die Fundwahrscheinlichkeit ist besonders abhängig von der Erfahrung und der Qualität des Beobachters sowie der Vegetation und dem Gelände. Die Dauerhaftigkeit der Kothaufen ist saisonal unterschiedlich und von der Witterung bestimmt. Dies erschwert die Kartierung zusätzlich.

Neben der Kotkartierung wird mit weiteren indirekten Nachweisen von Wildtieren gearbeitet: Trittsiegel in Schnee und weichem Boden, Federn, Nester, Baue, Risse und Kadaver. Auch von diesen Nachweisen kann meist ein relatives Dichtemaß abgeleitet werden. Um zu indirekten Nachweisen zu gelangen, wird auch «getrickst». Mit Spurenfallen können beispielsweise Marderartige und Mäuse erfasst werden (Capt 2012).

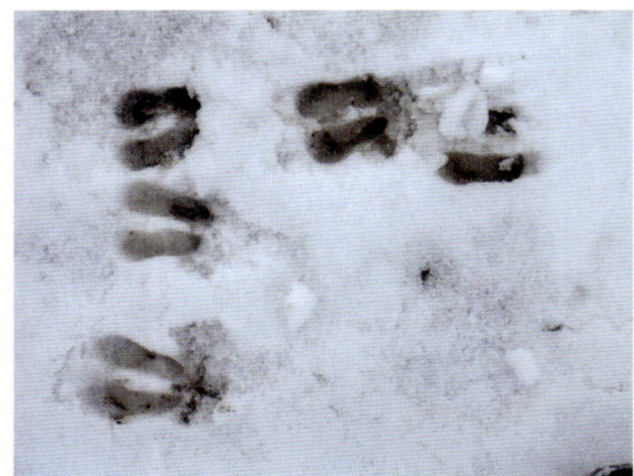

Abb. 3.7:* ↑ *Gämsspuren in wenig tiefem Neuschnee

Abb. 3.8:* ← *Wolfsspur (Schweiz), gefunden anlässlich eines Wolfsmonitorings

Abb. 3.9: Mit einem Spurennachweis – hier die Spur eines Fischotters aus der Schweiz – kann festgestellt werden, dass eine Art anwesend war. Falls keine Spuren gefunden werden, besteht aber keine Sicherheit, dass sie abwesend war. Die Wahrscheinlichkeit, dass eine Art trotz intensiver Suche nicht im Gebiet vorkommt, wird mit guter Planung der Suche verkleinert. Zudem kommen weitere Methoden hinzu, wie die Suche nach Markierstellen oder Kot.

Abb. 3.10: Dieser männliche Bär markiert an einer Föhre. Dazu stellt er sich auf die Hinterbeine und reibt Schulterhöcker und Rücken am Baum. Dabei hinterlässt er Haare, die später eingesammelt werden können. Mit ihnen lässt sich die Art feststellen und heute mit genetischen Methoden auch das Individuum (Finnland).

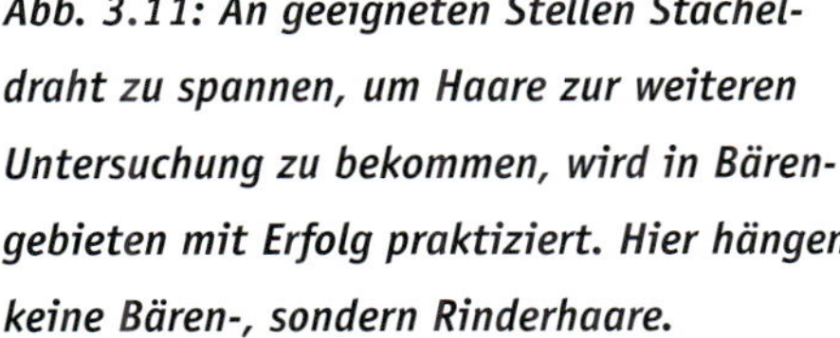

Abb. 3.11: An geeigneten Stellen Stacheldraht zu spannen, um Haare zur weiteren Untersuchung zu bekommen, wird in Bärengebieten mit Erfolg praktiziert. Hier hängen keine Bären-, sondern Rinderhaare.

Abb. 3.12: Hermelin

Abb. 3.13: Gämse; Frühsommerkot

Abb. 3.14: Wolf. Erfahrungen in der Identifikation von Kot sammelt man im Gelände. Es gibt zahlreiche Formen und Größen von Kot, die sich auf Artniveau, zwischen den Geschlechtern und abhängig vom Alter, von der Jahreszeit, von der Nahrungszusammensetzung und den entsprechenden Verdauungsvorgängen unterscheiden können. Auch geruchliche Komponenten können zur Identifikation des Urhebers führen.

Abb. 3.15: Birkhuhn; Winterkot

3.1.11 Jagd- und Fallwildstatistik

Durch die detaillierte Auswertung von Jagdstrecken und Fallwild von Rothirsch, Reh, Gämse, Wildschwein, Feldhase, Birk- und Schneehuhn kann das Ergebnis mit demjenigen anderer Jahre verglichen werden. Allerdings muss einschränkend erwähnt werden, dass die Jagdstrecke natürlich durch die Jagdplanung beeinflusst wird. Je nach Jagdsystem sind Abschusszahlen zu erreichen oder die Abschüsse werden über Regelanpassungen gesteuert, was sich auf die Jagdstrecke auswirken kann. Nur bei gleich bleibendem Aufwand für die Jagd können Jagdstatistiken direkt als Maß für relative Populationsdichten herhalten. Situativ kann auch der Aufwand, der für den Abschuss eines Tieres benötigt wird, Aufschluss über die Populationsdichte geben.

Für jagdbare Wildtierarten, bei denen sich das Alter erlegter oder tot aufgefundener Tiere sehr genau bestimmen lässt (zum Beispiel Gämse) kann ein Minimumbestand für die Vergangenheit errechnet werden (Kohortenanalyse). Für jede erlegte Gämse lässt sich bestimmen, seit wann sie gelebt hat. Dadurch können Zählungen geeicht und Dunkelziffern geschätzt werden (BAFU 2010).

Abb. 3.16: Bei Wildtierarten wie der Gämse tragen beide Geschlechter Hörner, die saisonal wachsen, was an Jahrringen zu erkennen ist. An ihnen lässt sich das Alter exakt bestimmen. Gestützt darauf kann mit Kohortenanalysen ein Minimalbestand für die Vergangenheit errechnet werden.

3.1.12 Fischereistatistik

In der Schweiz leben über 50 einheimische Fischarten und drei einheimische Krebsarten. Zusätzlich kommen über ein Dutzend eingeführte Fisch- und vier eingeführte Krebsarten vor. Von der Statistik erfasst werden aber nur die «Brotfische» der Berufsfischer und Angler. Dies sind Felchen, Barsche und einige Weißfischarten für die Berufsfischerei sowie Bachforellen und Äschen für die Angler. Die eidgenössische Fischereistatistik ist eine Zusammenfassung der Fischereidaten aus den Kantonen, gegliedert nach Seen und Fließgewässern, Fisch- und Krebsarten sowie Berufs- und Angelfischerei. Die Fangzahlen, die Angaben zum Fischbesatz und zur Anzahl Patente ermöglichen den Datenvergleich zwischen Kantonen und Gewässereinzugsgebieten. Bislang wurden die Daten in verschiedenen Kantonen und Regionen sehr uneinheitlich erfasst. Deshalb ist nur ein grober Vergleich möglich, und bei überregionalen Analysen vergangener Jahre gilt das Gesetz des kleinsten gemeinsamen Nenners. In Zukunft werden die Fischereidaten für die Schweiz mit einem höheren Detaillierungsgrad und bezogen auf 32 Einzugsgebiete erhoben, was ein weites Feld für die Bearbeitung interessanter Fragestellungen zur Gewässerökologie eröffnet.

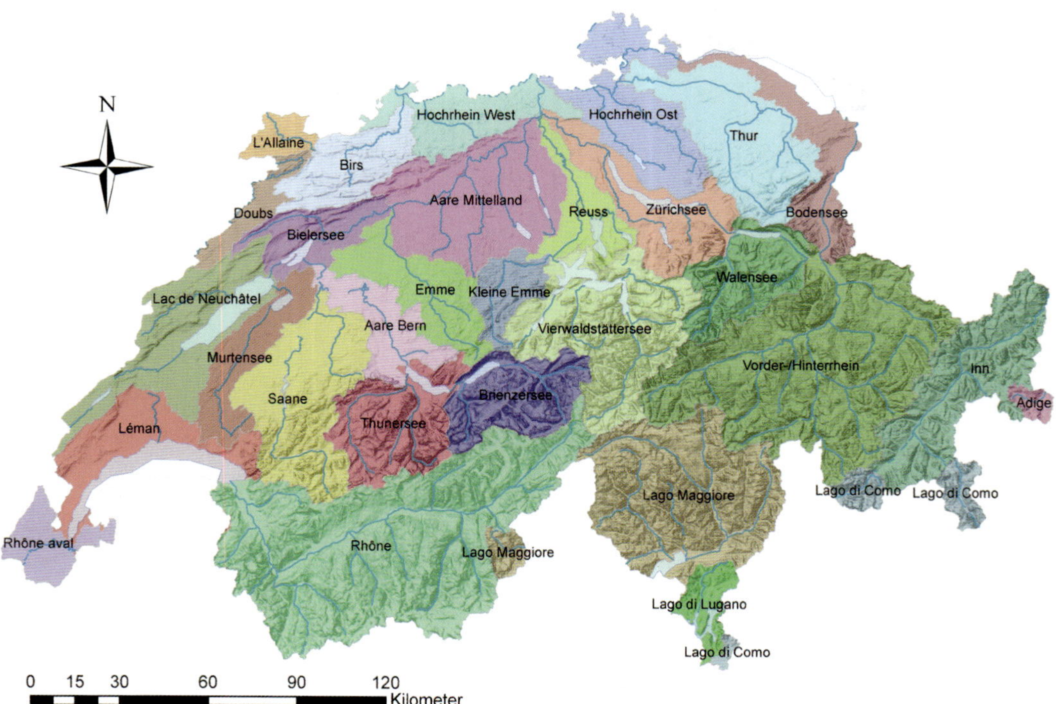

3.1.13 Automatische Kameras

Fotofallen oder automatische Kameras (engl. *camera traps)* haben sich in den letzten Jahren zu praxistauglichen und weit verbreiteten Instrumenten entwickelt (O'Connell et al. 2011, Rovero & Zimmermann 2016). Während noch vor wenigen Jahren hauptsächlich analoge Kameras auf dem Markt zu finden waren, ist heute eine breite Palette digitaler Geräte erhältlich, die auch in der Geschwindigkeit der Auslösung den Anforderungen genügen. Je nach Anspruch können Modelle mit Weiß-, Infrarot- oder IR-Schwarzblitz verwendet werden. Für die Überwachung von Flächen sind Kameras erhältlich, die in definierbaren, regelmäßigen Zeitintervallen und nicht über einen Bewegungssensor ausgelöst werden. Fotofallen werden heute verbreitet für Monitoringzwecke verwendet, sei es zur Verifikation seltener Arten, zur Schätzung von Populationen – auch bei Arten, bei denen die Individuen nicht erkennbar sind (Rowcliffe et al. 2008) – oder für Studien des Raum-Zeit-Verhaltens von Wildtieren.

Abb. 3.18–3.20: Mit automatischen Kameras, bei denen Landschaftsausschnitte in regelmäßigen Zeitintervallen fotografiert werden, können Balzplatzbesuche durch Birkhähne und -hennen unter ungestörten Verhältnissen sowie die Wirkung von Störreizen durch die frühmorgendliche Begehung von Wanderwegen untersucht werden.

Abb. 3.17: ← Durch die erst kürzlich erfolgte Einteilung der Schweiz in 32 Wassereinzugsgebiete werden die Fischereidaten mit einem höheren räumlichen Detaillierungsgrad erhoben, was bessere Vergleiche und Analysen ermöglicht (Quelle: BAFU).

3.1.14 Aufnahmedesign Raum

Vor jeder Bestandserfassung muss man sich unbedingt klar darüber werden, wo und in welchem räumlichen Rahmen die Erhebung stattfinden soll (Bibby 2000, Silvy 2012). Grundsätzlich wird zwischen einer flächendeckenden und einer Erfassung auf Teilbereichen oder Teilstrecken unterschieden. Flächendeckende Aufnahmen sind mit einem hohen Aufwand verbunden und deshalb nur in bestimmten Fällen anzuwenden. Ein Beispiel für flächendeckende Aufnahmen sind Revierkartierungen. Dabei werden zum Beispiel Reviere von territorialen Vögeln und Säugetierarten beobachtet und auf Karten erfasst. Daraus werden absolute Dichten berechnet.

Bei der Transektmethode (engl. *ground transects*) werden vordefinierte Linien, Wege, Kreise oder Dreiecke abgeschritten, abgefahren oder abgeflogen. Die Aufnahmen können in eine absolute Dichte umgerechnet werden, wenn die Distanz der beobachteten oder akustisch wahrgenommenen Tiere zur Transektachse bekannt ist. In diesem Fall kann durch das Bestimmen der betrachteten Flächen oder Volumina eine absolute Dichte errechnet werden (Individuen pro Fläche; Individuen pro Volumen). Kritisch bei dieser Methode ist, dass die Aktivität der Tiere variiert oder Randeffekte auftreten. Werden Wege oder Straßen als Transektlinien gewählt, gilt zu beachten, dass die Dichte am Rand der Straße meist nicht jene des ganzen Gebiets repräsentiert.

Bei der Rasterkartierung wird eine Anzahl von Rasterquadraten anstatt linearer Abschnitte bearbeitet, wie dies zum Beispiel in Spurentaxationen bei Raufußhühnern oder Kotkartierungen bei Huftieren geschieht. Die Rasterquadrate können regelmäßig oder zufällig angeordnet werden.

Punktaufnahmen (engl. *point counts*) verwendet man zum Beispiel zur akustischen Kartierung von Brutvögeln oder mit Fotofallen oder beim Fang von Kleinsäugern.

Mit der Methode der Stratifizierung wird in der Ökologie ein Gebiet in homogene Lebensraumeinheiten unterteilt. Bei Transektmethode, Rasterkartierung und Punktaufnahme kann es sinnvoll sein, die Aufnahmen zu stratifizieren, besonders dann, wenn das Untersuchungsgebiet inhomogen ist und aus unterschiedlichen Habitattypen (zum Beispiel Offenland und Wald) besteht. Je nach Fragestellung wird darauf geachtet, dass in jedem Stratum (Habitattyp) eine repräsentative Anzahl Aufnahmen stattfindet.

3.1.15 Modernes Wildtiermonitoring mit statistischer Modellierung

Bei den meisten Methoden zur Erfassung von Wildtieren gibt es eine bestimmte Fehlerwahrscheinlichkeit. Bewege ich mich beispielsweise auf einem Transekt und zähle Wildtiere, nimmt die Beobachtungswahrscheinlichkeit mit zunehmender Distanz zur Transektachse glockenförmig ab. Nehmen wir alle beobachteten Tiere auf und erfassen zudem die Distanz zur Transektachse, so können wir die Population mathematisch hochrechnen (Distance Sampling; Buckland et al. 2001). Da Beobachtungen grundsätzlich Zufallsprozesse sind, lassen sich über entsprechende Untersuchungsdesigns Antreffwahrscheinlichkeiten berechnen und Populationsdichten statistisch untermauert abschätzen (MacKenzie et al. 2006, Kéry et al. 2009, Royle et al. 2014). Auch das Raum-Zeit-Verhalten der Wildtiere kann in Schätzungen integriert werden. Beispielsweise kann man über ein Netz von Fotofallen und die Bewegungsaktivität des Wildschweins den Bestand statistisch schätzen, ohne die Individuen unterscheiden zu können (Rowcliffe et al. 2008).

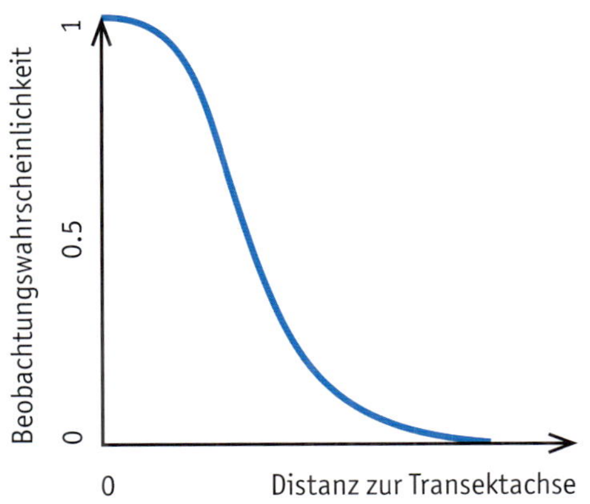

***Abb. 3.21:** Mit zunehmender Distanz zum Beobachterstandort oder -transekt nimmt die Beobachtungswahrscheinlichkeit ab.*

Wie evidenzbasiert sind Entscheidungen im Wildtiermanagement?

Interview mit Ilse Storch, Professorin für Wildtierökologie und -management an der Universität Freiburg i. Br.

Inwieweit beeinflussen Wissenslücken die Praxis im Wildtiermanagement?

Wissenslücken gibt es immer. Wie groß ihre Auswirkungen waren, weiß man erst hinterher. So ist man aufgrund althergebrachter Jägererfahrung lange Zeit davon ausgegangen, dass Auerhühner eng an ihren Balzplatz gebunden sind und mit sehr kleinen Streifgebieten auskommen: 50 ha galten bis in die 1980er-Jahre als allgemein akzeptierte Größenordnung. Dementsprechend kleinräumig waren auch Schutzmaßnahmen orientiert. Heute wissen wir es besser: Telemetrische Studien, die erst durch technischen Fortschritt möglich wurden, lehrten uns, dass Auerhühner viel weiter unterwegs sind und Jahresstreifgebiete von einigen Hundert Hektar (im Mittel 500–600 ha) nutzen. Zudem regten großräumige Änderungen der Landnutzung (Großkahlschläge in den borealen Wäldern) und hierfür passende theoretische Konzepte (Habitatfragmentation und Metapopulation) dazu an, Wildtierpopulationen auf Landschaftsebene zu denken und zu erforschen. Trotzdem dominieren bei vielen Praktikern immer noch die kleinräumigen Ansätze. Das hat zum einen mit kultureller Trägheit zu tun: Es dauert wohl eine Generation, bis neue Erkenntnisse Lehrbuchwissen werden und auch in den Regelwerken der Praxis Eingang finden. Die kleinräumigen Ansätze im Wildtiermanagement halten sich aber auch aufgrund der räumlich begrenzten Einflussbereiche der meisten Akteure: Ein Förster etwa kann in seinem Revier gestalten, auf Landschaftsebene aber kaum etwas bewegen.

Wie groß ist der Einfluss der Dimension Mensch im Vergleich mit den oben angesprochenen Wissenslücken?

Die sogenannten Human Dimensions bestimmen, wo es langgeht beziehungsweise langgehen soll im Wildtiermanagement. Wissenschaft gibt keine Ziele vor – sie zeigt lediglich Zusammenhänge auf. Darum darf man von der Wildtierforschung auch keine normativen Aussagen erwarten. Welche Rothirschdichte «die richtige» ist, ist keine ökologische Frage, sondern muss im Rahmen des rechtlich Möglichen in Abwägung der Interessen zahlreicher Akteure, vom amtlichen Naturschützer über den Landwirt und den Jäger bis zur Bürgerschaft, ausgehandelt werden. Die sozial-

wissenschaftliche Human-Dimensions-Forschung kann helfen, Muster in der Interessenslandschaft zu erkennen und zu verstehen.

Kurzporträt: Prof. Dr. Ilse Storch (geboren 1961) leitet seit 2004 die Professur für Wildtierökologie und Wildtiermanagement der Universität Freiburg i. Br. und ist Vorsitzende der IUCN/SSC Galliformes Specialist Group. Sie studierte Biologie in Aachen und München, promovierte 1993 an der Ludwig-Maximilian-Universität München und habilitierte zehn Jahre später an der TU München. Freie Beratertätigkeit im internationalen Naturschutz, die Wildforschungsstation Grimsö (Schweden) und die Wildbiologische Gesellschaft München sind frühere Stationen ihrer wissenschaftlichen Laufbahn.

3.2 Raumnutzung erfassen

Wie die Populationsgröße ist auch die Raumnutzung eine grundlegende und meist unverzichtbare Information im Wildtiermanagement. Beispielsweise lassen sich das Auftreten und die Intensität von Nutzungskonflikten oft anhand von Raumnutzungsmustern erklären. Die Kenntnis, wie Wildtiere im Raum verteilt sind oder sich im Raum bewegen, ist jedoch ebenso eine wichtige Grundlage für die Förderung gefährdeter Arten und entscheidend für die Ausbreitung, die Etablierung und das Konfliktpotenzial gebietsfremder Arten (Neozoen).

Die Raumnutzung kann auf verschiedenen räumlichen Ebenen betrachtet werden (siehe Kapitel 3, Abb. 3.1). Dabei, und das gilt nicht nur für migrierende Arten, ist zwischen den Jahreszeiten zu differenzieren, da sich die Raumnutzung während der Fortpflanzungsperiode, der Migrationsphase und der Überwinterung stark unterscheiden kann.

Wenn wir die Verbreitung von Arten untersuchen wollen, benötigen wir Methoden, die wir bereits in Kapitel 3.1 beschrieben haben. Bei den Methoden zur Erfassung der Raumnutzung einzelner Individuen lässt sich eine eindrückliche Entwicklung und Technisierung beobachten. Früher beschränkte sich die Information auf zufällige oder regelmäßige Beobachtungen von Wildtieren an einsehbaren Standorten. Im 20. Jahrhundert wurden Wildtiere gefangen, individuell markiert und danach deren Aufenthaltsorte und Wanderbewegungen über systematische Beobachtungen ermittelt (Schloeth 1961, Robin 1973). In der zweiten Hälfte des 20. Jahrhunderts kam die VHF-Telemetrie auf, bei der Wildtiere gefangen und mit einem Sender ausgerüstet wurden und so mit einem Empfänger (Peilantenne) in aufwendiger Feldarbeit geortet werden konnten (Boldt & Willisch 2011). Die Sender wurden über die Jahrzehnte immer kleiner, sodass man schließlich auch kleine Singvogelarten und sogar Insekten damit ausrüsten konnte. Diese Methode brachte bereits einen großen Fortschritt im Verständnis der Raumnutzung, vor allem bei versteckt lebenden Arten (z. B. Storch 1993). Im nächsten Schritt wurde die Satellitentelemetrie eingeführt, bei der anstelle nur eines VHF-Senders auch ein GPS-Empfänger und ein GSM-Modul am Tier befestigt werden (Boldt & Willisch 2011). So erhält der Wildtierforscher in definierbaren Zeitabständen eine hohe Zahl von Positionen der Versuchstiere ins Büro gesendet. Mittels zusätzlicher Sonden am oder im frei lebenden Wildtier liefert diese Technik gleichzeitig Informationen über die Aktivität oder physiologische Parameter, beispielsweise Körpertemperatur oder Herzschlagrate (Arnold et al. 2004, Signer et al. 2010). Und die

Entwicklung geht weiter in Richtung leichterer Einheiten mit sonnenenergiebetriebener GPS-Telemetrie (zum Beispiel beim Bartgeier) oder Geolocatoren zur Verfolgung der Routen von Zugvögeln (Bridge et al. 2013, Scandolara et al. 2014).

***Abb. 3.22:** In den frühen 1970er-Jahren wurden in der Schweiz erstmals Rehe in der Wildbahn in großer Zahl mit Halsbändern aus dem Kunststoff PVC (System Robin/Gerodur) und zusätzlich mit Ohrmarken aus Kunststoffgewebe und aus eloxiertem Aluminium (System Supercrotal) sowie mit Messingmarken individuell markiert (Rehprojekt Werdenberg/St. Gallen 1970 bis 1975).*

***Abb. 3.23:** Heute stehen im Vergleich zu den 1970er-Jahren Satelliten-Telemetrie-Halsbänder der neusten Generation zur Verfügung, welche nicht mehr in erster Linie auf die visuelle Erkennbarkeit ausgerichtet sind. Sie dienen vorab der digitalen Erfassung und Übermittlung von Daten zum Raumverhalten und zur Aktivität. In Kombination mit Magensonden lassen sich zudem physiologische Daten erfassen. Die Daten werden via Satellit übermittelt oder aus abgesprengten Speichermedien herausgelesen. Geräte dieses Typs lassen sich via Satellit sogar umprogrammieren (Bild aus dem Rothirschprojekt Ostschweiz 2016).*

Abb. 3.24: Die Beringung von Vögeln setzt auf die visuelle Wiedererkennung. Bei großen Arten wie dem Kormoran können Zeichen und Ziffern auf Distanz abgelesen werden. Solche langen Mehrlagenringe aus Kunststoff bieten beste Voraussetzungen für kontrastreiche Ziffern und Zeichen und erleichtern das Ablesen.

Abb. 3.25: Bei kleinen Ringen ist eine Identifikation auf Distanz nur selten möglich (Schwanzmeise). Hingegen können Ziffern und Zeichen bei Wiederfang im Netz oder bei einem Totfund gut gelesen werden. Auch die Kombination von Ringen unterschiedlicher Farben lässt eine individuelle Erkennbarkeit zu (Beispiel Bartgeier).

Abb. 3.26: Wie an diesen Rauchschwalben kommen seit einigen Jahren Kleinstsender für kleine und leichte Wirbeltiere zum Einsatz. Damit lassen sich Bewegungen im Raum, Fütterungsfrequenzen, Mortalität usw. erfassen.

3.3 Habitatqualifizierung

Ein Wildtier wählt seine Aufenthaltsorte gezielt aus, um seine Ansprüche betreffend Nahrung, Nistplatz, Deckung, Ruhe und sozialer Interaktion bestmöglich zu befriedigen und damit seine Überlebens- und Fortpflanzungschancen zu optimieren. Entsprechend ist die Raumnutzung eng mit den Habitatansprüchen einer Wildtierart verknüpft. Folgende Fragen sind zu klären: Warum halten sich Tiere an einem bestimmten Ort auf, welche Pflanzen kommen dort vor und wie ist die Vegetation strukturiert? Welche Landnutzung liegt vor, wie liegen diese Orte in der Landschaft? Wie sehen die Gewässer, auch unter der Wasseroberfläche, aus? Solche Fragen können wir wieder entweder kleinräumig auf der Ebene des Streifgebiets einzelner Individuen, regional oder lokal auf der Ebene einer (Sub-)Population oder großflächig auf der Metapopulations- oder Verbreitungsebene einer Wildtierart untersuchen (siehe Kapitel 3, Abb. 3.1).

Abb. 3.27: Eine vielfältige Waldstruktur bietet ein reiches Angebot an ökologischen Nischen für zahlreiche Pflanzen, Tiere und Pilze.

Was bedeuten die Antworten auf obige Fragen konkret für die Aufgaben im Wildtiermanagement? Beispielsweise ist die Kenntnis der Habitatansprüche einer gefährdeten Tierart eine unabdingbare Voraussetzung, um die Vegetationsstruktur oder die Landnutzung gezielt zu verändern, damit sich die Lebensraumsituation für die Art verbessert. Des Weiteren findet die Verteilung geeigneter Lebensräume in der Landschaft Eingang in das Management jagdbarer Wildtiere, zum Beispiel in der Festlegung der Pachtzinsen der Jagdreviere oder in der Ausscheidung wildtierbiologisch sinnvoller Managementeinheiten (sogenannte Wildräume). Aber auch für die Förderung gefährdeter Arten oder den Umgang mit Neozoen ist diese Information wichtig.

Über die Charakterisierung der Aufenthaltsorte einer Wildtierart kann vorerst nur ausgesagt werden, in welchem Habitattyp sich eine Art aufhält. Ob ein Habitattyp eher bevorzugt oder gemieden wird, kann jedoch nicht direkt von der Habitatnutzung abgeleitet werden. Hierzu muss die Habitatnutzung zwingend mit dem verfügbaren Habitatangebot verglichen werden. Was damit gemeint ist, lässt sich am besten anhand einer Beispielsituation in einer einfachen Landschaft darstellen (Abb. 3.28). Schauen wir uns in diesem Beispiel lediglich an, wo sich die Art aufhält, so kommen wir zum Schluss, dass die Art etwa gleich oft im Wald wie auf der Wiese vorkommt und die Siedlung meidet. Vergleichen wir die Nutzung jedoch mit dem vorhandenen Angebot der unterschiedlichen Habitattypen, so ergibt sich ein anderes Resultat. Während die Art den Wald entsprechend seinem Angebot nutzt (Ivlev-Index = 0), bevorzugt sie demgegenüber klar die Wiese (Ivlev-Index > 0; Tabelle 3.1).

Für die Analyse solcher Muster der Habitatwahl steht heute eine Vielfalt statistischer Verfahren zur Verfügung (Boyce & McDonald 1999, Manly et al. 2004, Gillies et al. 2006, Morrison et al. 2006). In der Praxis des Wildtiermanagements hat besonders auch der Begriff der Habitatmodelle eine große Verbreitung, weshalb wir diese Methode nachfolgend näher betrachten.

Habitatmodelle können als formalisierte Beschreibung einer Art-Habitat-Beziehung definiert werden. Diese Beschreibung kann in Form eines statistischen Modells, einer mathematischen Formel, aber auch als Charakterisierung von Habitateignungskategorien in Tabellenform erfolgen. Als Produkt kann in allen Fällen eine Karte mit der Habitateignung für eine bestimmte Tierart entstehen. Solche Karten dienen unter anderem als räumliche Grundlage in Aktionsplänen zur Förderung gefährdeter Arten (Mollet et al. 2008), als Variable in der Festsetzung der Jagdpachtzinsen (Robin et al. 1999) oder als Prognose der künftigen Verbreitung einwandernder, gebietsfremder Arten (Lurz et al. 2001). In Machbarkeitsstudien im Hinblick auf eine Wiederansiedlung einer regional ausgestorbenen Art lässt sich mit Habitatmodellen prüfen, ob genügend Lebensraum für die Art vorhanden ist (Schadt et al. 2002).

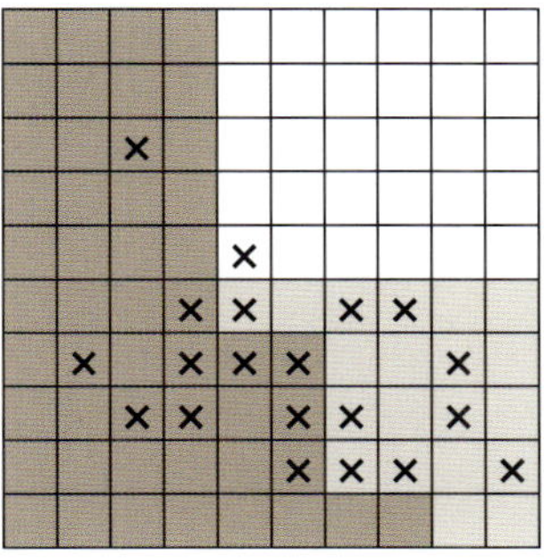

Abb. 3.28: Illustration des Vergleichs zwischen Angebot und Nutzung: Diese Abbildung symbolisiert eine einfache Landschaft, bestehend aus Wald, Wiese und Siedlung. Die Landschaft besteht aus 100 Zellen, sodass die Anzahl der von einem Habitattyp besetzten Felder automatisch dem Angebot in Prozentwerten entspricht. Wir nehmen zusätzlich an, dass die mit einem «X» gekennzeichneten Rasterzellen von unserer Tierart genutzt werden.

HABITATTYP	ANGEBOT [%]	NUTZUNG ABSOLUT	NUTZUNG [%]	IVLEV-INDEX
Wald	50	10	50	0
Wiese	20	9	45	0.38
Siedlung	30	1	5	-0.71
Total	100	20	100	

Tab. 3.2: In der fiktiven Situation zeigt sich, dass die Art den Wald entsprechend dem Angebot nutzt, die Wiese bevorzugt und die Siedlung stark meidet. Der Ivlev-Index errechnet sich über die Formel $I = (N - A)/(N + A)$ und kann Werte zwischen −1 und +1 annehmen (N = Nutzung in %, A = Angebot in %). Negative Werte bedeuten Meidung eines Habitattyps, ein positiver Wert zeigt an, dass die Tierart den entsprechenden Habitattyp bevorzugt.

Für ein statistisches Habitatmodell sind Daten über das Vorkommen der betreffenden Art notwendig. Angaben über Präsenz und Absenz der Art eröffnen dabei zusätzliche Möglichkeiten gegenüber reinen Präsenzdaten. Als erklärende Variablen dienen räumliche Informationen zu Topografie, Landnutzung, Vegetationstyp und -struktur. Mit unterschiedlichsten statistischen Verfahren (zum Beispiel GLM, GAM, ENFA, CART) wird nun die Beziehung zwischen dem Vorkommen der Art und den erklärenden Variablen untersucht. Das dabei entstehende Modell wird auf den gesamten Raum angewendet, sodass jeder Pixel in der Landschaft eine Wahrscheinlichkeit für die Präsenz der Art erhält (Prognose). Die Prognose soll nach Möglichkeit mittels unabhängiger Vorkommensdaten validiert werden. Für weiterführende Informationen zu statistischen Habitatmodellen verweisen wir auf die Literatur (z. B. Guisan & Zimmermann 2000, Graf et al. 2005, Elith et al. 2006, Braunisch et al. 2011).

Anstelle der statistischen Modellierung kann ein Expertenansatz gewählt werden. Bei dieser Methode wird die Art-Habitat-Beziehung über Literatur- und Expertenwissen beschrieben und mit einem geografischen Informationssystem (GIS) und relevanten erklärenden Variablen in eine räumliche Prognose übersetzt (Lebensraumeignungskarte; z. B. Robin et al. 1999, Storch 2002).

Will man die Eignung eines ausgewählten Gebiets qualifizieren – zum Beispiel als Erfolgskontrolle von Maßnahmen zur Lebensraumaufwertung –, kann dafür ein GIS-gestütztes Habitatmodell verwendet werden. Falls jedoch detaillierte, in Fernerkundungsdaten nicht sichtbare Eigenschaften interessieren, kann eine Habitatkartierung im Feld nötig sein. Dabei sind die Ansprüche der Zielart in möglichst objektiv messbare Variablen zu übersetzen (Schroth 1992).

3.4 Populationsdynamik und -modellierung

Das Wissen über die Veränderung von Populationen ist im praktischen Wildtiermanagement von zentraler Bedeutung, um eine nachhaltige Nutzung zu planen oder den Erfolg von Maßnahmen zu beurteilen. Lässt sich das Wachstum einer Rothirschpopulation mit dem aktuellen Jagdaufwand stoppen? Ist die Bartgeierpopulation der Alpen gesichert oder sollten weitere Aussetzungen erfolgen? Kann eine isolierte Laubfroschpopulation langfristig überleben oder sind zusätzliche Laichgewässer zu schaffen? Um solche Fragen zu beantworten, sollten die wichtigsten Einflüsse auf die Populationsdynamik bekannt und quantifiziert sein.

Die Dynamik einer Wildtierpopulation kann über die vier Größen Reproduktion, Mortalität, Immigration und Emigration beschrieben werden. Das klingt im ersten Moment einfach, doch unterstehen alle vier Prozesse einer Vielzahl von Einflüssen, die teilweise miteinander interagieren. Die Witterungsbedingungen wirken sich auf Reproduktion und Mortalität aus, Krankheiten auf Mortalität und Reproduktion, intra- und interspezifische Konkurrenz auf Immigration und Emigration usw. (Abb. 3.29).

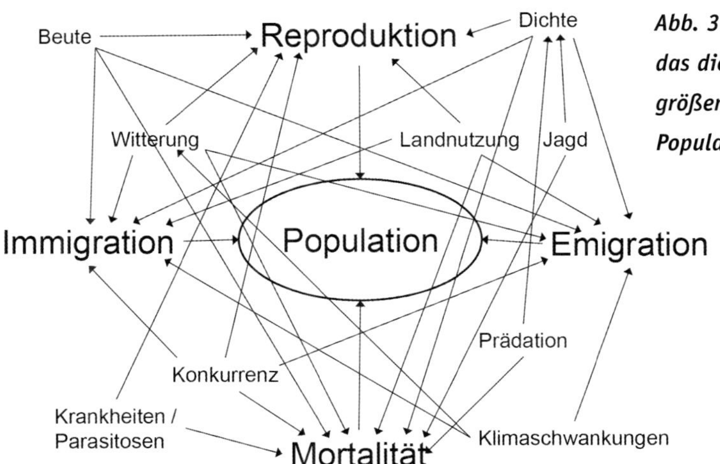

Abb. 3.29: Wirkungsgefüge, das die wichtigsten Einflussgrößen zeigt, welche auf eine Population einwirken.

Eine Population ist zudem nicht eine Gruppe identischer Individuen, sondern setzt sich aus unterschiedlichen Altersklassen zusammen, und das Verhältnis zwischen den beiden Geschlechtern kann je nach Art und Umweltbedingungen variieren. Speziesabhängig beteiligen sich Individuen früher oder später an der Fortpflanzung, sodass es immer einen spezifischen Anteil nicht reproduzierender Individuen gibt. Auch die Mortalität variiert zwischen den Geschlechtern und Altersklassen. Solche Phänomene werden in sogenannten Lebenstafeln beschrieben, welche die Überlebens- beziehungsweise Mortalitätsraten der verschiedenen Altersstadien einer Population zusammenfassen (z. B. Gossow 1999, Begon et al. 2006).

Wird eine Population bejagt, kann dieser Mortalitätsfaktor additiv oder bis zu einem gewissen Grad kompensatorisch sein. Additiv wirkt die Jagd dann, wenn der Bestand reduziert oder das Wachstum des Bestands verringert wird. Von kompensatorischer Bejagung spricht man hingegen, wenn zahlreiche schwächere Tiere geschossen werden, die den kommenden Winter mit einer relativ geringen Wahrscheinlichkeit überleben. Die Jagd nimmt somit eine spätere, natürliche Todesursache vorweg.

Eine einseitige Bejagung bestimmter Altersklassen und Geschlechter kann ungewollt eine nachteilige Populationsstruktur zur Folge haben. Bei Gämsen etwa kann das Fehlen starker Böcke zu ineffektiver Brunft und verspäteter Befruchtung der Geißen führen. In der Folge kommen die Kitze später zur Welt und weisen Kitze und Geißen eine schwächere Kondition auf, sodass die Wintermortalität im Folgejahr steigt (Miller & Corlatti 2009). Schließlich sind Populationen meist nicht homogen im Raum verteilt, sondern zeigen geklumpte Vorkommen mit räumlich-zeitlich fluktuierender Bestandsdichte.

ALTER X	ANZAHL X	LX	DX	QX
Altersklasse, üblicherweise in Jahren	Anzahl lebender Tiere zu Beginn der Altersklasse	Überlebender Anteil der ursprünglichen Kohorte zu Beginn der Altersklasse	Anzahl Tiere, die in der Altersklasse starben (Sterberate)	Anteil der Population, der in der Altersklasse starb (altersspezifische Mortalitätsrate)
0	100	1.00	10	0.10
1	90	0.90	10	0.11
2	80	0.80	10	0.13
3	70	0.70	20	0.29
4	50	0.50	25	0.50
5	25	0.25	25	1.00
6	0			

Tab. 3.3: Einfache Lebenstafel einer hypothetischen Population. Lebenstafeln charakterisieren die Dynamik altersstrukturierter Populationen und werden oft mit Überlebenskurven visualisiert. Es gibt zwei Typen von Lebenstafeln. In der Kohorten-Lebenstafel wird das Überleben einer Anzahl Individuen mit gleichem Geburtsjahr verfolgt. Statische (vertikale) Lebenstafeln dagegen benutzen Populationsdaten zu einem bestimmten Zeitpunkt, um daraus die Kohorten zu rekonstruieren.

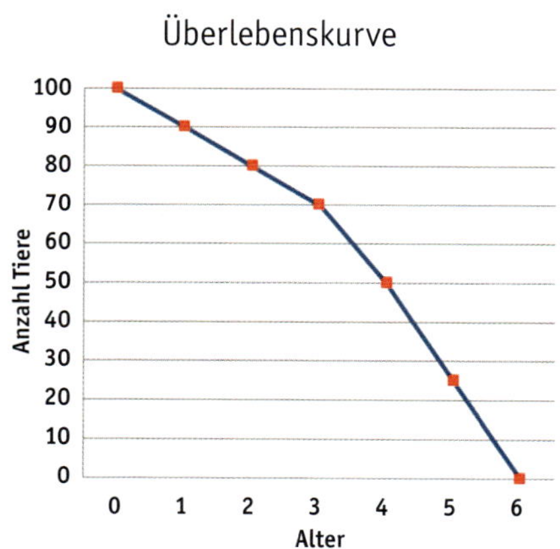

Abb. 3.30: Die Abnahme der überlebenden Tiere mit zunehmender Altersklasse gibt Auskunft über die altersspezifische Mortalität, einen bedeutenden Teilaspekt der Populationsdynamik.

Kleine Populationen haben eine geringere Überlebenswahrscheinlichkeit als große. Sie sind zufälligen Ereignissen stärker ausgesetzt, wie schlechter Witterung, Krankheiten oder anderen sporadisch auftretenden Ereignissen. Ferner können sie genetisch verarmen, Inzucht kann die individuelle Überlebensfähigkeit und Fortpflanzung schwächen, langfristig hat eine kleine Population weniger Chancen, sich an verändernde Umweltbedingungen anzupassen (Holderegger & Segelbacher 2016). In der Naturschutzbiologie wurde deshalb der Begriff der minimal überlebensfähigen Populationsgröße (engl. *minimum viable population*) geprägt, bei der eine Population über einen bestimmten Zeitraum (zum Beispiel 200 Jahre) mit einer Wahrscheinlichkeit von 90–95 % überleben sollte (Primack 2006). In der Praxis ist diese Größe allerdings schwierig zu bestimmen und verlangt eine sehr gute Kenntnis des Systems (Beissinger 2002).

Will man die Bedeutung einzelner Einflussfaktoren verstehen oder künftige Entwicklungen vorhersagen, führt man eine Populationsmodellierung durch. Einfach ausgedrückt, kann man die Populationsmodellierung als eine Art Buchhaltungsinstrument im Wildtiermanagement verstehen, mit dem die Veränderung einer Wildtierpopulation über die vier Größen Reproduktion, Mortalität, Immigration und Emigration überwacht wird. Einfache mathematische Modelle beschreiben das exponentielle und das logistische Wachstum (Begon et al. 2006). Räuber-Beute-Modelle beschreiben die Interaktion zwischen Arten, die in einem Prädationsverhältnis stehen. Die Entwicklung der Populationsmodelle ging weiter bis zu komplexen mathematischen oder stochastischen, individuenbasierten Simulationsmodellen (Williams et al. 2002, Doak et al. 2005, Grimm & Railsback 2005, Royle & Dorazio 2008). Mit Populationsmodellen lassen sich beispielsweise die Überlebenschancen gefährdeter Arten untersuchen (Grimm & Storch 2000, Schaub et al. 2009) oder die Auswirkung verschiedener Szenarien der Windkraftnutzung auf den Rotmilan (Schaub 2012). Aber auch in der Planung der nachhaltigen Nutzung jagdbarer Arten (Marboutin et al. 2003) oder bei der Optimierung von Impfkampagnen zur Tollwutbekämpfung (Eisinger & Thulke 2008) kommen Populationsmodelle zum Einsatz.

Die Stärke solcher Modelle liegt darin, dass detailliertes Wissen strukturiert und logisch zusammengefasst und so die Systemkenntnis verbessert wird. Mit Simulationsmodellen lassen sich Managementszenarien vergleichen (zum Beispiel die räumliche Verteilung von Windkraftanlagen), die in Feldstudien nicht oder nur sehr beschränkt durchführbar sind. Mithilfe der Modelle lassen sich zudem Hypothesen generieren, die gezielt in Feldstudien überprüft werden können. Ein Nachteil von Populationsmodellen ist, dass sich erst mit einer sehr guten Datenbasis aussagekräftige Resultate erzielen lassen. Grundsätzlich basiert ein Modell immer auf Annahmen, die falsch oder unvollständig sein können, und naturgemäß ist dann auch die Modellaussage limitiert. Im Zug wachsender Möglichkeiten in der Datenbeschaffung über Wildtiere (siehe zum Beispiel Kapitel 3.1. und 3.2.) und der methodischen Weiterentwicklung der statistischen und dynamischen Modellierung dürfte auch die Bedeutung der Populationsmodellierung für das praktische Wildtiermanagement zunehmen.

3.5 Planung von Jagd und Fischerei

Der Gesetzgeber verlangt von jenen, die das Nutzungsrecht an jagdbaren Wildtieren und Fischen innehaben, dass sie ihr Tun und Lassen planen. Das oberste Gebot der Jagd- und Fischereiplanung ist die Nachhaltigkeit. Damit Jahr für Jahr Beute anfällt und auch kommende Generationen noch Wildtiere nutzen können, müssen wir mit den Wildtierbeständen stets verantwortungsbewusst umgehen.

3.5.1 Jagdplanung

Die Pflicht zur Jagdplanung gilt grundsätzlich für alle jagdbaren Arten. Für besonders sensible Arten wie Schneehuhn und Birkhuhn ist der jagdliche Eingriff mit entsprechend großer Sorgfalt zu planen. Größte Bedeutung für die Jagd haben zweifelsohne die Wildhuftierarten. Daher werden wir nachfolgend die Beachtung von Rahmenbedingungen und Grundsätzen sowie das systematische Vorgehen insbesondere mit Blick auf die Planung der Jagd auf Reh, Gämse oder Rothirsch erläutern (BAFU 2010a, Jagd- und Fischereiverwalterkonferenz der Schweiz JFK-CSF-CCP 2014).

Das Nachhaltigkeitsdreieck gestaltet sich bei der Bejagung der Wildhuftiere wie folgt: Erstens, die Artenvielfalt ist zu erhalten; die Jagd darf also nicht dazu führen, dass Tierarten gefährdet werden, auch nicht regional (Art. 1 Abs. 1 Bst. a & b JSG; Art. 5 Abs. 4 JSG). Zweitens, die verursachten Schäden sind durch jagdliche Regulierung auf ein tragbares Maß zu reduzieren; dabei sind insbesondere die regionalen Interessen der Forst- und Landwirtschaft sowie des Naturschutzes zu berücksichtigen (Art. 1 Abs. 1 Bst. c JSG; Art. 3 Abs. 1 JSG). Drittens, eine angemessene Nutzung der Bestände soll gewährleistet sein; die Jagd als traditionelle und naturnahe Form der Nahrungsbeschaffung und im Sinne der Kulturpflege soll erhalten bleiben (Art. 1 Abs. 1 Bst. d JSG). Die drei Grundsätze müssen in der Schweiz gemäß dem Gesetzgeber auch in dieser Reihenfolge befolgt werden. Mit anderen Worten ist die ökologische Nachhaltigkeit, also der Schutz der Arten, höher zu gewichten als die Verpflichtung zur Regulierung der Bestände zur Verhütung von Wildschäden, d. h. die ökonomische Nachhaltigkeit.

Diese wiederum ist höher zu gewichten als die jagdwirtschaftlich optimierte Nutzung der Bestände, die soziokulturelle Nachhaltigkeit.

Die Jagdplanung sollte im Sinne der rollenden Planung durchgeführt werden. Dabei müssen folgende Fragen beantwortet respektive Phasen durchlaufen werden:

1. Wo stehen wir heute? Erhebung des Istzustands durch Sammeln von Informationen zu Größe und Entwicklung des Bestands jeder Wildtierart, Kondition und Konstitution der Tiere, Situation der Waldverjüngung usw.
2. Was muss besser werden? Definition des Sollzustands und Beurteilung des Istzustands, d. h., die verschiedenen Kenngrößen wie Bestandszahlen, Jagdstrecke, Fallwild usw. sollen analysiert und anhand dieser Auswertung die Zielsetzung für jede Wildtierart bestimmt werden.
3. Wie können die Ziele erreicht werden? Definition der Maßnahmen, wobei zwischen einer qualitativen und einer quantitativen Abschussplanung unterschieden werden muss. Insbesondere ist die Ausrichtung der Abschussplanung am weiblichen Bestand entscheidend für eine nachhaltige Regulierung der Bestände.
4. Ausführung der Maßnahmen. Mittels der Jagdbetriebsvorschriften und der Jagdzeiten wird die Abschussplanung konkret umgesetzt. Diese sollten so definiert sein, dass das Abschuss-Soll möglichst effizient erreicht wird.
5. Was wurde erreicht? Die Erfolgskontrolle überprüft schließlich, ob die Ziele der Jagdplanung erreicht wurden. Die Methoden der Erfolgskontrolle sind dieselben wie für die Erhebung des Istzustands, womit sich der jagdplanerische Kreis schließt.

Zentral für jede Jagdplanung sind die wildtierbiologischen Rahmenbedingungen. Nur in Kenntnis der Lebensweise der zu bejagenden Wildtierart und der aktuellen Situation bezüglich Verteilung, Konkurrenz, Fortpflanzung usw. ist der Jagdplaner in der Lage, eine optimale Bejagung zu organisieren, welche die definierten Ziele auch erreichen kann. Weil sich bei den drei Wildhuftierarten Rothirsch, Reh und Gämse das Verhalten im Raum bei männlichen und weiblichen Tieren unterscheidet, ist eine unterschiedliche Planung der Bejagung beider Geschlechter von zentraler Bedeutung.

Zudem muss sich die Jagdplanung mit weiteren ökologischen Rahmenbedingungen wie den naturräumlichen und klimatischen Gegebenheiten, dem kulturellen Rahmen der Jagdtradition oder der Bedeutung des Tier- und Naturschutzes sowie mit den ökonomischen Rahmenbedingungen wie den Bodenbesitzverhältnissen, der land- und forstwirtschaftlichen Nutzung und eventuell auch dem Wert des Wildbrets auseinandersetzen.

Eine der wichtigsten Voraussetzungen für eine effiziente Jagdplanung ist die Festlegung geeigneter Planungs- oder Bewirtschaftungseinheiten. Der Wildraum ist ein wildtierökologisch einheitlicher geografischer Raum und bildet die Basis für die Ausscheidung der Planungseinheiten. Wildraumgrenzen sollten nicht primär durch administrative Grenzen bestimmt und für die verschiedenen Wildarten in der Regel unterschiedlich definiert werden. Wildraumgrenzen sollten sich in erster Linie an den natürlichen und künstlichen Lebensraumgrenzen einer Teilpopulation orientieren. Bei weiträumig mobilen Wildtierarten wie dem Rothirsch oder in Gebirgsgegenden müssen dabei gegebenenfalls jahreszeitliche Wanderungen besonders beachtet werden. Ein Wildraum muss also sowohl die Sommer- wie auch die Wintereinstände einer Teilpopulation beinhalten. In Kantonen oder Ländern mit dem Revierjagdsystem ist es deshalb nötig, dass zur Planung der Jagd mehrere Jagdreviere zu Hegeringen zusammengefasst werden, damit die Wildtierbestände einheitlich und wirkungsorientiert bewirtschaftet werden können.

Oft wird in der Jagdplanung der Fehler begangen, dass dem zweiten Schritt der rollenden Planung, der Definition des Sollzustands, zu wenig Beachtung geschenkt wird. Die Jagdbetriebsvorschriften werden nach einer kurzen Jagdstreckenanalyse aufgrund der Geschichte und der Jagdtradition bestimmt und nicht nach einer vertieften Auseinandersetzung mit den Zielen für die Zukunft. Jagdplanung ist aber weit mehr als das bloße Berechnen der Jagdstrecke. Das Hauptinteresse des Jagdplaners muss dem Wildbestand und seiner Interaktion mit dem Lebensraum nach der Jagd gelten. Der Jagdplaner gestaltet den überlebenden Bestand, die Jagdstrecke ist ihm lediglich ein Spiegel dafür.

Für eine qualifizierte und effektive Jagdplanung ist die Definition des Sollzustands demzufolge der wichtigste Arbeitsschritt. Zwingend zu beachten sind bei der Zielbestimmung folgende vier Grundsätze:

1. Die Wildtierbestände müssen an den Lebensraum angepasst sein. Dabei sind die Lebensraumkapazität sowie die regionalen Wachstumsraten zu berücksichtigen.
2. Der Bestand soll bezüglich Alters- und Sozialklassen naturnah strukturiert sein, die Jagd soll das soziale Verhalten der Tiere nicht zu stark beeinflussen. Dabei muss insbesondere das Prinzip der kompensatorischen Mortalität einbezogen werden.
3. Das Geschlechterverhältnis (GV) im Bestand soll ausgeglichen oder leicht zu Gunsten der Weibchen verschoben sein.

4. Die genetische Vielfalt als Voraussetzung für den Prozess der natürlichen Selektion soll erhalten bleiben.

Weil ein Jagdplaner im Sinne der nachhaltigen Nutzung und aufgrund der Ansprüche der Kunden, der Jäger, jedes Jahr eine angemessene jagdliche Nutzung gewährleisten muss, wird er die Bemessung der Jagdstreckenvorgaben so ansetzen, dass der jagdliche Ertrag jährlich etwa gleich ausfällt. Dieser Ansatz ist allerdings unvereinbar mit der natürlichen Dynamik von Wildtierbeständen, die je nach Witterungsverhältnissen, Lebensraumqualität oder Seuchenzügen zu einem Auf und Ab über die Zeit führt.

Wird der Abschussplan auf der ordentlichen Jagd nicht erfüllt oder gibt es großräumige Verschiebungen der Wildtiere zwischen Sommer- und Wintereinständen, so kann für den Rothirsch oder das Reh nach der regulären Jagdzeit eine Regulationsjagd im Wintereinstand notwendig sein.

Mit einer Erfolgskontrolle wird schließlich überprüft, ob die Ziele der Jagdplanung erreicht worden sind. Dabei muss zwischen der Erreichung der Umsetzungsziele (Abschussplan) und den Wirkungszielen (zum Beispiel Senkung der Bestände, Verbesserung der Waldverjüngung) unterschieden werden. Die Methoden für die Erfolgskontrolle sind dieselben wie für die Erhebung des Istzustands für das bevorstehende Jagdjahr, womit sich der jagdplanerische Kreis schließt.

Abb. 3.31: In Anwesenheit von Großraubtieren verändert sich das Raumnutzungsverhalten der potenziellen Beutetiere, zum Beispiel der Gämse.

Abb. 3.32: Alljährlich wird in der Schweiz beim Rothirsch rund ein Drittel des gesamten Frühlingsbestands erlegt.

Eine effiziente Jagd ist nur erreichbar, wenn nicht immer und nicht überall gejagt wird. Was auf den ersten Blick paradox erscheinen mag, ist beim genaueren Hinsehen mehr als plausibel. Zeiten der Schonung, die insbesondere Rücksicht nehmen auf die Fortpflanzungszeiten und die Winterhärte, sollen sich abwechseln mit Intervallen intensiver, effizienter Bejagung. Erst ein Mosaik von offenen Jagdgebieten und Wildtierschutzgebieten bietet die Gewähr, dass sich die Wildtierbestände gut im Raum verteilen. Mit einem auf die Biologie und die Ansprüche der Wildtiere ausgerichteten Schutzgebietenetz lässt sich die Verteilung gezielt steuern. Der Flächenanteil, der unter Jagdbann/Wildtierschutz gestellt werden muss, hängt ab von den Jagdbetriebsvorschriften. Grundsätzlich gilt, dass bei differenzierten Vorschriften die jagdlich geschützte Fläche geringer sein kann. Wenn also beispielsweise bei der Rothirschbejagung in den Schweizer Patentjagdkantonen der Kronenhirsch geschützt ist, kann die jagdlich genutzte Fläche deutlich größer ausfallen, als wenn die Jagd sehr freiheitlich läuft und mit wenigen Vorschriften auskommen soll.

In Gebieten mit etablierten Luchs- und Wolfsbeständen verändert sich das Verhalten von Reh, Gämse und Rothirsch und damit auch die Jagdplanung. Die Beutetiere haben sich über Tausende von Jahren und Generationen gemeinsam mit den großen Beutegreifern entwickelt und dabei Feindvermeidungsstrategien ausgebildet, die das Risiko des Gefressenwerdens mindern. Die agilen Fluchttiere werden aufmerksamer, sie verändern ihre Gruppengröße oder stehen in Einständen ein, die ihnen mehr Schutz bieten. Darauf muss sich der Jagdplaner einstellen, indem er zum Beispiel das Schutzgebietenetz überprüft oder andere, neue Bejagungsmethoden fördert. Durch die Prädation kann sich die Bestandsgröße und -dichte der Beutetiere auf einem neuen, tieferen Niveau einpendeln. Damit entsteht faktisch eine Beutekonkurrenz zwischen dem natürlichen und dem menschlichen Jäger. Erweitert wird das Beziehungsgeflecht, indem Luchse und Wölfe durch ihre Anwesenheit und ihr Einwirken auf die Bestände der Beutetiere meist rasch eine Waldverjüngung bewirken. Allen Elementen des Systems – Beutetierbestand, jagdliche Nutzung, Schutz der Beutegreifer und Waldverjüngung – ihren Platz zu geben, ist die anspruchsvolle Aufgabe eines Jagdplaners, der sich der nachhaltigen Nutzung verpflichtet fühlt.

3.5.2 Planung in der Fischerei

Bis zum Ausgang des Mittelalters wurde in großen Flüssen und auf Seen freie Fischerei betrieben, während an kleinen Gewässern die Anlieger das Fischereirecht beanspruchten. Diese Rechtslage veränderte sich zunehmend zugunsten der Fischereifreiheit unter dem königlichen Bannrecht. Die Fischnutzung kam so mehrheitlich in die Zuständigkeit der Territorialherren, welche ihrerseits häufig die Fischereirechte an einzelne Fischer oder Fischerzünfte verpachteten. Noch heute ist das Recht zum Fischfang grundsätzlich ein Regal der Territorialmacht, also der Kantone in der Schweiz oder der Länder in Deutschland und Österreich. Ausgenommen davon sind einzelne «Fischenzen», fischereiliche Nutzungsrechte an bestimmten Gewässerabschnitten, die sich Privatleute, Korporationen oder Gemeinden über die Jahrhunderte als Eigentum ausbedungen haben. Die Kantone und Länder üben das Recht zum Fischfang aber nicht selbst aus, sondern sie verleihen es an Dritte und nutzen das Fischereiregal so als Einnahmequelle. Das Recht zur Ausübung der Fischerei wird in Form einer Pacht, der Abgabe von Fischereikarten oder Patenten übertragen.

Wie bei der jagdlichen Nutzung der Wildtierbestände ist der Gesetzgeber auch hinsichtlich der Fischerei in der Pflicht, die Nachhaltigkeit im System von Schutz und Nutzung der Fischbestände zu sichern. Er tut dies durch Artenschutzbestimmungen, Fangmaße, Regelung der Netzmaschenweiten oder Bestimmung von Schonzeiten und Schonstrecken. Das Vorgehen und die Leitlinien, wie sie für die Jagdplanung skizziert wurden, gelten grundsätzlich auch für die Fischereiplanung.

Wesentlich anders gestaltet sich aber der Aspekt der Besatzwirtschaft. Aufgrund schädlicher Umwelteinflüsse auf die Naturverlaichung (siehe Kapitel 5.7) musste das Fischereiregal in den letzten Jahrzehnten auch unterhalten und gehegt werden, insbesondere mit dem Betreiben von Fischzuchtanstalten für den künstlichen Besatz von Gewässern mit Fischlaich, Jungfischen oder sogar adulten, fangfähigen Fischen.

Heute werden die Fischzuchtanstalten nicht mehr nur genutzt, um die rückgängigen Erträge von häufigen Nutzfischarten zu kompensieren. Vielmehr ist es notwendig geworden, die Brut- und Aufzuchtmöglichkeiten auf weitere, wirtschaftlich unbedeutende, jedoch ökologisch wertvolle Fischarten zu erweitern. Gefragt ist eine nachhaltige Bewirtschaftung, die gezielt Engpässe in den Lebensraumbedingungen der Fische kompensiert, die moderne Erkenntnisse der Wissenschaft berücksichtigt und die Fortführung der Bewirtschaftungsmaßnahmen überprüft (Spalinger et al. 2016). Die Besatzwirtschaft soll zudem immer parallel zur Habitatförderung vorangetrieben werden. In Gewässern mit ausreichender Naturverlaichung ist konsequent auf Besatz zu verzichten. Gewässereinzugsgebiete sowie einzelne Gewässer, die nicht besetzt werden, sollten im Rahmen einer kantonalen fischereilichen Planung bezeichnet und langfristig in einem guten ökologischen Zustand erhalten werden.

Die wichtigste Voraussetzung für ein erfolgreiches und nachhaltiges Besatzprogramm ist gemäß Spalinger et al. (2016) die Aufzucht von Besatzfischen in bestmöglicher Qualität. Ausschlaggebend hierfür sind neben optimalen Zuchtbedingungen auch die Herkunft der Besatzfische und die geeignete Auswahl und Verpaarung der Elterntiere. Besatzfische können lokale Fischpopulationen verdrängen sowie die genetische Vielfalt zwischen und innerhalb der Populationen verringern. Deshalb sollte ein primäres Ziel der fischereilichen Bewirtschaftung der Erhalt der lokalen Anpassungen der Populationen sein. Dadurch werden sowohl die Tauglichkeit für den lokalen Lebensraum als auch die Unterschiede zwischen den Populationen aus unterschiedlichen Lebensräumen bewahrt. Es ist deshalb wichtig, Bewirtschaftungseinheiten zu definieren, die basierend auf der Verwandtschaft der Populationen festgelegt werden. Um die genetische Vielfalt von Besatzfischen zu erhalten, wird empfohlen, eine genügend große Anzahl Elterntiere in einem ausgewogenen Geschlechterverhältnis zu verwenden (Largiadèr & Hefti 2002). Die Auswahl sollte zufällig erfolgen, d. h., es sollten nicht nur große Fische verwendet werden. Eine Rücksetzung der Laichtiere nach dem Abstreifen ins Gewässer ist erwünscht.

Mit einer umsichtigen Planung, welche die genetische Vielfalt und die lokalen Anpassungen berücksichtigt, kann ein negativer Einfluss von Besatzfischen auf die Wildfische minimiert werden (Spalinger et al. 2016). Ein unverzichtbares Element dieser Planung ist die Erfolgskontrolle. Sie dient dazu, die Wirkung und Notwendigkeit von Besatzmaßnahmen zu überprüfen und dank der gewonnenen Erkenntnisse zu optimieren. Erfolgskontrollen helfen somit, die Ressourcen ökonomisch und ökologisch sinnvoll einzusetzen.

Abb. 3.33: Zwei Berufsfischer fahren am späten Nachmittag hinaus auf den See, um die Netze auszuwerfen (Neuenburgersee).

Abb. 3.34: Felche im Netz; bei diesem als «Brotfisch» bezeichneten Artenkomplex wird der Besatz als Grundvoraussetzung für eine ökonomisch tragfähige Berufsfischerei betrachtet; ob zu Recht, muss in Untersuchungen zur Naturverlaichung geprüft werden.

Jagdplanung – das Instrument zur Steuerung von Wildtierpopulationen

Interview mit Georg Jürg Brosi, Leiter des Amts für Jagd und Fischerei des Kantons Graubünden

Welches sind die Funktionen von Jagdverwaltung und Jagdplanung?

Jagdplanung und Jagdverwaltung erstellen die Grundlagen zum Thema Wildlebensräume, dem darin vorkommenden Wild sowie den weit reichenden Problemen mit Wild in einer intensiv genutzten Kulturlandschaft und sorgen für eine professionelle Betreuung von Wild und Jagd.

Welche Steuerungsmöglichkeiten bestehen in der Jagdplanung, um die natürliche Dynamik zuzulassen und zeitgleich Wildtierbestände für eine attraktive Jagd ausreichend hoch zu halten?

Die Jagdplanung ermöglicht in allen Jagdsystemen eine gezielte Steuerung von Populationsgrößen, Populationszusammensetzungen, regionalen Korrekturen und Gemeinschaftsjagden auf schwierig zu bejagende Arten wie Rot- und Schwarzwild. Eine natürliche Dynamik, biologisch zwar wünschenswert, ist in den durch die menschliche Präsenz zumindest funktionell oft massiv fraktionierten und gestörten Wildlebensräumen wohl eher Wunschtraum als Realität.

Welches ist die künftige Rolle der Jagd im gesellschaftlichen Umgang mit Wildtieren?

Die Jagd ermöglicht weiterhin eine sinnvolle Nutzung einer natürlich vorkommenden und nachwachsenden Nahrungsquelle. Zwingend gilt es diese nach wildbiologischen Kriterien, nachhaltig und weidgerecht umzusetzen. Dazu muss der Jäger sein Handwerk einwandfrei beherrschen.

Vertritt die Jägerschaft die Ansprüche der Wildtiere und ihrer Lebensräume oder stehen anthropozentrische Nutzungsinteressen im Vordergrund?

Jäger sind nach wie vor gute Advokaten des Wildes. Denken wir nur an die zahlreichen Wildruhezonen, die in Graubünden auf Gemeindeebene erlassen werden. Je näher der Herbst kommt, umso mehr interessiert sich der Jäger jedoch auch für das Wild als Beute. Das meine ich durchaus in positivem Sinne.

Welche persönliche Ausstattung ist erforderlich, um den Beruf als Jagdverwalter zielführend auszufüllen?

Vor allem braucht man eine dicke Haut! Von Vorteil sind gute Kenntnisse der Wildbiologie, der Jagd- und der anderen Politik, etwas Medienerfahrung. Abrunden kann man das Ganze noch mit persönlichen Erfahrungen als Jäger.

Kurzporträt: Georg Jürg Brosi (geboren 1953) hat an der Universität Bern Veterinärmedizin studiert und als Dr. med. vet. abgeschlossen. Nach einigen Wanderjahren war er 20 Jahre lang als freiberuflicher Landtierarzt im Unterengadin tätig. Seit dem Jahr 2000 leitet er das Amt für Jagd und Fischerei des Kantons Graubünden. Besonderen Wert legt er auf die Aus- und Weiterbildung seiner Mitarbeiter und die Umsetzung wissenschaftlicher Erkenntnisse in die Praxis. Im Laufe der letzten Jahre haben vor allem die beiden zugewanderten Großraubtierarten Bär und Wolf eine Erweiterung des Aufgabenspektrums erfordert.

3.6 Landschaftsmanagement

Wie in Kapitel 3 bereits ausgeführt, haben Wildtierpopulationen immer einen Raumbezug. Ein bedeutender Ansatz des Wildtiermanagements ist deshalb, gezielt auf die Nutzung und Entwicklung der Landschaft Einfluss zu nehmen, um die Bedingungen für die Wildtiere zu verbessern oder Konflikte zu entschärfen. In diesem Bereich besteht eine Vielzahl von Steuerungsmöglichkeiten.

3.6.1 Pflege und Aufwertung wertvoller Lebensräume im Rahmen der Bewirtschaftung (integrativer Ansatz)

Die Bewirtschaftung von Agrarland oder Wäldern kann mit unterschiedlicher Intensität geschehen und für Wildtiere wertvolle Strukturelemente zulassen oder verhindern. Da zumindest in den Tieflagen der größte Teil der Landschaft bewirtschaftet wird, können Wildtiere nicht nur in Schutzgebieten erhalten werden (segregativer Ansatz im Naturschutz), sondern müssen auch in der «normalen» Kulturlandschaft ein Auskommen finden (integrativer Ansatz). Im Nutzwald kann das konkret bedeuten, dass ein gewisser Anteil Totholz sowie Altholzinseln stehen bleiben – Strukturen, die beispielsweise für spezialisierte Insekten, Spechte, Fledermäuse, Wildkatzen und Marderartige wertvoll sind. Es ist dann von naturnahem Waldbau die Rede. Im Agrarland fördern Ackerrandstreifen und Buntbrachen Arten wie Feldlerchen oder Feldhasen. Ein Teil der Subventionszahlungen an die Landwirtschaft hat das Ziel, Anreize für die Natur- und Wildtierförderung zu schaffen (ökologischer Ausgleich).

Abb. 3.35: Die späte Mahd extensiver Bergwiesen als Maßnahme zur Erhaltung einer hohen Biodiversität wird mit Finanzen aus dem ökologischen Ausgleich abgegolten.

3

3.6.2 Schutzgebiete (segregativer Ansatz)

Mit dem segregativen Ansatz werden vor allem seltene und besonders wertvolle Flächen geschützt und aus der regulären Nutzung entlassen. Es existieren verschiedenste Kategorien von Schutzgebieten, von kleinen, regional geschützten Flächen (Biotope) bis zu Großschutzgebieten (Kernzonen der Nationalparks, Nationale Wildtierschutzgebiete). Die Zielsetzungen dieser Schutzgebiete sind auf die zu erhaltenden Lebensräume abgestimmt. So will man im Nationalpark oder einem Naturwaldreservat der natürlichen Dynamik möglichst freien Lauf lassen. Dagegen müssen Flachmoore gepflegt werden, um sie vor Verbuschung und Verlandung zu bewahren.

***Abb. 3.36:** Der Kaltbrunner-Riet-Komplex aus Flachmooren der Linthebene ist nach mehreren Kriterien ein Schutzgebiet von nationaler Bedeutung und hat als Ramsar-Schutzgebiet internationale Bedeutung. Der Komplex liegt inselgleich in unterschiedlich intensiv genutztem landwirtschaftlichem Grünland und ist somit ein Paradebeispiel für den segregativen Ansatz im Naturschutz.*

Die Rolle großer Schutzgebiete im Wildtiermanagement

Ein Interview mit Heinrich Haller, Direktor Schweizerischer Nationalpark (SNP)

Wie beeinflusst der Schweizerische Nationalpark das Verhalten größerer Wildtiere?

Der 170 km² große SNP bedeutet selbst für größere Wildtiere eine ansehnliche Fläche. Diese bietet speziell für Huftiere Ruhe und Schutz. Rothirsche können hier ihrem natürlichen Lebensrhythmus folgen und halten sich auch tagsüber oft im offenen oder halboffenen Gelände auf. Bei Hirschen sowie bei anderen Arten zeigt sich allerdings die räumliche Begrenztheit des SNP, da sich Hirsch-Wintereinstände außerhalb des Parks befinden und Streifgebiete anderer Wildtiere weit über diesen hinausreichen. Die unterschiedliche Feindvermeidung zeigt, dass Hirsche und andere kognitiv leistungsfähige Arten die innerhalb und außerhalb des SNP differierenden Voraussetzungen zu unterscheiden vermögen.

Wo liegen die Einflussgrenzen solch räumlich begrenzter Schutzgebiete bei der Förderung der natürlichen Dynamik von Wildtierpopulationen?

Prozessschutz und natürliche Dynamik sind das zentrale Ziel des SNP. Im Vergleich von Nationalparks innerhalb Mitteleuropas kann der SNP insofern einiges bieten, doch manifestieren sich auch grundsätzliche Lücken: Bezüglich Wildtieren steht das Fehlen residenter Großraubtiere im Vordergrund. Deren Einflüsse (insbesondere von Wolf und Luchs) wären für das natürliche Zusammenspiel in der Natur fundamental. Aber selbst wenn diese Tiere in unserer Region wieder Fuß gefasst haben, wird ihr Wirken im SNP von außen beeinflusst bleiben, da der Park nur ganz wenigen Individuen und stets nur vorübergehend Raum bieten kann. Angesichts der aktuell schwierigen politischen Bedingungen für Großraubtiere können relativ große, strikt geschützte Gebiete aber gewisse Freiräume im Sinne von Teilrefugien bieten.

Welche Lehren lassen sich aus den Forschungsergebnissen im Schutzgebiet für das Wildtiermanagement generell ableiten?

Die im SNP prioritär behandelte Forschung hat in verschiedener Hinsicht zu grundsätzlichen Erkenntnissen geführt, von der Sukzession ehemals genutzter Flächen über die Ökologisierung wasserkraftbeeinflusster Gewässer bis zum Umgang mit jagdlich bedeutsamen Tieren dies- und jenseits der Parkgrenze. Die zahlreichen wildbiologischen Arbeiten, die im Zuge tatsächlicher oder vermeintlicher Probleme mit dem im SNP stark angewachsenen Rothirschbestand entstanden sind, haben schweizweit und darüber hinaus die Grundlagen für das Management dieser Art gebracht. Dies gilt zumindest für das System der Patentjagd und für Räume im Umfeld großer Schutzgebiete. Die Nationalparkforschung hat einen wesentlichen Beitrag dazu geleistet, dass im Kanton Graubünden Hirsche und Menschen mehr oder minder konfliktfrei nebeneinander leben können.

Kurzporträt: Heinrich Haller (geboren 1954 in Muri AG) lebte 24 Jahre in Davos und wohnt seit 20 Jahren in Zernez. Er studierte Biologie und Geografie an der Universität Bern, promovierte 1982 mit einer Arbeit zur Populationsökologie des Steinadlers bei Prof. Urs Glutz von Blotzheim und habilitierte 1991 an der Universität Göttingen mit einer Studie am Luchs in den Walliser Alpen. Seit 1996 ist Heinrich Haller als Nachfolger von Klaus Robin Direktor des Schweizerischen Nationalparks. Seine Passion sind die Berge und spannende wissenschaftliche Feldarbeiten.

3.6.3 Ruhezonen für Wildtiere und Besucherlenkung

Dass sich Freizeitaktivitäten nachteilig auf Wildtiere auswirken können, ist mittlerweile zuverlässig mit Fakten belegt (Ingold 2005, Boldt 2009). Störreize durch Freizeitaktivitäten lösen bei den meisten Wildtierarten Feindvermeidungsverhalten aus (Stankowich 2008). Wildtiere müssen im Winter haushälterisch mit ihrer Energie umgehen. Eine Flucht hat einen erhöhten Energiebedarf zur Folge, der im schlimmsten Fall zum Tod des Tieres führen kann. Wildtiere (zum Beispiel Raufußhühner) reagieren zudem mit einer erhöhten Konzentration von Stresshormonen im Blut auf gehäuft auftretende Störreize (Arlettaz et al. 2007, Thiel et al. 2008a, Thiel et al. 2008b). Länger anhaltender Stress wirkt sich in der Regel schädlich auf das Immunsystem und damit auf das Überleben von Wildtieren aus. Am Beispiel des Birkhuhns konnte gezeigt werden, dass sich Störreize negativ auf das Überleben und die Fortpflanzung dieser Raufußhuhnart auswirken (Arlettaz et al. 2007). Auch Rehe, die eigentlich als wenig störungsanfällig gelten, meiden im Naherholungsraum die Zonen in der Nähe von Waldstraßen und Wegen. Ihr Lebensraum wird also durch unsere Aktivitäten eingeschränkt (Signer et al. 2016). Die Freizeitaktivitäten beeinträchtigen jedoch nicht nur die Bestände und Lebensräume von Wildtieren, sondern können auch indirekt Auswirkungen auf andere Nutzungsinteressen haben. So können Freizeitaktivitäten das Raumnutzungsmuster von Wildhuftieren derart verändern, dass vermehrt Verjüngungsprobleme in Schutzwäldern auftreten (Ingold 2005). In der Schweiz sind die Kantone verpflichtet, die wild lebenden Tiere vor Störung ausreichend zu schützen. Von «Störung» wird gesprochen, wenn die Summe der auftretenden Störreize mit den bei Wildtieren ausgelösten Reaktionen negativ bewertet wird, weil sich Auswirkungen auf das Überleben der Individuen, Rückgänge von Populationen oder Schäden am Lebensraum ergeben (Stock et al. 1994).

Als Reaktion auf den zunehmenden Freizeitdruck und auf die wissenschaftlichen Fakten über die Folgen von Störung sind in der Schweiz zahlreiche Ruhezonen für Wildtiere entstanden, in denen der Zugang zu besonders bedeutenden Wildtierlebensräumen saisonal oder ganzjährig eingeschränkt wird (siehe www.wildruhezonen.ch). Diese Wildruhezonen wurden bisher vor allem im Berggebiet für Wildhuftiere und Raufußhühner ausgeschieden. Auch im Mittelland besteht fallweise eine Notwendigkeit zur Besucherlenkung sowie Leinenpflicht für Hunde, zum Beispiel in Feuchtgebieten, an Flussläufen oder in Naherholungswäldern.

Abb. 3.37: Hunde, die sich der Kontrolle des Halters entziehen, können in Wildruhezonen und Schutzgebiete eindringen, Wildtiere hetzen, sie verletzen oder töten (Bild: Kaltbrunner Riet).

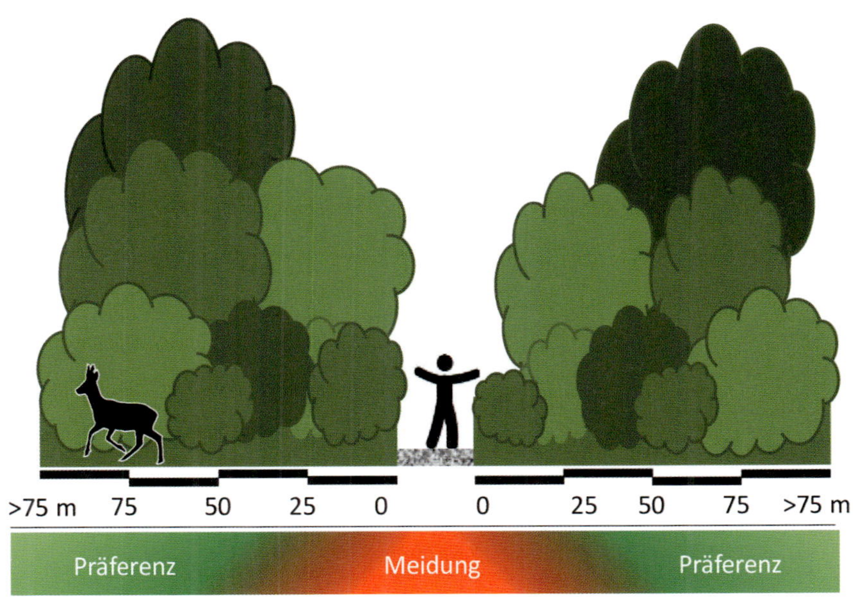

Abb. 3.38: Das Reh gilt als anpassungsfähig und wenig anfällig auf Störung durch den Menschen. Trotzdem zeigen aktuelle Forschungsergebnisse, dass die Art im Naherholungsraum die Nähe zu Waldstraßen und Wegen am Tag und in der Nacht meidet. Dieses Raumnutzungsmuster ist eine mögliche Folge des 24-Stunden-Dauerbetriebs im stadtnahen Wald (Signer et al. 2016).

3.6.4 Aufwertung der Gewässerlebensräume

Die Gewässer Mitteleuropas wurden in der Vergangenheit durch Seeabsenkung, Begradigung, Bachverbauung, Ufergestaltung, Aufschüttung oder den Bau hydroelektrischer Anlagen und damit verbundene Eingriffe in das Abflusssystem stark verändert und in ihrer Funktion als Lebensraum für Wildtiere eingeschränkt. Heute besteht vielerorts die Chance, den Trend umzukehren. Entscheidungsträger und Ausführende im Wildtiermanagement haben sich für die Revitalisierung der Gewässer, die Aufhebung von Wanderhindernissen und eine möglichst großzügige Ausscheidung des Gewässerraums einzusetzen. Es geht dabei unter anderem um die Förderung der einheimischen Fischfauna. Der Biber sollte wo immer möglich mithelfen können, vielfältige Strukturen an Gewässern zu schaffen, die eine möglichst hohe Artenvielfalt beherbergen. Ein natürlicher Gewässerraum stellt zudem für terrestrische Säugetiere wichtige Verbindungselemente in der Landschaft bereit.

Abb. 3.39: Dort, wo der Biber die Gewässerlebensräume umgestaltet, entwickelt sich eine hohe Struktur- und Artenvielfalt.

3.6.5 Vernetzung

Wildtierlebensräume können in unberührten Naturlandschaften flächig vorkommen oder auch natürlicherweise zerschnitten (fragmentiert) sein. Günstige Laichgewässer für Amphibien waren beispielsweise schon immer lediglich Flecken in der Landschaft. Mit dem Bau ausgedehnter Siedlungen, einem dichten Verkehrsnetz und der großflächigen Bewirtschaftung bewirkt der Mensch in erster Linie einen Verlust, aber gleichzeitig auch eine künstliche Fragmentierung natürlicher Lebensräume, die es Wildtieren erschwert, sich frei zu bewegen (Jaeger 2000, Di Giulio et al. 2008). In einer Studie über Rehe auf beiden Seiten von Autobahnabschnitten wurden genetische Unterschiede beobachtet, welche die praktisch vollständige Barrierenwirkung abbilden. Je nach Tierart können Populationen in einer fragmentierten Landschaft zu klein werden, von benachbarten Vorkommen isoliert sein und in der Folge langfristig ganz erlöschen (Senn & Kühn 2014).

In den 1990er-Jahren kam in der Schweiz das Instrument der Wildtierkorridore auf und schaffte es in manchen Kantonen bis in den Richtplan (Holzgang et al. 2001). Funktionierende Wildtierkorridore sollen erhalten, unterbrochene oder beeinträchtigte wiederhergestellt werden. Bei großen Verkehrswegen bedeutet dies, dass Wildtierbrücken (Grünbrücken) und -unterführungen gebaut sowie Leitstrukturen angelegt werden, um die Barrierenwirkung der Hauptverkehrsachsen zu reduzieren und einen genetischen Austausch zu ermöglichen.

Abb. 3.40: Mit Grünbrücken werden Landschaften wieder miteinander verbunden, die im Lauf der Jahrzehnte durch Siedlungen und Verkehrsinfrastruktur voneinander getrennt worden waren. Die Dimensionen, die Gestaltung, die Nutzervorgaben und die großräumige Anbindung an die sie umgebende Landschaft sind entscheidend für die Funktionalität solcher Bauwerke (Grünbrücke «Neueinschlag»/Kilchberg BE).

Weitere Bereiche, in denen sich das Wildtiermanagement für Vernetzung einsetzen kann, sind:

- Vernetzungsprojekte im Agrarland
- Schaffung von Vernetzungsstrukturen für Kleinmusteliden (Hermelin, Mauswiesel, Iltis)
- Förderung der ungehinderten Amphibienwanderung zwischen Laichgewässern und übrigen Lebensräumen (Straßenunterführungen, Durchlässe, Ausstiegshilfen)
- Aufwertung der Gewässer/des Gewässerraums, damit sich deren Wirkung als vernetzende Landschaftselemente verbessert
- Aufwertung der Waldränder

Zu wenig!

4

Abb. 4.1: Kriterien für die Gefährdung einer Art wie abnehmende Populationsgröße, kleines Verbreitungsgebiet, geringe Zahl fortpflanzungsfähiger Individuen und weitere, die ein hohes Aussterberisiko anzeigen, treffen für das Braunkehlchen in den Tieflagen des schweizerischen Mittellands allesamt zu. Regelmäßig besetzt blieb ein einziges Vorkommen in der Linthebene mit nur noch wenigen Paaren.

4.1 Einführung

Der Mensch beeinflusst durch seine vielfältigen Nutzungen sowohl direkt als auch indirekt, sowohl bewusst als auch unbewusst die Populationen vieler Wildtierarten. Dadurch kann das Verbreitungsgebiet dieser Arten lokal, regional oder weltweit schrumpfen, und ihre Bestände können abnehmen oder ganz erlöschen. Es stellt sich die Frage, ab welchem Zeitpunkt Schutz- und Fördermaßnahmen eingeleitet werden sollen. Nach welchen Kriterien kann festgestellt werden, ob eine Wildtierart oder ein Bestand gefährdet ist? Hier gibt es internationale Standards, welche die International Union for Conservation of Nature (IUCN) für die Erstellung von Roten Listen vorgibt (z. B. Cordillot & Klaus 2011). Kriterien für die Gefährdung einer Art sind abnehmende Populationsgröße, kleines Verbreitungsgebiet, geringe Zahl fortpflanzungsfähiger Individuen, Seltenheit sowie quantitative Analysen, die ein Aussterberisiko anzeigen. Die minimal überlebensfähige Population wird oft bei 500 Individuen einer Tierart angesetzt, ist jedoch schwierig und nur mithilfe einer ausgezeichneten Datenbasis zu bestimmen. Im EU-Habitatdirektive-Konzept wird als Alternative dazu ein «günstiger Erhaltungszustand der Population» (engl. *favorable population status*) angestrebt, der zwischen der minimal überlebensfähigen Population und der ökologischen Tragfähigkeit (engl. *ecological carrying capacity*) als Optimum liegt.

Einstmals häufige Arten brechen als Folge veränderter Landnutzungsformen ein und sterben sogar regional aus. So wird beispielsweise der Feldhase in der Schweiz aufgrund seiner Seltenheit regional nicht mehr bejagt. Dennoch machen die intensive landwirtschaftliche Nutzung und der hohe Zerschneidungsgrad der Landschaft eine Erholung des Bestands unmöglich (siehe Kapitel 4.5). In den vergangenen Jahrzehnten ging die direkte Nutzung zahlreicher Arten zwar deutlich zurück, konnte jedoch die Wirkung der Lebensraumverarmung in den meisten Fällen nicht kompensieren. Deshalb ist einerseits die Wiederausstattung verarmter Lebensräume voranzutreiben, anderseits der Schutz gefährdeter Populationen aufrechtzuerhalten, bevor eine Art wieder zur Nutzung freigegeben wird.

Auf internationaler, nationaler und regionaler Ebene existiert eine Vielzahl von Programmen zur Förderung der Biodiversität. Beispiele sind Schutzgebietsmanagement, ökologischer Ausgleich in der Landwirtschaft, Waldreservate sowie Aktionspläne zur Förderung ausgewählter Arten. Realität ist jedoch, dass sensible Arten nach wie vor im Rückgang begriffen sind, ihre Bestände abnehmen und ihr nutzbarer Lebensraum schrumpft. Ein Beispiel sind ehemals häufige wiesenbrütende Vogelarten wie das Braunkehlchen oder die Feldlerche. Mittlerweile sind diese Arten überregional gänzlich aus dem Tiefland verschwunden und befinden sich auch in höheren Lagen im Rückgang. Der Grund für diese Tendenz liegt in der im letzten Jahrzehnt weiter gesteigerten Intensität der Graslandwirtschaft, was sich in einem erhöhten Mahdrhythmus, einer zunehmenden Bewässerung in trockenen Gebieten und einem deutlich erhöhten Düngereintrag ausdrückt. So sind die Umweltziele in der Landwirtschaft bei Weitem nicht erreicht (BAFU/BLW 2008; Schweizerischer Bundesrat 2016).

Diese Vorgänge spiegeln sich zudem in den hohen Anteilen inzwischen als gefährdet eingestufter Arten der Fauna und Flora. Weltweit sind gemäß IUCN über 16 000 Tier- und Pflanzenarten vom Aussterben bedroht. Allein in der Schweiz sind in den letzten 150 Jahren über 200 Tier- und Pflanzenarten ausgestorben oder verschollen. Seit 1960 weicht die vom Menschen verursachte Aussterberate weltweit deutlich von der natürlichen ab. Heute steht fast die Hälfte (40 %) der evaluierten Tierarten in der Schweiz auf der Roten Liste (siehe www.bafu.admin.ch).

***Abb. 4.2:** Wisente als Vertreter der Megafauna halten Lichtungen offen, was Bewohnern der Übergangszonen von Wald zum Offenland Lebensraum bietet. Dieser alte Wisentbulle im Białowieża-Nationalpark hat den Urwald verlassen, um auf einer halboffenen Lichtung zu grasen.*

***Abb. 4.3:** Nach der Ausrottung des Wisents in der Natur vor rund 100 Jahren starteten Zoos ein erfolgreiches Zuchtprogramm und siedelten die Art ab 1952 zuerst im Urwald von Białowieża in Polen und später in weiteren Ländern wieder an.*

War das letzte Jahrhundert aus der Wildtierperspektive wirklich nur ein Trauerspiel? Nein, denn es sind durchaus auch positive Entwicklungen und Erfolge in der Artenförderung zu verbuchen. Zu nennen sind in den Alpen die erfolgreiche Rückkehr des Steinbocks, die Wiederausbreitung des Rothirschs und die vielversprechenden Wiederansiedlungsprojekte Luchs und Bartgeier. Wenn wir über die Schweizer Grenzen hinausschauen, gibt es das bemerkenswerte Beispiel des Bisons in Nordamerika sowie des Wisents in Europa. Beide Arten wurden in der Wildnis praktisch ausgerottet und konnten quasi in letzter Sekunde gerettet werden. Um 1905 lebten in ganz Nordamerika noch wenige Hundert Bisons. Heute besteht wieder eine Population von über 30000 Tieren. In Polen wurden die letzten frei lebenden Wisente Anfang des 20. Jahrhunderts erlegt. In verschiedenen Zoos überlebten 54 Exemplare, mit denen ein erfolgreiches Zuchtprogramm gestartet wurde. Heute leben wieder etwa 3000 Wisente in Polen, Weißrussland, der Ukraine und Russland (Bolen & Robinson 2003).

Abb. 4.4: Durch die jahrelange Belastung der Umwelt mit Pestiziden reicherten sich die Gifte in den Spitzenprädatoren an, was zum flächigen Verschwinden mehrerer Greifvögel führte. Zu ihnen zählte auch der Wanderfalke. Durch das Verbot der giftigsten Pestizide und den Schutz vor Aushorstung und Abschuss hat sich der Bestand wieder erholt. Neuerdings sind aktive Vergiftungen von Wanderfalken durch präparierte Haustauben bekannt geworden – Arbeit für die Justiz.

Ein weiteres Beispiel für einen Erfolg in der Artenförderung ist die Zunahme der Greifvögel in Mitteleuropa. Mitte des 20. Jahrhunderts waren mehrere Greifvogelarten in Europa fast gänzlich verschwunden (zum Beispiel Wanderfalke; Abb. 4.4). Gründe für diesen Rückgang waren die direkte Verfolgung (die Greifvögel galten als Schädlinge) sowie der Einfluss der Pestizide (zum Beispiel DDT). Mit der Reduzierung der Umweltgifte in der Landwirtschaft und dem Schutz vor Jagd stiegen die Bestände der meisten Greifvogelarten wieder an. Positive Entwicklungen können jedoch durch neue Faktoren gefährdet werden (siehe zum Beispiel Kapitel 4.3). Entsprechend ist ein langfristiges Monitoring der Biodiversität wichtig, eine Art Frühwarnsystem, um rechtzeitig reagieren zu können.

Wenn die Population einer Art weltweit oder regional gefährdet ist, gibt es grundsätzlich vier verschiedene Ansätze, um die Art zu erhalten und zu fördern:

1. Artenschutz: Schutz vor dem direkten Eingriff (generelles oder partielles Jagdverbot, Maßnahmen gegen illegale, allenfalls auch unbeabsichtigte Tötungen)
2. Lebensraumschutz und -förderung: Erhaltung des Lebensraums in Schutzgebieten (segregativer Ansatz) oder über Nutzungslenkung in der Kulturlandschaft, meist in Land- und Forstwirtschaft (integrativer Ansatz); Ergänzen fehlender Ressourcen durch Neugestaltung der Landschaft oder gezieltes Einbringen technischer Strukturen zur Artenförderung.
3. Vernetzung: gezielte Maßnahmen zur Vernetzung der Lebensräume, beziehungsweise zur Verbesserung der Durchlässigkeit der Landschaft, um den Austausch zwischen Teilpopulationen und damit die Überlebensfähigkeit einer Population zu fördern.
4. Spezielle Maßnahmen: Wenn eine Population unterhalb einer kritischen Größe angelangt oder regional ganz erloschen ist, kommen direkte Maßnahmen an der Population selber infrage. Bei Verdacht auf Inzuchtdepression kann eine Bestandsstützung helfen. Ist eine lokale Population durch Lebensraumverlust gefährdet, kann eine Umsiedlung in einen günstigen Ersatzlebensraum sinnvoll sein. Ist eine Population regional ausgestorben, kann bei günstigen Lebensraumbedingungen und Akzeptanz in der Bevölkerung eine Wiederansiedlung erfolgreich sein. Für solcherlei Projekte sind heute die Richtlinien der IUCN international anerkannt (IUCN/SSC 2013).

International besteht die klare Verpflichtung, die Biodiversität zu erhalten und Maßnahmen zur Förderung gefährdeter Arten zu ergreifen (Ramsarkonvention 1971, Berner Konvention 1979, Bonner Konvention 1979). Seit 2012 hat auch die Schweiz eine Nationale Biodiversitätsstrategie, deren Umsetzung im Rahmen des Aktionsplans Biodiversität Schweiz Wirkung entfalten soll.

Auf nationaler Ebene sind der Staat auf der Stufe des Bundes und der Kantone und die Zivilgesellschaft für die Erreichung der Biodiversitätsziele verantwortlich. Sie werden dabei unterstützt von Forschungsinstituten, NGOs und Beratungsbüros.

Die rechtlichen Vorgaben für den Umgang mit sogenannten jagdbaren Arten und gefährdeten Arten sind den jeweiligen Gesetzeswerken zu entnehmen. Insbesondere haben sich EU-Länder an die Natura-2000-Vorgaben zu halten, während die Schweiz sich an den rechtlichen Vorgaben in den Bereichen Natur- und Heimatschutz, Jagd, Fischerei, Wald und Landwirtschaft orientiert.

4.2 Bartgeier – ausgestorben und wiederangesiedelt

***Abb. 4.5:** Nach seiner Wiederansiedlung ab 1986 ist der Bartgeier in den Alpen zu einem noch seltenen, aber doch regelmäßigen Brutvogel geworden.*

4.2.1 Problematik und Hintergrund

Heute ist der Bartgeier in der Alpenregion eine bekannte Erscheinung und sein Image ist weitgehend positiv. Dies war nicht immer so. Mit den großen Beutegreifern Bär, Wolf und Luchs gehörte er zu jenen unerwünschten Tierarten, die der Mensch in den vergangenen 200 Jahren mit großer Zielstrebigkeit dezimiert oder eliminiert hatte, aus Konkurrenzüberlegungen, Unkenntnis und gezielter Demagogie, aufgrund der Sammelleidenschaft von Privatpersonen und öffentlichen Museen sowie wegen der ausgesetzten Abschussprämien (Breitenmoser-Würsten et al. 2001, Breitenmoser & Breitenmoser-Würsten 2001). Die negative Einschätzung von früher spiegelt sich auch in alten Trivialnamen wie «Rossgyr» und «Hasengyr» (Gessner 1557) oder «Gemsengeier» und «Lämmergeier» (Tschudi 1890) wider. In der Natur des Alpenraums führte sie zur aktiven Ausrottung. Die letzten alpinen Exemplare dürften zu Beginn des 20. Jahrhunderts verschwunden sein (Kahle 1913).

Dieses Schicksal wollten nicht alle Zeitgenossen akzeptieren. Nach einigen erfolglosen Bemühungen zu seiner Wiederansiedlung im Alpenraum gründeten Experten aus Naturschutzorganisationen, Amtsstellen, Universitäten, Nationalparks und Zoos in Morges am Genfersee 1978 das internationale Bartgeier-Wiederansiedlungsprojekt, das noch heute Bestand hat.

Folgende Motive für die Wiederansiedlung des Bartgeiers in den Alpen wurden von verschiedenen Autoren und Organisationen genannt:

- Wiedergutmachung an der Natur auf Artniveau
- Beitrag zur Wiedervervollständigung des alpinen Ökosystems/der Biodiversität
- Dauerhafte Sicherung des alpinen Ökosystems unter der Flaggschiffart Bartgeier

4.2.2 Zieldefinition

Aus diesen Motiven heraus wurden schon zu Beginn des Projekts folgende wesentlichen Ziele abgeleitet: Der Bartgeier wird in den Alpen wieder angesiedelt und zu einer sich selbst erhaltenden Population geführt. Der Bartgeier besiedelt weite Teil des früheren Verbreitungsgebiets in den Alpen und steht mit anderen Populationen, zum Beispiel in den Pyrenäen oder auf Korsika, in Verbindung.

4.2.3 Maßnahmen bis zur Freilassung

Um diese Ziele anzugehen, einigten sich 1978 die Teilnehmenden der Tagung in Morges auf das sogenannte Dreiphasenmodell:

1. Phase: Zucht in Zoos und Zuchtzentren
2. Phase: Vorbereitung für die Ansiedlung
3. Phase: Ansiedlung

Rahmenbedingungen

Zur Basis eines solchen Projekts gehört eine möglichst umfassende Kenntnis der Biologie und der Ökologie der Art. Es sind zahlreiche weitere Faktoren zu prüfen, so die Gründe für das Verschwinden der Art, die Veränderungen der ökologischen Gesamtsituation seit dem Aussterben oder der Ausrottung, die Haltung des Menschen zur diskutierten Art, die aktuellen Risiken im Zusammenleben mit dem Menschen und seinen Nutztieren usw. Zu diesen Rahmenbedingungen hat die IUCN bereits früh Richtlinien erlassen, die laufend überarbeitet werden (IUCN/SSC 2013).

Gestützt auf die Ergebnisse zahlreicher Studien zur Wiederansiedlung von Karnivoren weltweit haben Breitenmoser et al. (2001) in Verfeinerung der IUCN-Vorgaben 56 Einzelkriterien aufgelistet, die es für eine erfolgversprechende Projektumsetzung zu berücksichtigen gilt. Im Fall des Bartgeierprojekts, das in verschiedenen Ländern des Alpenraums umgesetzt wird, waren insbesondere die folgenden Fragen zu klären:

- An welche rechtlichen Bedingungen sind Haltung und Zucht von Bartgeiern geknüpft?
- Welche seuchenpolizeilichen, tierschützerischen und zolltechnischen Vorgaben bestehen in Bezug auf den Transport von Tieren im nationalen und internationalen Rahmen?
- Welche internationalen Konventionen sind zu berücksichtigen (zum Beispiel Berner Konvention, Internationales Artenschutzabkommen CITES).
- Wie steht es um die Bewilligungspflicht in Hinsicht auf Ansiedlungen/Aussetzungen und an welche Bedingungen sind diese geknüpft?
- Welche wissenschaftlichen Fakten haben Bewilligungsbehörden zu berücksichtigen, welche Vorarbeiten in Bezug auf die Habitateignung, die Akzeptanz durch die regionale Bevölkerung, die Öffentlichkeitsarbeit sind zu leisten und durch wen?
- Welche Verwaltungsebenen und welche NGOs sind verantwortlich für die Vorbereitung der Aussetzung vor Ort, für die Aussetzungsaktion selbst, für die Überwachung und die Betreuung ausgesetzter Tiere, für eine allenfalls erforderliche Wiederbehändigung ausgesetzter Tiere, die in Not geraten sind, für deren Unterbringung beziehungsweise deren Wiederfreisetzung?
- Wer ist für die Kommunikation über den Projektverlauf verantwortlich?
- Welche der Aussetzung nachgeordnete Verpflichtungen bestehen? Beispiel dafür ist das Monitoring des Raumverhaltens ausgesetzter Tiere.

- Gibt es übergeordnete Managementkonzepte, die den Umgang mit etwaigen Schäden regeln, die durch ausgesetzte Wildtiere verursacht werden? (Im Fall des Bartgeiers kam es übrigens erwartungsgemäß zu keinen Schäden.)

Um ein solches Projekt in Gang zu setzen, durch alle Schwierigkeiten zu führen und letztlich umzusetzen, muss auch die Politik auf den «unterschiedlichen Flughöhen» eingebunden werden. Ein Projekt kann sachlich fundiert begründet, rechtlich gut abgesichert und mittelfristig finanzierbar sein, wenn es aber quer in der politischen Landschaft steht oder parteipolitisch instrumentalisiert wird, entstehen unüberwindbare Hürden. Die Akzeptanz durch die regionale Bevölkerung kann dabei leiden, Bewilligungsabläufe können sich verzögern und die ökonomische Absicherung eines Projekts kann unsicher werden.

Um solche Schwierigkeiten zu vermeiden, hatten in der Schweiz Kantone und Verbände in einem sorgfältig durchgeführten Anhörungs- und Mitwirkungsverfahren die Gelegenheit, sich im Vorfeld zur beantragten Wiederansiedlung des Bartgeiers zu äußern. Gestützt auf dieses Verfahren bewilligte der Bundesrat 1990 die erste Aussetzung; diese Bewilligung ist inzwischen durch die heute dafür zuständige Verwaltungsstelle mehrfach erneuert worden. In den übrigen Alpenländern bestehen vergleichbare Verfahren. In keinem sind bisher Anträge zur Wiederansiedlung des Bartgeiers zurückgewiesen worden.

Ein wichtiger Teil der Rahmenbedingungen ist das Engagement von NGOs. Im Bartgeierprojekt ist ihre Zahl seit der Projektgründung 1978 nahezu unüberschaubar geworden. Zu ihren Funktionen gehört, Sensibilisierungskampagnen in die Wege zu leiten, Informationsarbeit zu leisten und Mittel zu beschaffen. Staatliche und nichtstaatliche Organisationen wie Zuchtstationen, zoologische Gärten und Tierparks, die über die erforderliche Infrastruktur, Fachkompetenz und Haltebewilligungen verfügen, tragen die Verantwortung für die Zucht von Bartgeiern. Oftmals werden die eigentliche Ansiedlung, die Horstüberwachung, das Monitoring und damit einhergehende Forschungsvorhaben von NGOs betrieben. Sie haben den zuständigen Amtsstellen in vereinbarten und regelmäßigen Abständen über den Gang des Projekts Rechenschaft abzulegen (Allgöwer et al. 1995, Robin et al. 1995).

Auch die Finanzierung des Bartgeierprojekts gehört zu den Rahmenbedingungen. Sie war und ist ein Dauerthema (Pachlatko 1991). Die zwischen 1978 und 2004 investierten Mittel aus öffentlichen, Verbands- und Privatquellen beliefen sich auf rund 10 Millionen Euro (Fremuth et al. 2008). Unsere aktuelle Schätzung bewegt sich im Bereich von rund 25 Millionen Euro.

Zucht in Zoos und Zuchtzentren

Dem Dreiphasenmodell entsprechend wurden zuerst große Anstrengungen unternommen, alle zoologischen Gärten, Tierparks und Zuchtstationen in das Programm zu integrieren und die Kenntnisse über Haltung und Zucht von Bartgeiern zu verbessern. Aus diesem Bemühen heraus entstand ein sogenanntes Erhaltungszuchtprogramm (EEP), wie es die zoologischen Gärten inzwischen für zahlreiche gefährdete Arten eingerichtet haben.

Die Zucht von Bartgeiern galt in der Vergangenheit als schwierig, weil es nach ersten Erfolgen in Sofia (1915 und 1926) erst ab 1976 wieder gelungen war, Bartgeier nachzuzüchten, und zwar im Alpenzoo Innsbruck (Thaler & Pechlaner 1979). Zu Beginn des Projekts war zunächst zu klären, ob ein Einzeltier weiblichen oder männlichen Geschlechts ist. Diese Frage erscheint vor dem Hintergrund der aktuellen genanalytischen Möglichkeiten trivial. Doch in den frühen 1980er-Jahren wurden solche Methoden allenfalls in Vaterschaftstests beim Menschen eingesetzt und noch kaum im Wild- und Zootiermanagement.

In der Natur fliegt aus einem Bartgeierhorst in der Regel nur ein Junges aus, auch wenn das Gelege aus zwei Eiern bestand und das zweite Jungtier nachweislich schlüpfte. Das jüngere Küken verschwindet. Es wird vom älteren Geschwister mit Schnabelhieben getötet. Dieses als Kainismus oder Siblizid bezeichnete Verhalten bewirkt, dass das jüngere Geschwister nur dann am Leben bleibt, wenn dem älteren etwas zustößt, es beispielsweise verhungert (Thaler & Pechlaner 1979). Somit hat das jüngere Küken die Funktion einer Reserve. Der Siblizid wird im Zoo umgangen, indem das Zweitei zum Schlupf in eine Brutmaschine gelegt wird (Abb. 4.6). Das hier geschlüpfte Junge bleibt bis zum Alter von wenigen Tagen in der sogenannten Nursery und wird anschließend wieder in einen Horst zurückgelegt, oftmals allerdings nicht in den der biologischen Eltern. Dieses Vorgehen funktioniert, da Bartgeier auch Jungtiere aufziehen, an deren Zeugung, Brut und Schlupf sie nicht beteiligt sind. Sie erkennen ihr eigenes Jungtier in der Regel nicht und können deshalb im Laufe einer Brutsaison als Ammen an der Aufzucht verschiedener Jungtiere beteiligt

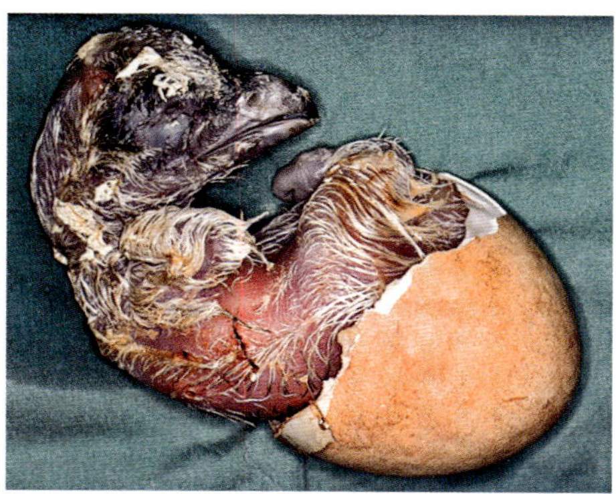

Abb. 4.6: Bartgeier während des Schlüpfens in der Brutmaschine

werden. Zudem können im Zoo lebende Einzelvögel, die sich aus irgendeinem Grund nicht verpaaren, ebenfalls Jungtiere aufziehen.

Vorbereitung für die Ansiedlung

Für Projekte von der Größe und Komplexität der Bartgeierwiederansiedlung ist ein großer Koordinationsaufwand zu leisten. Laut einer Zwischenbilanz von 2003 waren seit der Projektgründung mehrere Hundert Personen in dieses Projekt involviert (Robin et al. 2003).

International bemüht sich die Vulture Conservation Foundation um die Koordination zwischen den zoologischen Gärten, Tierparks und Zuchtstationen sowie den Länderorganisationen, die das Projekt umsetzen. In der Schweiz ist dies zum Beispiel die Stiftung Pro Bartgeier, in anderen Ländern wie Frankreich, Österreich und Italien ist der Staat mit seinen Organen, zum Beispiel über die National- und Regionalparkverwaltungen, federführend.

Zur Vorbereitung einer Ansiedlung ist auch der Umgang mit der Öffentlichkeit besonders wichtig. Das Bartgeierprogramm war für die Medien und die Öffentlichkeit hoch attraktiv. Ausstellungen in vier Sprachen wurden entworfen und in allen Alpenländern gezeigt. Projektmitarbeiter hielten Hunderte von Vorträgen. In nationalen und lokalen Zeitungen sowie spezialisierten Fachzeitschriften erschienen zahllose Artikel. Dutzende von Radio- und Fernsehsendungen wurden ausgestrahlt. In der Schweiz besonders zielführend war die Gründung regionaler Patronatskomitees, in denen sich regionale Akteure aus Politik, Landnutzung, Jagd, Naturschutz, Verwaltung, Tourismus, Schulwesen und Gewerbe zusammenfanden, mit dem festen Willen, Beiträge für das Gelingen der bevorstehenden Ansiedlungsaktionen zu leisten, sich gegenseitig zu unterstützen und sich am Erfolg gemeinsam zu freuen – eine überaus erfolgreiche Strategie!

Vor dem Entscheid zur Wiederansiedlung einer Art ist, wie bereits erwähnt, umfassend zu prüfen, ob das wieder zu besiedelnde Habitat den spezifischen Ansprüchen der Art noch entspricht oder ob sich der Lebensraum seit ihrer Ausrottung oder ihrem Aussterben grundlegend zuungunsten der Art verändert hat. Die Habitatqualifikation ist somit der Ausgangspunkt in den Vorbereitungsarbeiten für eine Wiederansiedlung (IUCN/SSC 2013). Des Weiteren wird inzwischen standardmäßig eine Risikoabschätzung durchgeführt, die klären soll, inwieweit die regionale landnutzende Bevölkerung sich mit einem Wiederansiedlungsprojekt identifizieren kann. Doch vor Beginn der Wiederansiedlung des Bartgeiers in den Alpen waren beide Ansätze noch wenig bekannt.

Abb. 4.7: In den Regionen stehen hinter den Ansiedlungsaktionen Komitees mit Mitgliedern aus Naturschutz, Politik, Jagd, Grundeigentum, Tourismus, Schule und weiteren regionalen Unterstützergruppen. Ihnen und einer engagierten Öffentlichkeitsarbeit ist es zu verdanken, dass der Bartgeier heute eine breite Akzeptanz erfährt; im Bild die Begrüßung der Teilnehmenden an einer Wiederansiedlungsaktion im Martelltal/Italien.

Nach dem Abschluss der Aussetzungen im Schweizerischen Nationalpark und der Verlegung des Aussetzungsorts an den Nordalpenrand erfolgte eine weitere Habitatqualifikation. Mit Methoden der Geoinformation wurden folgende Parameter berücksichtigt: aktuelle Bartgeiernachweise, historische Verbreitung, Potenzial für natürliche und ungestörte Nistplätze (Hirzel et al. 2004, Ryffel 2008), das Nahrungsangebot über das Vorkommen und das Lebensraumpotenzial von Wildhuftieren (Robin et al. 1999) sowie die Sömmerung von Nutztieren und das Vorkommen des Steinadlers als möglichem Konkurrenten. Aus dieser Evaluation ging eine Anzahl geeigneter Standorte hervor, die durch eine Feinanalyse vor Ort überprüft wurde (Robin et al. 2009). Dabei erwies sich der zwischen 2010 und 2014 erfolgreich benutzte Standort im Calfeisental SG als Favorit für weitere Aussetzungen. Nach dem bereits im Voraus geplanten Abschluss der Aussetzungen im Calfeisental ist eine neue Stelle in der Zentralschweiz ausgewählt und seit 2015 in Betrieb genommen worden.

Ansiedlung

Im Jahr 1986 wurden die ersten Bartgeier im österreichischen Rauristal freigesetzt. Weitere Ansiedlungen folgten in Frankreich (Hochsavoyen, Mercantour, Doran, Grand Causses), in der Schweiz (Ofenpass im Schweizerischen Nationalpark, Calfeisental SG, Melchtal OW), in Italien (Alpe Marittime, Martelltal), außerdem an weiteren Stellen in Österreich (Malnitz, Gschlöss, Gastein, Kals, Habachtal, Fleißtal). Zwischen 1986 und 2016 wurden insgesamt 210 Vögel in den Alpen und alpennahen Gebirgen in die Natur entlassen. Die Ansiedlung selbst erwies sich als extrem arbeitsaufwendig, kostspielig und von sehr langer Dauer, aber insgesamt weniger problematisch als befürchtet. Die angewendete Aussetzungsmethodik (Hacking), die zuvor jahrelang Gegenstand heftiger Diskussionen gewesen war, bewährte sich. Die jungen Bartgeier schöpften erwartungsgemäß das ganze Potenzial angeborener Verhaltensweisen aus und fanden sich auch ohne Eltern in der Natur zurecht (Niebuhr 1993).

***Abb. 4.8:** Silvan Eugster und Benedikt Jöhl, staatliche Wildhüter im Kanton St. Gallen, tragen im Calfeisental junge Bartgeier zum Kunsthorst hoch.*

4.2.4 Monitoring

Generell wacht ein internationales Monitoring (International Bearded Vultures Monitoring, IBM) im Feld über die Entwicklung des Bartgeierbestands. Das Monitoring umfasst heute mehrere Aspekte. Alle freigelassenen Bartgeier werden von geschulten Fachkräften gefüttert und überwacht, um bei Bedarf sofort eingreifen zu können. Nach dem Ausfliegen erhalten die Junggeier noch einige Zeit Nahrung, müssen dann aber sehr schnell lernen, sich aus der Natur zu ernähren, was ihnen in der Regel auch gelingt. Die Paarbildung und die Bruten in der Natur werden durch Experten überwacht (Jenny 1999, 2013).

Bis heute werden bei Junggeiern wenige Federn in den Flügeln und/oder am Schwanz nach einem vorgegebenen Raster gebleicht, um sie für einige Zeit individuell erkennen zu können. Diese hellen Federn werden später während der Mauser durch normal gefärbte Federn ersetzt. Als neueste Methode des Monitorings erhalten angesiedelte Bartgeier einen Satellitentelemetriesender montiert, der mehrere Jahre lang automatisch Standortdaten übermittelt. Mithilfe solcher Daten lassen sich die Aktionsräume der einzelnen Bartgeier ermitteln, aber auch Vögel verfolgen, die sich aus dem Alpenraum entfernen und wieder zurückfinden. Um tot aufgefundene Vögel identifizieren zu können, werden Bartgeier vor der Aussetzung beringt.

Abb. 4.9: In den am Projekt beteiligten Ländern wurden die Aussetzungsorte mehrfach gewechselt. Gründe waren u. a., dass sich Paare etabliert hatten und in der Folge Konflikte zwischen den territorialen Erwachsenen und den angesiedelten Jungvögeln entstanden. Diese Situation hatte sich auch im Schweizerischen Nationalpark abgezeichnet, weshalb Ansiedlungen dort 2007 beendet wurden. Das Calfeisental SG diente zwischen 2010 und 2014 als nächster Aussetzungsort. Im Bild von 2011 drücken sich die drei eben freigesetzten Bartgeier in den mit Schafwolle ausgepolsterten Kunsthorst.

Neue Medien erlauben heute den Einbezug der Öffentlichkeit bei der Erfassung von Bartgeierbeobachtungen. So wurden Internationale Bartgeierbeobachtungstage ins Leben gerufen; dabei werden professionelle Beobachter und Ornithologen aufgerufen, an einem zuvor festgelegten Wochenende alle Bartgeierbeobachtungen zu dokumentieren und an die Länderorganisationen weiterzuleiten. 2012 konnten auf diese Weise geschätzte zwei Drittel der Population identifiziert werden (Schwarzenberger & Zink 2013). Auf den inzwischen alpenweit zugänglichen Plattformen ornitho.de oder ornitho.ch für die Mitteilung ornithologischer Beobachtungen ist ein weiterer Informationskanal zugänglich, über den Beobachter eigene Feststellungen mitteilen können.

Zum heutigen Monitoring gehört die Untersuchung des genetischen Zustands angesiedelter Arten. Diesem Aspekt wird große Aufmerksamkeit geschenkt (Gautschi et al. 2003, Lörcher et al. 2013). Die genetische Variabilität der Gründerpopulation, im vorliegenden Fall der Zuchtpopulation im Zoo, gibt bisher zu keinen Bedenken Anlass. Hingegen sind die verschiedenen Gründertiere in der aktuellen Alpenpopulation sehr unterschiedlich vertreten, was zu Inzucht führen kann (Lörcher et al. 2013). Zwar kann der Mensch in seiner Ansiedlungsstrategie wohl geeignete Voraussetzungen für eine günstige genetische Variabilität schaffen, in der Natur wählen die Bartgeier jedoch selbst, mit wem sie sich fortpflanzen.

4.2.5 Perspektiven

Freilandbruten, Entwicklung und Stand

Zehn Jahre nach der ersten Aussetzung von 1986 hatten sich mehrere Paare gebildet, und im Jahr 1997 war erstmals nach mehr als 100 Jahren in den Alpen ein Jungvogel geschlüpft und ausgeflogen (Coton 2001). Seither hat sich der Brutbestand kontinuierlich weiterentwickelt (Abb. 4.10).

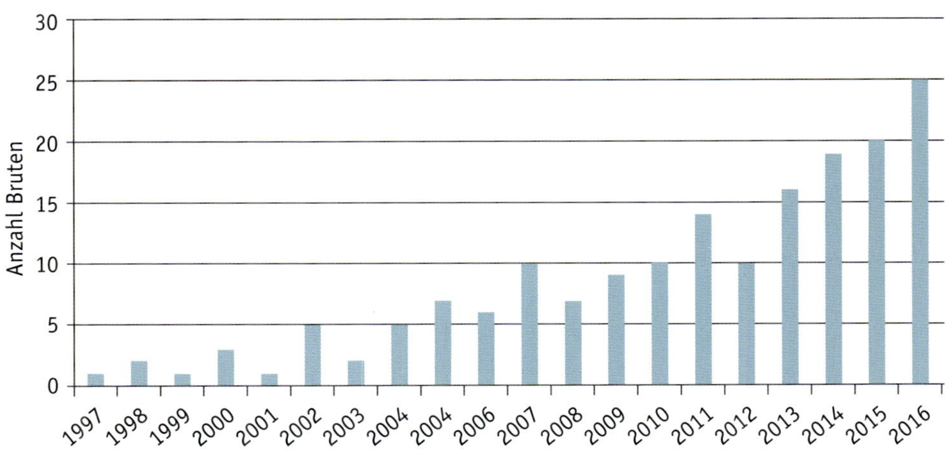

Abb. 4.10: Entwicklung der Freilandbruten in den Alpen 1997–2016

Nachdem 2007 erstmals Bartgeier auch im Schweizerischen Nationalpark gebrütet hatten, wurde entschieden, dort keine weiteren Bartgeier auszusetzen, um Konflikte zwischen den ausgesetzten Junggeiern und den örtlichen Brutpaaren zu vermeiden. Auch in den übrigen Alpenländern wurden aus dem gleichen Grund neue Freilassungsorte gesucht und ausgewählt.

Mit zusätzlichen Freilassungsorten verfolgt man jedoch auch das Ziel, das Areal auszuweiten und Verbindungen zu noch bestehenden Vorkommen herzustellen. Denn Bartgeier kehren nach Wanderjahren in ihrer Jugend oftmals in die Region ihres Freilassungsortes zurück. Dieses Verhaltensmuster wird als Philopatrie bezeichnet.

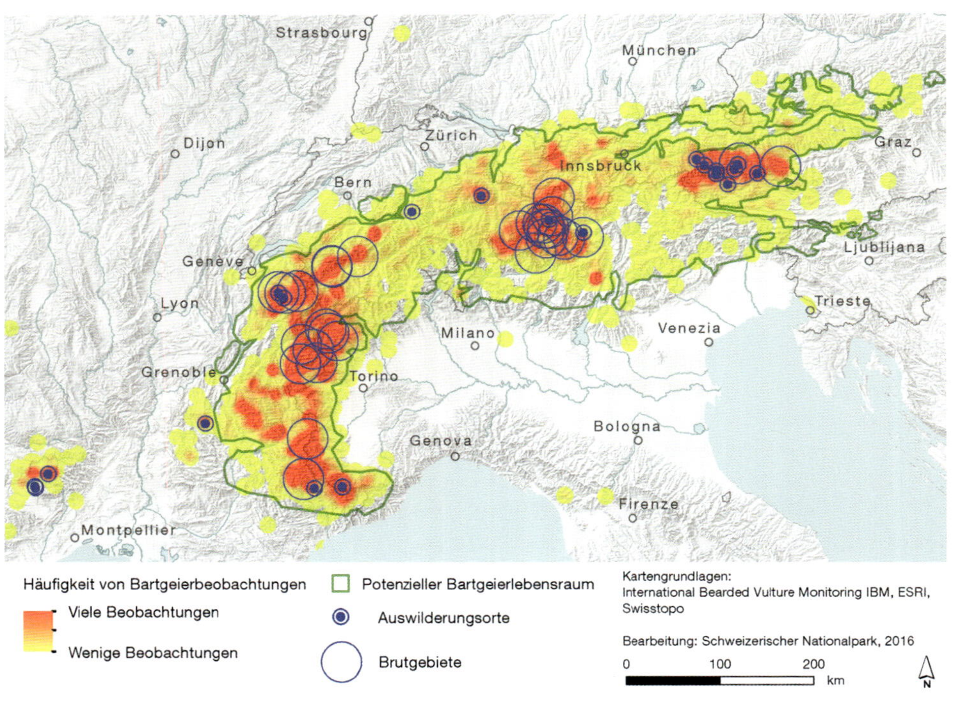

Abb. 4.11: Potenzieller Lebensraum, Auswilderungsorte, Brutgebiete und Beobachtungsdichte von Bartgeiern im Alpenraum und in benachbarten Gebirgen

Mit der Wahl des Calfeisentals und des Melchtals ging es in der Schweiz darum, einen Nukleus im nördlichen Teil der Alpen zu schaffen und damit die Wiederbesiedlung historisch bekannter Regionen zu fördern. Mit in Frankreich neu installierten Aussetzungsorten, zum Beispiel Grand Causses westlich der Rhone, soll erreicht werden, dass es den angesiedelten Bartgeiern leichter fällt, mit dem autochthonen Bestand in den Pyrenäen in Kontakt zu treten und umgekehrt, sodass Vögel aus den Pyrenäen eher auf solche aus den Alpen treffen. Ziel ist der Genaustausch zwischen den Populationen der Alpen und der Pyrenäen.

Mortalität

Nicht alle der ausgesetzten Bartgeier sind in der Natur verblieben oder haben überlebt. Einige mussten wieder ins Gehege zurückgebracht werden, andere starben nach der Aussetzung, außerdem kamen einige auch in Lawinen um. Bei einigen Todesfällen konnte die Verlustursache nicht herausgefunden werden. Als dramatisch zu werten sind jedoch die beiden Ursachen «Kollision mit Stromleitung» und «Abschuss». Eine Zusammenstellung aus dem Jahr 2016 zeigt die unterschiedlichen Verlustursachen (Abb. 4.12).

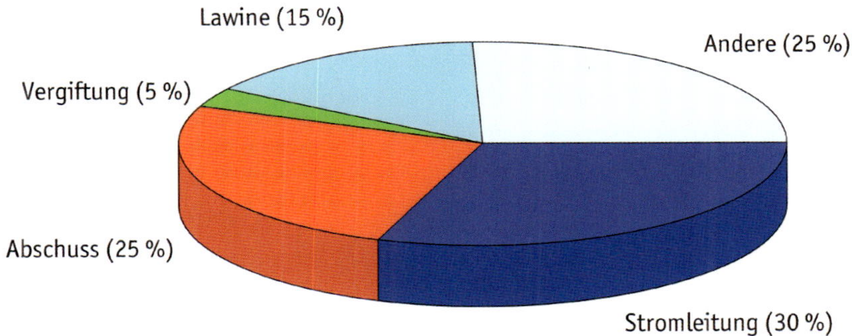

Abb. 4.12: Mortalitätsursachen bei insgesamt 20 dokumentierten Fällen (Daten: International Bearded Vulture Monitoring IBM)

Kollisionen

Wer heute in den Alpen unterwegs ist, kann die vielen Metallkabel zur Stromleitung oder für die Personentransportbahnen nicht übersehen. In verschiedenen steilen Tälern werden zudem zahlreiche kleine Materialbahnen betrieben, mit denen Gerätschaften und Produkte der Alpwirtschaft transportiert werden. Alle diese Kabel stellen latent eine Gefahr für die langsam die Hänge entlanggleitenden Bartgeier dar. In den vergangenen Jahrzehnten sind mehrere Vögel durch Kollision mit Kabeln zu Tode gekommen. Beiträge zur Problemlösung sind die Demontage nicht mehr benutzter Kabel und die visuelle Markierung von Kabeln mit Reitern, wie sie auch zur Gefahrenreduktion im Flugbetrieb eingesetzt werden.

Wilderei

Ein übles Kapitel in der Gefährdungsliste der Bartgeier ist die Wilderei. Aus welchen Motiven heutzutage noch Bartgeier (und andere Greifvögel) gewildert werden, ist schwer nachvollziehbar. Ist es Sammelwut oder Konkurrenzdenken? Fest steht jedenfalls, dass Abschüsse die Ursache für das Verschwinden mehrerer Bartgeier sind. Auch die Vergiftung, eine uralte und perfide Methode zur Eliminierung karnivorer Säuger und Vögel, ist heute noch aktuell. Illegal ausgelegt zur Bekämpfung großer und mittelgroßer Raubtiere werden vergiftete Köder auch von Geiern und Adlern gefressen – mit tödlichen Folgen (Hernandez & Margalida 2009). Ansätze für eine Problemlösung sind die soziale Ächtung des Vorgehens, eine konsequente Strafverfolgung mit entsprechender Sanktionierung und ein erschwerter Zugang zu giftigen Substanzen.

Weitere Gefährdungsfaktoren

Auf den ersten Blick ist das Bartgeier-Wiederansiedlungsprojekt in fast allen Belangen gelungen. Mit 25 erfolgreichen Paaren im Jahr 2016 (Datenquelle: International Bearded Vulture Monitoring IBM) die sich im gesamten Alpenraum etabliert haben, ist ein beachtliches Zwischenziel erreicht, auf das alle Beteiligten stolz sein dürfen. Doch bestehen nach wie vor bedeutende Gefährdungsfaktoren, und es ist davon auszugehen, dass künftig weitere, zurzeit noch unbekannte Risiken auftauchen werden. Zu den heute bereits bekannten Gefahren gehören insbesondere auch die folgenden:

Blei in der Nahrung: In den Alpen verenden Wildhuftiere natürlicherweise durch Lawinen, Krankheit, Absturz, Alter usw. Kadaver oder Teile davon können aber auch von Tieren stammen, bei deren Tod der Mensch seine Hand im Spiel hatte, so zum Beispiel auf der Jagd angeschossene, aber nicht gefundene Tiere oder die offen liegen gelassenen Aufbrüche (Innereien) erlegter Tiere. Nahrung, die aus solchen Quellen stammt, kann Geschossteile aufweisen. Insbesondere Blei, das in vielen Geschosstypen enthalten ist, vergiftet Bartgeier (Knollseisen et al. 2006). Seit Bekanntwerden dieser Gefährdung sind seitens der für die Jagd zuständigen Amtsstellen und Verbände große Anstrengungen unternommen worden, bleifreie Munition zu verwenden und Aufbrüche nicht offen liegen zu lassen. So setzen in der Schweiz bereits mehrere kantonale Wildhut-Corps ausschließlich bleifreie Munition ein und werden somit zum Vorbild für die Jägerschaft.

Störung: Bartgeier sind zwar neugierig und nähern sich dem Menschen manchmal bis auf wenige Meter. Bei der Wahl der Brutfelsen und -nischen sind sie aber wählerisch und vorsichtig. Insbesondere während der ersten Phase der Brut reagieren sie sehr empfindlich auf Störung. Da Bartgeier im Winter brüten, sind die Störungsursachen insbesondere im Winterbergsport zu suchen. Eisklettern, Helikopterbetrieb und Hängegleiten in Horstnähe können den Abbruch einer Brut provozieren. Je nach Rechtslage werden verschiedene Maßnahmen gegen die Störung des Brutgeschehens getroffen: Aufklärung, Betretungsverbote, freiwillige Vereinbarungen über Flugrouten. Am weitesten ging Frankreich, als die ersten Bartgeier zu brüten begannen. Die Umgebung des Horstes wurde zur Sperrzone erklärt und mit einem Betretungsverbot belegt.

Fütterung: Bartgeier nehmen ausgelegtes Futter sehr schnell an. Heute werden Bartgeier im Rahmen von Bestandsstützungsprogrammen, zum Beispiel in den Pyrenäen, regelmäßig gefüttert (Oro et al. 2008). Der Hintergrund dafür ist, dass dort im Vergleich zu den Alpen wesentlich weniger wild lebende Paarhufer als Nahrungsquelle vorkommen. Außerdem bilden die Schafe, die über den Sommer die Alpweiden nutzen, nur saisonal ein unerschöpfliches Nahrungspotenzial. Im Winter hingegen lebt das Kleinvieh im Talgrund und steht nur beschränkt zur Verfügung. Dieses Muster beeinflusst auch andere Großgreifvögel, zum Beispiel die Gänsegeier, die im Winter ebenfalls an Nahrungsknappheit leiden. Nach einer Änderung der gesetzlichen Grundlagen in der EU kann für diese Aasfresser nun wieder Futter ausgelegt werden, um ihre Bestände zu stützen. Doch die unnatürliche Abhängigkeit der Bartgeier und weiterer Großgreifvögel von ausgelegtem Futter ist wissenschaftlich zu überprüfen, mit dem Ziel, die Bestände wilder Huftiere langfristig anzuheben.

In den Alpen kommen heute so viele Wildhuftiere vor wie wahrscheinlich nie zuvor. Futterangebote sind deshalb weder erforderlich noch erwünscht. Füttern durch den Menschen führt dazu, dass sich mehrere bis viele erwachsene Bartgeier über längere Zeit an einem Ort aufhalten, was nicht ihrer Natur entspricht, da Bartgeier vor und während Brut und Aufzucht territorial sind. Konzentrieren sich zahlreiche erwachsene Vögel an einem Ort, kann dies zur Beeinträchtigung des Brutgeschehens dort ansässiger Paare führen. Außerdem sind solche Konzentrationen eine potenzielle Gefahr für die Übertragung gegebenenfalls auftretender Krankheiten.

Windenergieanlagen: Aufgrund der Förderung erneuerbarer Energiequellen sind in den Alpen bereits heute Windparks in Betrieb. Der Bau weiterer Windparks steht unmittelbar bevor. Dass die Rotoren eine ganz erhebliche Gefahrenquelle für fliegende Vögel darstellen, ist mehrfach belegt. Diese Bedrohung muss in künftigen Planungen berücksichtigt werden, und es sind bei den bestehenden Windparks Betriebszeiten so zu definieren, dass die Risiken für Unfälle mit Bartgeiern ausgeschlossen oder zumindest reduziert werden können (Horch & Keller 2005). Da die Art sich allmählich ausbreitet und neue Areale besiedelt, kann sich eine Ausscheidung von Schutzzonen nicht auf die aktuell von Brutpaaren besiedelten Landschaftsausschnitte beschränken, sondern muss auch noch nicht besiedelte Zonen mit hohem Ansiedlungspotenzial miteinbeziehen.

Veterinärmedizinische Wirkstoffe: Diclofenac ist ein Arzneistoff, der in der Humanmedizin unter verschiedenen Markennamen als Entzündungshemmer eingesetzt wird. Der Wirkstoff lässt sich auch in der Tiermedizin verwenden. Auf dem indischen Subkontinent wurde er in den 1990er-Jahren verbreitet bei Rindern eingesetzt – mit gravierenden Folgen für die Geierbestände. Der Verzehr von Kadavern zuvor behandelter Rinder führte bei den aasfressenden Geiern zu akutem Nierenversagen und in der Folge zum Tod. In wenigen Jahren verschwanden so mehr als 95 % der gesamten Geiervorkommen (Prakash et al. 2003, Green et al. 2004, Oaks et al. 2004). Nachdem Diclofenac als Ursache für das flächendeckende Geiersterben bestätigt war, wurde sein Einsatz in Indien und Pakistan 2006 verboten. Seither erholen sich die Geierbestände langsam. Nach dieser Vorgeschichte ist es unverständlich, dass Spanien 2013 Diclofenac als Arzneistoff für Pferde, Rinder und Schweine zugelassen hat. Bis dahin war der Wirkstoff für tiermedizinische Zwecke in Europa lediglich in Slowenien und Italien erlaubt, in den übrigen EU-Ländern und in der Schweiz hingegen verboten.

Für alle vier europäischen Geierarten – Bartgeier, Schmutzgeier, Gänsegeier und Mönchsgeier – ist die iberische Halbinsel der Hotspot auf unserem Kontinent. Verendete Haustiere werden dort auf offenen Kadaverdeponien entsorgt. Obwohl mit Diclofenac behandelte Tiere nicht auf diesen offenen Deponien entsorgt werden dürfen, kann dies kaum kontrolliert oder verhindert werden. Spaniens Geier leben somit in der großen Gefahr, an den Folgen dieses Wirkstoffs zu sterben. Nach Modellberechnungen reicht in 130 bis 760 Kadavern einer, der mit Diclofenac belastet ist, um die Bestände dramatisch zu dezimieren (Green et al. 2004). Zurzeit laufen auf internationaler Ebene große Anstrengungen, die Freigabe dieses Pharmakons in der Tiermedizin rückgängig zu machen.

Populationsentwicklung und genetische Diversität: Wann sollten die Aussetzungen beendet werden? In einem Populationsmodell haben Schaub et al. (2009) auf Grundlage der bisherigen Entwicklung die künftige Entwicklung des Bartgeierbestands berechnet, um herauszufinden, ab wann weitere Aussetzungen nachgezüchteter Bartgeier nicht mehr erforderlich sein werden. Demnach könnte auf weitere Aussetzungen verzichtet werden, sollten unter den Adulten keine außergewöhnlichen Todesfälle auftreten. In einer so jungen Population kann man jedoch nicht davon ausgehen, dass es zu keinen außergewöhnlichen Todesfällen kommt. Bei dieser Modellierung nicht berücksichtigt wurde die aktuelle genetische Situation der Alpenpopulation. Verschiedene Gründertiere

(Founders) sind genetisch sehr stark vertreten, während andere fehlen oder nur schwach vertreten sind (Lörcher 2012, Lörcher et al. 2013). Überdies ist das Geschlechterverhältnis der ausgesetzten Vögel unbeabsichtigt stark zugunsten der Weibchen verschoben.

Sollten Gründertiere mit selten vertretenen Genen beziehungsweise ihre Nachkommen numerisch nicht durch weitere Aussetzungen gestärkt werden, würden diese wenig präsenten Gene mittel- bis langfristig verdrängt, und die bereits stark vertretenen würden noch zunehmen. Aus diesem Grund sollten noch einige Jahre lang weitere Jungtiere aus schwach vertretenen Linien ausgesetzt werden. Gekoppelt mit neu eingerichteten Aussetzungsstellen, wurde dies zum Beispiel im Calfeisental SG und wird ebenso im Melchtal OW praktiziert. Dort kamen beziehungsweise kommen wenn immer möglich seltene Abstammungslinien zum Einsatz.

Abb. 4.13: Kontinuierlich nimmt die Zahl der in der Natur lebenden Bartgeier zu. Auch die Anzahl Brutpaare wächst. Dennoch ist der potenziell zur Verfügung stehende Lebensraum noch längst nicht durchgehend besiedelt.

Abb. 4.14: Eines der Bartgeierpaare hat in der Val Tantermozza im Schweizerischen Nationalpark als Brutterritorium den für Besucher unzugänglichen Teil gewählt.

Ausblick

Nach heutiger Einschätzung kann das internationale Projekt zur Wiederansiedlung des Bartgeiers in den Alpen als erfolgreich bezeichnet werden. Fast alle Ziele sind erreicht oder stehen kurz davor. Daran beteiligt waren Hunderte Einzelpersonen, zahlreiche staatliche Strukturen und nichtstaatliche Organisationen in jeweils unterschiedlichen Funktionen und es wurden große Geldsummen aus unterschiedlichen Töpfen investiert. Einen wesentlichen Anteil am Erfolg haben aber auch die spezifischen Charakteristika des Bartgeiers. Seine natürliche Ausstattung in Bezug auf die Fortpflanzungsbiologie, die ökologische Einnischung und das Raumverhalten sowie seine die Ansprüche des Menschen nicht beeinträchtigende Lebensweise haben die Wiederansiedlung erleichtert. Dennoch kennen wir noch nicht alle Risiken für das langfristige Überleben des Bartgeiers in den Alpen und immer wieder tauchen neue auf. Es gilt deshalb vorsichtig und aufmerksam zu bleiben, um das Überleben der Art und ihren Lebensraum dauerhaft zu sichern.

Der Erfolg im Alpenraum ist noch nicht das Endziel des internationalen Projekts. Weiterhin sind in der Nachbarschaft zu den Alpen zahlreiche früher besiedelte Lebensräume verwaist, so in Ost- und Südeuropa, in weiteren Vorkommen sinken die Bestände des Bartgeiers rapide und müssten gestützt werden. Zuerst sind allerdings die Ernährungssituation, die Akzeptanz der Bevölkerung und das Störungsaufkommen zu prüfen und erforderlichenfalls zu verbessern. Erst dann ist es möglich, weitere Ausbreitungszentren aufzubauen, von denen aus geeignete, aber heute noch unbesetzte Lebensräume wiederbesiedelt werden können.

4.3 Auerhuhn – Talsohle überwunden?

4.3.1 Problematik und Hintergrund

Seit den 1950er-Jahren haben die Bestände des Auerhuhns in Mitteleuropa stark abgenommen und die Verbreitung ist geschrumpft (z. B. Mollet et al. 2003, Storch 2007). Dadurch wurde das einst großflächig zusammenhängende Verbreitungsgebiet der Alpen und Voralpen in kleinere, teils isolierte Teilpopulationen unterteilt (Segelbacher et al. 2003). Ungünstige Veränderungen des Lebensraums dürften die wichtigste Ursache für diese Entwicklung sein. Dem großen Raubbau an den Wäldern in Mitteleuropa vom ausgehenden Mittelalter bis ins 19. Jahrhundert hinein folgten großflächige

Aufforstungen. Nadelhölzer und speziell die Fichte wurden aufgrund ihrer Eignung als Bauholz gefördert, nasse Böden entwässert und «minderwertige» Pioniergehölze entfernt. Dadurch entstanden Monokulturen, die sich heute als dichte, einschichtige Nadelhochwälder ohne Krautschicht zeigen – Wälder, die anfällig für Sturmwurf und Käferbefall sind und für Auerhühner und viele andere waldbewohnende Wildtierarten keinen günstigen Lebensraum bieten (Klaus 1991).

Abb. 4.15: In Mitteleuropa ist der Rückgang des Auerhuhns gut dokumentiert und die Ursachen dafür sind weitgehend bekannt. Trotz aufwendiger Fördermaßnahmen konnte der Negativtrend bisher nicht umgekehrt werden. Bild: Fressender Auerhahn in seinem bevorzugten Waldlebensraum (Schweiz).

Im Zuge des Bevölkerungswachstums nahmen Freizeitaktivitäten im Lebensraum des Auerhuhns zu. Schneeschuh- und Skitouren führen Erholungssuchende auch in entlegene, nicht erschlossene Gebiete, die im Winter bisher kaum begangen waren. Auerhühner sehen Menschen als Gefahr, reagieren entsprechend mit Aufmerksamkeit,

Unterbrechung ihres vorherigen Verhaltens und bei einer Annäherung auf unter 50 m oft mit Flucht (Thiel et al. 2007). Wir müssen davon ausgehen, dass Auerhühner bei häufiger Beunruhigung in einen Energieengpass geraten können und eine geschwächte Kondition der Hennen zu geringerem Bruterfolg führt. Chemische Kotanalysen haben weiter gezeigt, dass Auerhühner in Gebieten mit häufigen menschlichen Aktivitäten einen erhöhten Stresshormonlevel aufweisen (Thiel et al. 2008a, Thiel et al. 2008b). Dass Auerhühner aus diesen Gründen schlechter überleben, ist damit zwar noch nicht bewiesen. Allerdings wirken sich chronisch erhöhte Konzentrationen der Stresshormone langfristig negativ auf das Immunsystem und damit auf die Gesundheit aus, wie Studien aus der Humanmedizin und mit anderen Tierarten zeigen. Es liegen also klare Fakten und zusätzliche Indizien vor, dass eine regelmäßige Störung des Auerhuhns seinen Fortbestand regional gefährden kann.

Hohe Bestände der Prädatoren Fuchs, Habicht und Steinadler werden ebenfalls als Faktor für den Rückgang des Auerhuhns genannt. Bei günstigen Lebensraumbedingungen können Auerhühner jedoch dank ihres hohen Fortpflanzungspotenzials mit einem «normalen» Prädationsdruck umgehen.

In den Ländern mit starkem Populationsrückgang ist das Auerhuhn geschützt (Berner Konvention, EU-Vogelschutzrichtlinie). Manche Länder halten trotzdem an einer geregelten Bejagung fest. Österreich und Bulgarien gehören dazu, obwohl die Art dort auf der Roten Liste steht und langfristig ebenfalls Bestandseinbußen erlitten hat. In beiden Ländern haben wir es mit einer reinen Trophäenjagd zu tun. Besonders umstritten ist die Frühjahrsjagd auf den Auerhahn in Österreich.

4.3.2 Zieldefinition

In der Schweiz und den anderen Ländern mit einem drastischen Rückgang der Auerhuhnvorkommen ist die Zielsetzung wie folgt: Die Bestände sind stabilisiert und werden gefördert (Storch 2007, Mollet et al. 2008). Der Aktionsplan der Schweiz möchte die Bestände bis 2035 wieder auf das Niveau des ersten Inventars der Jahre 1968 bis 1971 anheben (Mollet et al. 2008). In den Gebieten, in denen noch eine Jagd auf den Auerhahn stattfindet, streben die Jagdrevierverantwortlichen regionale und lokale Bestandsgrößen an, die den Abschuss einzelner Hähne erlauben.

4.3.3 Maßnahmen

Großräumig koordiniertes Vorgehen

Schon seit Jahrzehnten wird in Mitteleuropa versucht, Auerhühner mit verschiedenen Maßnahmen zu fördern. Diese Maßnahmen waren jedoch meist lokaler Natur und verfehlten deshalb oft ihre Wirkung. Denn Auerhühner haben nicht nur hohe Ansprüche an die Qualität des Lebensraums, sondern benötigen auch viel Raum. Die Art nutzt im Verlaufe eines Jahres Streifgebiete von 1–10 km^2, wie erst Telemetriestudien zeigen konnten (Wegge & Larsen 1987, Storch 1995). Die Lebensraumansprüche des Auerhuhns müssen deshalb auf verschiedenen räumlichen Ebenen erfüllt sein. Auf der Ebene des Waldbestands benötigt es lichte, lückige Nadel- oder Mischwälder mit üppiger Krautschicht. Die einzelnen Waldbestände müssen sich zu einem Mosaik zusammenfügen, das einen möglichst hohen Anteil idealer und geeigneter Waldbestände enthält. Für eine langfristig überlebensfähige Population schließlich ist ein Raum von mindestens 100 km^2 möglichst zusammenhängender, grundsätzlich geeigneter Waldgebiete erforderlich. Fördermaßnahmen sollten demnach regional, national und international koordiniert ablaufen, um den bestmöglichen Effekt zu erzielen (z. B. Storch 2003, Bollmann & Braunisch 2013). Der Aktionsplan Auerhuhn Schweiz erfüllt diese Bedingung, indem in Regionaldossiers alle Waldflächen auf der Basis von Vorkommensdaten und Habitateignungsmodellen kategorisiert und hinsichtlich Fördermaßnahmen priorisiert werden (z. B. Robin et al. 2004).

Ruhige Kerngebiete erhalten

In den Voralpen besiedelt das Auerhuhn vorwiegend Waldgebiete auf unproduktiven Standorten oder in Höhenlagen mit natürlich lichter Waldstruktur (primäre Habitate). Hier verändert sich die Waldstruktur nur sehr langsam, so dass der Lebensraum langfristig und ohne menschliches Zutun günstig bleibt. Diese Kerngebiete müssen erhalten und vollständig vor zusätzlichen Infrastrukturanlagen wie Wegen, Straßen oder Windkraftanlagen und vor Störung durch menschliche Aktivitäten verschont werden. Wo ein hohes Besucheraufkommen bereits Tatsache ist, sind Maßnahmen zur Besucherlenkung einzuleiten. Um die Problematik zu entschärfen, sind in der Schweiz große Auerhuhngebiete als Wildruhezonen ausgeschieden, in denen die menschlichen Aktivitäten kanalisiert sind oder der Zugang zumindest während der besonders heiklen Phase Winter bis Frühling oder, noch besser, bis in den Sommer untersagt wird (www.wildruhezonen.ch).

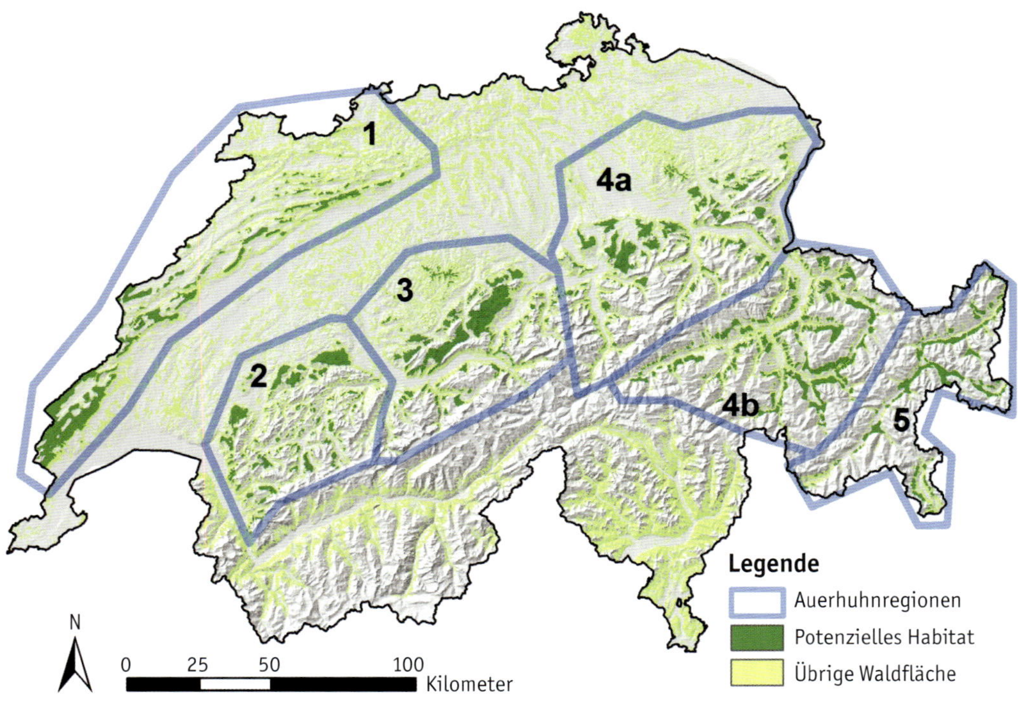

Abb. 4.16: Habitateignungsmodelle bilden großflächig die Verteilung potenziell geeigneter Lebensräume ab (Graf 2005). Kombiniert mit Vorkommensdaten stellen sie eine geeignete Grundlage für die überregionale Koordination von Fördermaßnahmen dar.

Forstliche Fördermaßnahmen in sekundären Habitaten

Derzeit stehen in Mitteleuropa oft dichte, vorratsreiche Wälder auf Flächen, die potenziell Lebensraum für das Auerhuhn sein könnten (sekundäre Habitate). Hier ist die Stoßrichtung meist klar. Mittels Holzschlägen soll Licht in den Bestand gebracht werden, damit sich eine üppige Krautschicht entwickelt und dadurch ein reiches Nahrungs- und Deckungsangebot entsteht. Dabei sind Standorte zu bevorzugen, auf denen die Heidelbeere oder andere Zwergsträucher in der Krautschicht dominieren. Demgegenüber lassen sich Flächen, auf denen sich die Buche nach Holzschlägen flächig verjüngt, mittelfristig nur mit viel Aufwand als Auerhuhnlebensraum halten (Schroth 1992, Storch 1999, Suchant 2002, Bollmann et al. 2013, Ehrbar et al. 2015).

Generell sollte der Lebensraum des Auerhuhns im Rahmen der üblichen Forstpraxis erhalten und im Vergleich zur aktuellen Situation aufgewertet werden (integrativer Ansatz). Solche Synergien bestehen vor allem mit dem heutigen Schutzwaldmanagement, da die angestrebte Rottenstruktur auch dem Auerhuhn, besonders jedoch dem

Abb. 4.17: Lichte, lückige Nadelwälder mit tief-beasteten Bäumen und einer reichen Krautschicht sind in Mitteleuropa der bevorzugte Lebensraum des Auerhuhns.

Abb. 4.18: Hingegen werden dichte, monotone Hochwälder mit schütterer Krautschicht und erschwerter Fluchtmöglichkeit gemieden.

Abb. 4.19: Auf die Ansprüche des Auerhuhns ausgerichtete Holzschläge erhöhen das Angebot an geeigneten Strukturen substanziell.

Abb. 4.20: Die Schlüsselart im Angebot ist die Heidelbeere. Sie dient ganzjährig als Nahrungspflanze und liefert Adultvögeln wie Küken Deckung vor Prädatoren und Störung durch Freizeitaktivitäten.

Birkhuhn und dem Haselhuhn behagt. Ausnahme ist der Schutzwald gegenüber Steinschlag, bei dem hohe Stammzahlen den besten Schutz bieten. Bei Waldschlägen zur Förderung des Auerhuhns ist auch zu beachten, dass keine anderen Naturschutzziele torpediert werden (Ehrbar et al. 2015). Das Auerhuhn gilt zwar als Schirmart für viele typische Bergvogelarten (Suter et al. 2002), doch decken sich seine Ansprüche nicht a priori mit den auf Totholz angewiesenen Arten.

Werden große Gebiete mit Zäunen vor Verbiss durch Wildhuftiere geschützt, sind zusätzliche Maßnahmen nötig, um Kollisionen von Auerhühnern mit den Zäunen vorzubeugen. Aus schottischen Studien wissen wir, dass Zäune die Sterblichkeit bei Auerhühnern signifikant erhöhen können (z. B. Watson & Moss 2008).

Gezielte Reduktion der Beutegreifer

In einigen Regionen Europas wird die Prädation als Bedrohung für die stark gefährdeten kleinen Populationen des Auerhuhns gesehen. Werden bedeutende Prädatoren wie Füchse und Marderartige im Bestand stark reduziert, kann sich dies in einer höheren Überlebenswahrscheinlichkeit der Auerhühner auswirken. Allerdings ist es technisch schwierig und enorm aufwendig, Prädatoren großflächig auf einem tiefen Populationslevel zu halten. Zudem ist der Faktor Lebensraumqualität meist bedeutender für die Entwicklung gefährdeter Arten als die Prädation (Ludwig et al. 2010). Die scharfe Prädatorenkontrolle ist außerdem ethisch fragwürdig und sowohl in der Bevölkerung als auch im Naturschutz wenig akzeptiert. Eine solch drastische Maßnahme kann deshalb höchstens als Überbrückung dienen, um einen akut gefährdeten Bestand so lange zu erhalten, bis lebensraumfördernde Maßnahmen greifen.

Bestandsstützungen und Wiederansiedlungen

In Deutschland und Frankreich gab es immer wieder Versuche, das Auerhuhn in verwaiste Gebiete zurückzubringen. Für diese Wiederansiedlungen wurden oft Vögel aus Zuchten verwendet. Da bei der Aufzucht und speziell bei der Fütterung vor der Freilassung Fehler gemacht wurden, waren die Tiere kaum überlebensfähig. Einige Projektgebiete wiesen zu wenig geeigneten Lebensraum auf. Die von der IUCN formulierten Bedingungen für Wiederansiedlungsprojekte wurden nur teilweise eingehalten (IUCN/SSC 2013). So konnte in keinem Projekt eine langfristig überlebensfähige Population gegründet werden. Eine erfolgreiche Wiederansiedlung geht auf die 1830er-Jahre zurück, als in Schottland mit Wildfängen aus Skandinavien eine neue Population aufgebaut wurde (Watson & Moss 2008).

Bestandsstützungen sind dann angesagt, wenn gesicherte Hinweise auf Inzuchtdepression vorliegen. In einem solchen Fall muss detailliert geklärt werden, woher die Vögel stammen, die einen Bestand aus der Inzuchtdepression führen sollen (Holderegger & Segelbacher 2016). Ansonsten sind Maßnahmen zur Förderung der autochthonen Populationen vorzuziehen – also in erster Linie Aufwertung und Schaffung qualitativ guter und ruhiger Habitate.

4.3.4 Monitoring

Populationen und Verbreitung

Populationsgröße und -entwicklung sind sehr bedeutende Aspekte in der Förderung gefährdeter Arten. Bei versteckt lebenden Arten wie dem Auerhuhn sind sie jedoch enorm schwierig zu erheben. Eine Fülle von Methoden wurde in der Vergangenheit angewendet. Mit Zählungen der Hähne am Balzplatz (Mollet et al. 2003, Watson & Moss 2008) oder flächendeckender Suche nach indirekten Nachweisen im Spätwinter (z. B. Hess 1997) versuchte man die Populationsgrößen zu schätzen. Relative Informationen über die Bestandsdichte ergeben systematische Transektzählungen (Pellikka et al. 2005) oder die Kartierung indirekter Nachweise auf konstanten Stichprobenflächen (Ehrbar et al. 2015). Sind absolute Populationsgrößen gefragt, sammelt man heute Material für genetische Analysen (Kot, Federn), bestimmt die Individuen im Labor und schätzt den Bestand mithilfe statistischer Methoden (genetischer Fang-Wiederfang; z. B. Kormann et al. 2012, Mollet et al. 2015).

Erschwerend kommt hinzu, dass bei Raufußhühnern die Populationen natürlicherweise stark schwanken. Wie alle anderen Arten der Familie verfügt das Auerhuhn mit seinen großen Gelegen grundsätzlich über ein hohes Fortpflanzungspotenzial. Auf Jahre mit gutem Reproduktionserfolg können aber Jahre folgen, in denen der Nachwuchs nahezu vollständig ausfällt – so erklären sich die Schwankungen. Möchte man die Wirkung bestimmter Fördermaßnahmen auf der Populationsebene überprüfen, müsste dies deshalb über Jahrzehnte erfolgen. Über solch lange Zeiträume ändern sich meist auch andere Lebensbedingungen, sodass Veränderungen der Populationen nur schwer mit konkreten Maßnahmen in Verbindung gebracht werden können. Demgegenüber lässt sich mit einer mehrfachen systematischen Suche nach indirekten Nachweisen klar prüfen, ob aufgewertete Flächen von den Auerhühnern angenommen werden (Ehrbar et al. 2015).

Abb. 4.21: Sandbadestellen sind seltene Strukturen in einem Auerhuhnlebensraum. Solche Standorte werden gerne von Auerhennen besucht.

Abb. 4.22: Zu einem anderen Zeitpunkt besucht ein Auerhahn die gleiche Stelle. Eben ist er aufgestanden, schüttelt sich den Sand aus dem Gefieder und stellt dabei die Halskrause auf.

Habitat und Nahrungsangebot

Die Veränderung der Habitatstruktur kann bei guter Planung (Ersterfassung des Zustands vor dem Eingriff) leicht ermittelt werden. Wichtig dabei ist, aus bisherigen Erfahrungen zu lernen, um künftige Eingriffe verbessern zu können. Besonders wertvoll sind deshalb Beispiele, in denen die Veränderung der Struktur und das Erreichen der Ziele systematisch in Flächen mit unterschiedlichen Waldgesellschaften und Standortbedingungen getestet und dokumentiert werden (Ehrbar et al. 2015). Mit heutigen Fernerkundungsmethoden kann die Veränderung der Waldstruktur und damit des Lebensraums für das Auerhuhn zudem großflächig dokumentiert werden (Graf et al. 2009, Zellweger et al. 2014).

Abb. 4.23: Im Nahrungskorb der Küken stehen Wirbellose ganz oben. Insbesondere Schmetterlingslarven, welche die Heidelbeere als Futterpflanze nutzen, haben nach skandinavischen Studien eine entscheidende Bedeutung für heranwachsende Auerhühner.

4

Da mit den Aufwertungen besonders die Bedingungen für Hennen mit Küken verbessert werden sollten (bei den Sommerlebensräumen besteht aktuell ein Mangel), ist auch relevant, wie sich das Nahrungsangebot für Küken durch forstliche Aufwertungen verändert. Generell geht man davon aus, dass mehr Licht im Bestand das Angebot an Insekten erhöht (Grämiger et al. 2015). Gerade die nach skandinavischen Studien bedeutenden Schmetterlingslarven, die in der Heidelbeere im Frühsommer in großer Zahl vorkommen, bevorzugen jedoch eher schattigere Standorte gegenüber starker Besonnung (Atlegrim 1991, Hummel & Graf 2014). Dies deutet darauf hin, dass ein vielfältiges Mosaik mit sonnigen und schattigeren Waldbeständen ideale Bedingungen für die Kükenaufzucht bietet.

4.3.5 Perspektiven

Klimaänderung versus Spätfolgen von Nutzungsveränderungen

Die Wälder der Alpen und Voralpen stehen immer noch unter dem Einfluss der flächigen Übernutzung vergangener Jahrhunderte. So wandeln sich mittlerweile viele Nadelwälder in buchendominierte Mischwälder, welche für das Auerhuhn nur noch eingeschränkt nutzbar sind. Szenarien der Klimaerwärmung prognostizieren zudem, dass Nadelwälder in höhere Lagen zurückgedrängt werden, wodurch weiterer Lebensraum für die an boreale Bedingungen angepassten Raufußhühner verloren gehen dürfte. Habitatanalysen und Modellierungen zeigen immerhin, dass solche klimabedingten Lebensraumverluste teilweise durch eine angepasste Bewirtschaftung kompensiert werden können (Braunisch et al. 2014).

Zukünftige Nutzung des Berggebiets in Mitteleuropa

Große Weidegebiete in der subalpinen Stufe wären im Grunde waldfähig und gemäß den Habitatmodellen oftmals potenziell geeignete Auerhuhnlebensräume (Graf 2005). In dieser Zone nimmt der Wald bereits heute zu, die landwirtschaftliche Nutzung ist von der finanziellen Unterstützung abhängig. Sollte die Nutzung großflächig aufgegeben werden, könnten dadurch langfristig neue Lebensräume für das Auerhuhn hinzukommen.

Diese Flächen lassen sich rascher für das Auerhuhn nutzbar machen, wenn Einzelbäume oder Baumgruppen stehen bleiben und damit die klare Trennung zwischen Wald und Weide aufgeweicht wird. Je stärker und breiter die Verzahnung von Offenland und Wald, desto wertvoller ist diese Übergangszone sowohl für das Auerhuhn als auch für die anderen waldbewohnenden Raufußhuhnarten Birkhuhn und Haselhuhn.

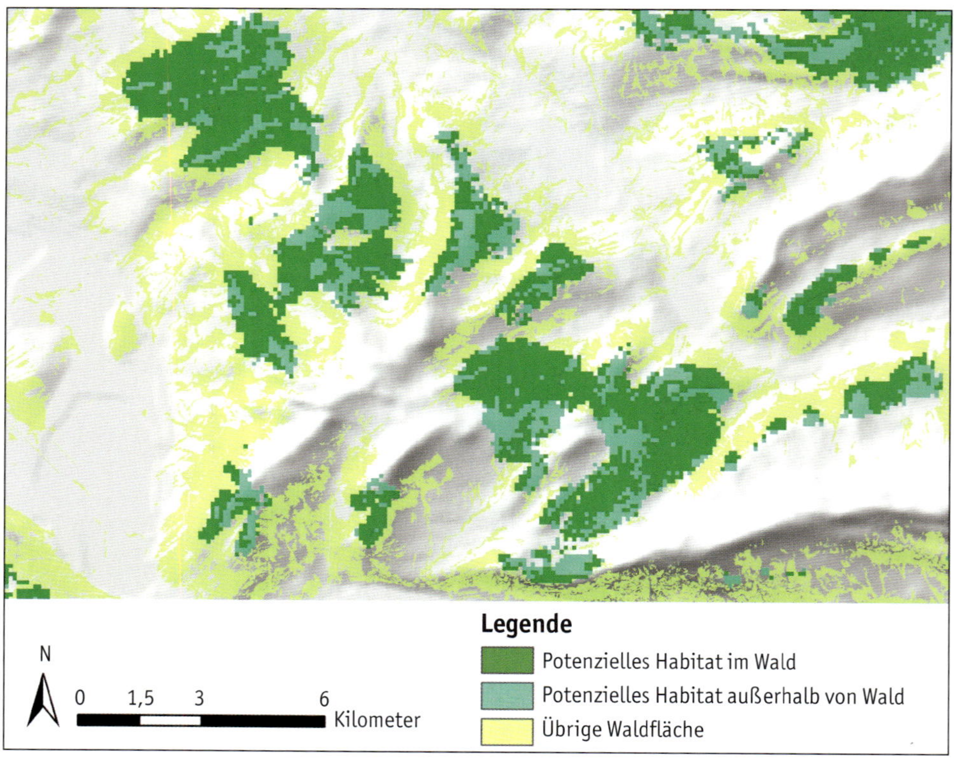

Abb. 4.24: In der subalpinen Stufe sind Weidegebiete in der Nachbarschaft zu bestehenden Wäldern waldfähig und gemäß Habitatmodellen oftmals potenziell geeignete Auerhuhnlebensräume (Graf 2005).

Schirmart und Charakterart intakter Gebirgswälder

Warum fördern wir in der Schweiz eine Art wie das Auerhuhn, die andernorts häufig ist und sogar jagdlich genutzt wird? Sind die aktuell für Fördermaßnahmen investierten Millionen Schweizer Franken gut angelegt? Das Auerhuhn kommt seit Jahrtausenden bei uns vor und hat dabei kältere und wärmere Phasen überlebt. Als Charakterart subalpiner Wälder kommt ihm ein hoher Stellenwert zu. Sein hoher Raumbedarf und die spezifischen Ansprüche an die Waldstruktur machen es zu einer Schirmart dieses Lebensraumtyps. Stimmen die Bedingungen für das Auerhuhn, sind auch die Ansprüche vieler anderer Bergvogelarten erfüllt (Suter et al. 2002, Suter & Graf 2008), besonders wenn bei Fördermaßnahmen die Ansprüche der Totholzbewohner mitberücksichtigt werden (Ehrbar et al. 2015).

Abb. 4.25: Zu jenen Arten, welche die gleichen Waldstrukturen bewohnen wie das Auerhuhn, gehört der Sperlingskauz.

Abb. 4.26: Bleibt ausreichend Totholz stehen, werden im Lebensraum des Auerhuhns auch die Ansprüche des Dreizehenspechts abgedeckt.

4.4 Feldhase – kein Platz mehr in der Agrarlandschaft?

4.4.1 Problematik und Hintergrund

Noch in der ersten Hälfte des 20. Jahrhunderts boten ausgedehnte und kleinräumig strukturierte Landwirtschaftsflächen beste Lebensbedingungen für den Feldhasen in Mitteleuropa. In den Feldern wuchs eine reiche Ackerbegleitflora und der Feldhase als ursprüngliches Steppentier profitierte von den künstlich offen gehaltenen Gebieten.

Abb. 4.27: Nach der Geburt legt die Häsin ihre Jungen in einem Feld, einer Wiese oder Brache ab. Einmal pro Nacht sucht sie die Jungen auf, um sie zu säugen. Dieses Verhalten ist eine Strategie, um das Prädationsrisiko der Jungtiere zu minimieren. Die Jungen hätten in den ersten sieben Lebenswochen wenig Chance, einem Beutegreifer zu entfliehen. Deshalb bleiben sie bei Gefahr konsequent liegen und sind dank ihrer Tarnfärbung und dem minimalen Körpergeruch kaum zu entdecken. Bei Füchsen oder anderen Beutegreifern ist diese Strategie erfolgreich, bei Landwirtschaftsmaschinen jedoch nicht. Diese drei Junghasen lagen so, wie sie hier dokumentiert sind, beieinander.

Damals galt der Feldhase zu Recht als Kulturfolger und Fruchtbarkeitssymbol. Mit der Intensivierung der Landwirtschaft gingen seine Bestände jedoch vielerorts zurück (Hackländer 2005). Ackerrandstreifen und Brachen verschwanden und der Herbizideinsatz vernichtete die Ackerbegleitflora, die dem Feldhasen optimale Nahrung lieferte. Im Grasland rückte der erste Schnitt je nach Höhenlage in den April oder Mai vor und die Mahdfrequenz wurde erhöht. In der Folge entstanden artenarme Fettwiesen und die Zeitfenster ohne Mahd sind nun oft zu kurz für eine erfolgreiche Jungenaufzucht. Attrappenversuche haben gezeigt, dass junge Feldhasen nur eine geringe Chance haben, den Graserntеprozess zu überleben (Grendelmeier 2011).

Hinzu kam eine Fragmentierung der Lebensräume durch Straßen und Siedlungen (Jaeger et al. 2007). Straßen erhöhen die Mortalität, Gebiete in der Nähe von Straßen werden vom Feldhasen eher gemieden (Roedenbeck & Voser 2008). Im Extremfall können Verkehrsachsen und Siedlungen ursprünglich zusammenhängende Populationen in kleinere Teilpopulationen auftrennen. Die kleineren Teilpopulationen sind anfälliger für temporär ungünstige Bedingungen und drohen ganz zu erlöschen. So ist der Feldhase bereits lokal beziehungsweise regional verschwunden (Zellweger-Fischer 2015) und mehrere Schweizer Kantone und viele Jagdgesellschaften verzichten freiwillig auf die Jagd.

4.4.2 Zieldefinition

In den Gebieten mit schrumpfenden Beständen sind die primären Ziele, dass der Feldhase in langfristig überlebensfähigen Populationen vorkommt und einen möglichst hohen Anteil des Verbreitungsgebiets im 19. Jahrhundert besiedelt.

Das Ziel der Jagdbehörden ist zudem, dass der Feldhase regional wieder aus dem Schutz entlassen werden kann und Bestände aufweist, die eine nachhaltige Bejagung ertragen. In anderen Regionen Europas (zum Beispiel in Frankreich, Österreich, Großbritannien) existiert die Zielsetzung, in der Jagd auf den Feldhasen und andere Arten des sogenannten Niederwilds einen maximalen Ertrag zu erlangen (z. B. Reynolds et al. 2010).

4.4.3 Maßnahmen

Die Maßnahmen zur Förderung des Feldhasen unterscheiden sich zwischen Regionen, die von Ackerbau respektive von Grasland dominiert sind. In Agrarlandschaften profitiert der Feldhase vor allem von flächig angelegten Brachen, Ackerrandstreifen und

Feldern mit einer reichen Begleitflora. Eine hohe Pflanzendiversität ermöglicht eine optimale Ernährung. Fütterungsexperimente in kontrollierter Gehegesituation haben gezeigt, dass weibliche Feldhasen in vielerlei Hinsicht von einem hohen Anteil ungesättigter Fettsäuren profitieren (Hackländer et al. 2002, Ruf 2003). Das Geburtsgewicht der Jungen und die Milchleistung des Muttertiers sind erhöht. Dadurch wachsen die Jungen schneller und sind weniger anfällig auf Kältephasen und Krankheiten. In der Natur holen sich die Feldhasen die ungesättigten Fettsäuren durch eine gezielte Auswahl der Nahrungspflanzen wie Klatschmohn, Löwenzahn oder Weißklee. Die Ernährung wirkt sich also direkt auf das Überleben der Jungtiere aus – dem Schlüsselfaktor für die Bestandsentwicklung des Feldhasen (Ruf 2003). Für Junghasen dürften zwei- bis dreijährige Brachen besonders günstig sein, die eine lückige Vegetationsdecke und dennoch genügend Deckung aufweisen. Im Inneren von breit angelegten Brachen oder Feldern haben Junghasen zudem bessere Überlebenschancen als in schmalen Streifen, da Prädatoren oft entlang solcher Strukturen jagen (Fernex 2010).

In von Grasland und Weiden dominierten Gebieten kann der Feldhase dann überleben, wenn genügend große Flächen spät gemäht werden und zwischen zwei Mahdterminen mindestens zwölf Wochen verstreichen. Hier scheint die Art zudem von einem Mosaik aus Grasland, Wald und Hecken zu profitieren. Deshalb kommt sie besonders in den Bergregionen der Voralpen und Alpen regelmäßig vor. In den letzten Jahrzehnten hat der Feldhase sein Verbreitungsgebiet in höhere Lagen bis in rund 2000 m Höhe ausgedehnt. Dort überschneidet es sich mit jenem des Alpenschneehasen, mit dem er zunehmend in Konkurrenz treten dürfte (Rehnus 2013).

Abb. 4.28: Auf intensiv bewirtschaftetem Grünland hat der Feldhase aufgrund schneller Schnittfolgen und wegen vielfältiger Störreize einen schweren Stand.

In Gebieten mit der Zielsetzung maximale Jagdstrecke werden je nach Region kleine und mittlere Prädatoren gezielt dezimiert. Diese Maßnahme führt zu höheren Wachstumsraten bei Feldhase, Fasan und anderen Arten (Reynolds et al. 2010). In der Schweiz wäre eine solche Prädatorenkontrolle (außer bei Fuchs und Steinmarder) nicht mit der aktuellen Gesetzeslage vereinbar. Wie die Gebiete in Genf und Schaffhausen zeigen, sind gute Populationsdichten auch ohne Prädatorenkontrolle möglich, sofern der Lebensraum qualitativ hochwertig ist und die Gebiete genügend groß für langfristig überlebensfähige Populationen sind.

4.4.4 Monitoring

In der Schweiz werden die Feldhasenbestände seit 1991 systematisch auf Referenzflächen mittels Scheinwerfertaxation überwacht (Zellweger-Fischer 2015). Diese Methode liefert keine absoluten Bestandsgrößen. Wird sie jedoch systematisch immer gleich und pro Jahr mindestens zweimal kurz hintereinander durchgeführt, können Vorkommen und Bestände mittels statistischer Modellierung geschätzt werden und die Schätzungen für die Bedingungen bei der Erhebung und die habitatabhängig variierende Beobachtungswahrscheinlichkeit korrigiert werden (Dietrich 2011).

4.4.5 Perspektiven

Grundsätzlich besitzt der Feldhase ein hohes Fortpflanzungspotenzial. Ein Weibchen wirft pro Jahr zwei- bis dreimal jeweils zwei bis vier Junge, was im Mittel etwa neun Junge pro Jahr bedeutet. In Regionen wie dem Klettgau (Kanton Schaffhausen) oder der Champagne genevoise (Kanton Genf) herrschen gute Lebensraumbedingungen vor, sodass die hohe Fortpflanzungsleistung zum Tragen kommt. Ob auch in anderen Regionen des Tieflands feldhasentaugliche Landschaften entstehen, hängt wesentlich von der Entwicklung der Agrarpolitik ab. In der Agrarpolitik 14-17 wurde ein weiterer Schritt zur Ökologisierung der Landwirtschaft gemacht (Bundesamt für Landwirtschaft, BLW). Gleichzeitig gibt es jedoch Kräfte, die stärker auf Produktionssicherheit und Ertragsmaximierung setzen möchten.

Besonders in den Tieflagen kommt hinzu, dass Siedlungen und Verkehrswege zusätzlichen Raum benötigen werden. Dadurch dürfte der Lebensraum für den Feldhasen enger werden und die Straßenmortalität steigen. Der großräumige Zerschneidungsgrad kann teilweise über die Sanierung der Wildtierkorridore reduziert werden.

Abb. 4.29: In den ausgeräumten Ebenen ist der Feldhase weitgehend verschwunden. Ihn wieder zurückzuholen, gelingt dort, wo Bewirtschafter ökonomische Anreize erhalten, um mit ihren Flächen hasenfreundlich zu verfahren, und sich auch andere Landschaftsnutzergruppen an hasenfördernde Vorgaben halten, z. B. Hundehalter, die ihre vierbeinigen Begleiter an der Leine führen.

Abb. 4.30: Die hohe Pflanzenvielfalt einer Buntbrache bietet den Feldhasen hochwertige Nahrung. Junge Feldhasen profitieren vor allem von flächigen Brachen. Dort finden sie Schutz vor Prädatoren und Agrarmaschinen.

4.5 Hermelin – mehr Kleinstrukturen in der Landschaft

4.5.1 Problematik und Hintergrund

Als einer der kleinsten Vertreter der Carnivora kommt das Hermelin (*Mustela erminea*) vom Tiefland bis in die Gipfelregionen der Hochgebirge vor. Während die Art in verschiedenen Bereichen ihres riesigen Verbreitungsgebiets über alle Höhengradienten hinweg flächig verbreitet ist (Müller et al. 2010), fehlt sie heute in dicht bebauten Siedlungsgebieten und ausgeräumten Agrarlandschaften weitgehend. Hinzu kommt, dass das Hermelin natürlicherweise in einer mehr oder weniger ausgeprägten Metapopulationsstruktur lebt (Müri 2015). In dieser Organisationsform besteht die Gesamtpopulation aus mehreren lokalen Populationen, die in räumlich voneinander getrennten

Arealen leben. Einzeltiere wechseln zwischen diesen Teilarealen hin und her, doch eignen sich die «Zwischenräume» nicht für längere Aufenthalte. Es kommt vor, dass einzelne Lokalpopulationen aussterben und an sich geeignete Lebensräume für einige Zeit verlassen bleiben. Solche «leeren» Landschaftsausschnitte können durch Einwanderung aus anderen, aktuell besiedelten Teilarealen wieder besetzt werden.

In der Schweiz ist die Art geschützt. Diesen Schutz genießt sie nicht überall. Das Hermelin ist in den Nachbarländern jagdbar, teils mit und teils ohne Schonzeit. Außerdem wird nicht in allen Ländern zwischen den beiden Wieselarten Hermelin (*Mustela*

Abb. 4.31: Hermeline unterliegen zweimal jährlich einem Haarwechsel. Im Winter tragen sie ein vollständig oder doch größtenteils weißes Haarkleid, das im Frühjahr jeweils gegen ein überwiegend braunes gewechselt wird. Dieser Wechsel verursacht offensichtlich Juckreiz, der zu heftigem Kratzen anregt.

erminea) und Mauswiesel (*Mustela nivalis*) unterschieden. Vor allem in Gebieten mit intensiver Niederjagd gilt das Hermelin als Schädling und wird intensiv verfolgt und mit Fallen gefangen. Hermeline ernähren sich zu 90 % von Wühlmäusen (Müller et al. 2010), also von jener Artengruppe, die besonders auf landwirtschaftlichen Nutzflächen ihre höchsten Dichten erreichen. Aus Sicht der Grünlandwirtschaft ist das Hermelin demnach ein Nützling.

Aufgrund ihrer geringen Größe setzen Hermeline erhebliche Energiemengen um. Sie benötigen also für das Überleben eine große Zahl an Mäusen. Ein gutes Nahrungsangebot allein reicht aber nicht für die geeignete Ausstattung eines Hermelinhabitats. Vielmehr muss ein solcher Lebensraum über zahlreiche Verstecke und deckungsreiche Korridore verfügen. Dorthin ziehen sich die Tiere zurück und darin bewegen sie sich fast unbemerkt, was für sie überlebenswichtig ist. Denn Hermeline gehören selber zum Beutespektrum größerer Prädatoren. Im Siedlungsraum, an seinen Rändern und entlang von Verkehrsinfrastrukturen besteht zudem die große Gefahr, dem Verkehr zum Opfer zu fallen. Hier können kritische Stellen durch technische Anpassungen entschärft werden (Weber 2011).

4.5.2 Zieldefinition

Die Art besiedelt geeignete Lebensräume flächendeckend und kommt in Dichten vor, die es ermöglichen, temporär leer gewordene Habitate durch Immigration erneut zu besiedeln. Ferner wird die Gefahr des Verkehrstods durch Unterquerungs- oder Überquerungsbauten reduziert.

4.5.3 Maßnahmen

Das Hermelin gilt in der Schweiz insgesamt zwar als nicht gefährdet. Doch kann die Art mit verschiedenen Maßnahmen gefördert werden (Müri 2015). Gestützt auf eine Habitatanalyse, die das Potenzial und die Defizite des Lebensraums aufzeigt, können Kleinstrukturen wie Hecken, Altgrasstreifen, Brombeergestrüppe, Lesestein- und Asthaufen, Trockenmauern und Brennholzstapel errichtet oder Wurzelteller umgestürzter Bäume, vernachlässigte Kleinställe oder Schober belassen werden. All diese Strukturelemente werten den Hermelinlebensraum auf. Es sollen aber nicht nur die besonders geeigneten Areale damit ausgestattet, sondern auch die Korridore dazwischen mit geeigneten Maßnahmen verbessert werden. Unter- und Überquerungen von Straßen gehören in die Hand der verantwortlichen Ingenieure (Weber 2011). Mit den lokalen Bewirtschaftern soll der Umgang mit der Hauptbeute des Hermelins – Wühlmäuse – besprochen und eine für das Hermelin und den Bewirtschafter sinnvolle Vorgehensweise gefunden werden. Mit diesen Maßnahmen einhergehend sind Information und Sensibilisierung der Öffentlichkeit zu betreiben.

4.5.4 Monitoring

Systematische Erhebungen erfolgen heute vorzugsweise mit Spurentunnel und Fotofallen (Marchesi et al. 2010).

Abb. 4.32: Hermeline können einem Tunnel nicht widerstehen. Sie müssen solche «schwarzen Löcher» in der Landschaft auskundschaften. Dieses Verhalten lässt sich nutzen, indem ihnen künstliche Tunnels angeboten werden, die mit «Stempelkissen» und «Spurenblättern» versehen sind. Schlüpfen sie hindurch, hinterlassen sie Spuren, die es dann zu interpretieren gilt.

4.5.5 Perspektiven

Flächenverantwortliche mit einer Sensibilisierung zum Thema Biodiversität können bedeutende Lebensraumaufwertungen realisieren. Je nach nationalem Fördersystem sind solche Maßnahmen beitragsberechtigt. Wichtig dabei ist, möglichst alle Landnutzer und Flächenverantwortlichen für die Förderung des Hermelins zu gewinnen. Dazu gehören Landwirte und Förster, Schutzgebietsverantwortliche, Vertreter von Planung, Bau und Unterhalt der Bereiche Verkehrsinfrastruktur, Wasserbau und Melioration. Zurzeit laufen zum Beispiel in der Schweiz mehrere Hermelinförderprojekte, die vor allem durch die «Stiftung WIN Wieselnetz» initiiert worden sind. Welche Ergebnisse sie bringen werden, wird die Zukunft zeigen.

4.6 Laubfrosch – Förderung durch neue Lebensräume und Vernetzung

Abb. 4.33: Wie die meisten Amphibien Mitteleuropas wurde auch der früher häufige Laubfrosch Opfer einer schnellen Umgestaltung der Landschaft. Inzwischen sind sein Raumverhalten und seine Ansprüche an den Lebensraum gut erforscht. Dies hat in Regionen, in denen die Art nach neusten Erkenntnissen systematisch gefördert wird, zum Anwachsen der Bestände und zu einer Wiederausbreitung geführt.

4.6.1 Problematik und Hintergrund

Im Laufe der vergangenen 100 Jahre sind als Folge von Grundwasserabsenkungen, Meliorationen, Trockenlegungen, Uferverbauungen sowie aufgrund von Geringschätzung viele der mitteleuropäischen Amphibien dezimiert, zum Teil an den Rand der Ausrottung getrieben oder regional ausgerottet worden. Diese Entwicklung schreitet weltweit noch voran. Zudem werden Amphibien durch mehrere Pilzerkrankungen befallen. Am bekanntesten ist die Chytridiomykose, deren Auslöser der Chytridpilz (*Batrachochytrium dendrobatidis*) ist. Die Krankheit tritt nahezu global und in unterschiedlicher Virulenz auf und hat zum Beispiel in Südeuropa zu Massensterben geführt (Tobler et al. 2010, Schmidt & Tobler 2013). Im Kampf gegen diese Gefährdung setzen Schmidt & Tobler (2013) vor allem auf Prophylaxe. Sie empfehlen eine umfassende Hygiene der Forschenden und rufen dazu auf, bei Feldarbeiten vor jedem Wechsel von einem zum nächsten Gewässer Stiefel und Gerätschaften systematisch und sorgfältig zu desinfizieren, um die Verschleppung des Pilzes zu verhindern. Denn einmal befallene Gewässer sind, von Ausnahmen abgesehen, vom Chytridpilz kaum mehr zu befreien.

Heute sind in der Schweiz und den benachbarten Ländern alle Amphibienarten gesetzlich geschützt. Der Schutz umfasst sowohl die Tiere als auch ihre Lebensräume. Damit ist einerseits die direkte Verfolgung zu Speisezwecken (Froschschenkel), andererseits auch die Entnahme von erwachsenen Tieren, Eiern und Larven aus der Natur, zum Beispiel für die Terrarienhaltung oder den Tierhandel, unterbunden. Zudem ist nach der aktuellen Rechtslage die aktive Zerstörung von Amphibienlebensräumen untersagt. Dennoch erfährt die Landschaft aus Sicht des Amphibienschutzes noch immer zahlreiche Abwertungen, so zum Beispiel durch technisch begründete intensive Pflegemaßnahmen an Gräben und die oft unbemerkte Entfernung «störender» Kleinstrukturen.

Unsere Beispielart, der Laubfrosch (*Hyla arborea*), war früher in den Tieflagen des Mittellands weit verbreitet. Vor allem entlang großer Flüsse und in deren Altarmen, in überschwemmten Uferzonen wenig tiefer Seen und auch in von Flüssen und Seen abgetrennten Flachmooren kam die Art häufig vor. Die Populationen schrumpften massiv, da Laichgewässer, Sommerlebensräume und Wanderkorridore des Laubfroschs oft den genannten Landschaftsveränderungen zum Opfer fielen. Ersatzlebensräume wie Kiesgruben konnten den Rückgang regional aufhalten. Doch erst Erkenntnisse über die Wanderbewegungen führten zu einem differenzierten Bild der Raumnutzung und zu erfolgversprechenden Managementmaßnahmen. Entscheidend dabei war die genetische Analyse zahlreicher Individuen im Reusstal und an der Thur (Angelone & Holderegger 2009). Die Resultate zeigten, in welchem Verwandtschaftsverhältnis die Laubfrösche zueinander stehen, wie weit sie wandern und welche Ausbreitungshindernisse sie zu überwinden vermögen (Angelone et al. 2009, Angelone et al. 2010, Bolliger 2012, Csencsics 2013). Erstaunlich war, dass auch bis dahin als unüberwindbar geltende Hindernisse, beispielsweise die Durchquerung der Reuss, gemeistert werden.

4.6.2 Zieldefinition

Vorkommen des Laubfroschs bleiben erhalten und werden, wo immer möglich, vergrößert. Isolierte Populationen sind miteinander vernetzt.

4.6.3 Maßnahmen

An erster Stelle steht der Erhalt noch bestehender Populationen. Um sie zu sichern, sind Maßnahmen an allen von Laubfröschen besiedelten Elementen des Gesamtlebensraums erforderlich. Dies betrifft Laichgewässer, Sommerlebensräume und Überwinterungsgebiete. Zur Sicherung der Laichgewässer an Seen sind überschwemmte Uferzonen zu schützen, zum Beispiel am Neuenburgersee (Meyer et al. 2009). Überflutete Feuchtwiesen sollen temporär austrocknen, um Fressfeinde einzudämmen. Bestehende Laichgewässer müssen periodisch gepflegt werden. Dadurch wird verhindert, dass sie einwachsen oder verbuschen. Eine weitere Maßnahme ist der Bau neuer Laichgewässer; dafür bestehen praxiserprobte Planungsunterlagen und Bauanleitungen (u. a. Meier 2004, Zumbach & Ryser 2006, Loeffel et al. 2009, Mermod et al. 2010). Generell bieten die im Vergleich zu früher größer definierten Gewässerräume Platz für neue Laichgewässer. Unterstützend wirken auch Fördermaßnahmen im Rahmen von Flussrevitalisierungen.

Die Anlage neuer Gewässer und Trittsteine sowie die Pflege bisheriger Laichgewässer hat durch die bereits erwähnten genetischen Untersuchungen des Wanderverhaltens von Laubfröschen eine neue Dimension erhalten. Aus der Kenntnis der Mobilität des Laubfroschs konnten die Effekte neuer Laichgewässer bestätigt werden. Darüber hinaus gelang es, die bestgeeignete Maschenweite des Netzes von Laichgewässern herauszufinden. Empfohlen wird heute eine Netzmaschenweite beziehungsweise Distanz von 2 km. Innerhalb dieser Distanz finden zahlreiche Wanderungen statt. Durch eine konsequente Umsetzung lässt sich der Genaustausch sicherstellen. Dieser Austausch ist deshalb von Bedeutung, weil sich Populationen mit einer hohen genetischen Diversität erfolgreicher fortpflanzen als solche mit einer verarmten (Altweg & Reyer 2003, Angelone et al. 2009, Angelone et al. 2010). Ein solches Netzwerk geeigneter Laichgewässer muss durch geeignete Strukturen des Landlebensraums miteinander verbunden sein. Die Funktion der Wanderkorridore und Sommerlebensräume übernehmen Hecken, Altschilfstreifen, Ufer- und Feldgehölze, Hochstaudenflur, Krautschicht usw. Laubfrösche überwintern an Land. Dazu nutzen sie frostsichere Verstecke wie Erdhöhlen,

Laubhaufen, Wurzelstöcke, Steinhaufen oder Asthaufen (Mermod et al. 2010). Diese Elemente zählen ebenso zum Ganzjahreslebensraum. Auch sie sind zu pflegen oder neu anzulegen, um die Bestandsentwicklung des Laubfroschs zu optimieren.

***Abb. 4.34:** Zum Ganzjahreslebensraum gehören neben Laichgewässern und Überwinterungsstellen auch Sommerlebensräume mit Hecken und Gehölzstreifen, in denen sich Laubfrösche nach Abschluss der Fortpflanzungszeit aufhalten. Dort sind sie oft beim Sonnenbaden anzutreffen. Die wenige Wochen zuvor metamorphosierten Jungfrösche sind kaum größer als die Früchte der Kratzbeere.*

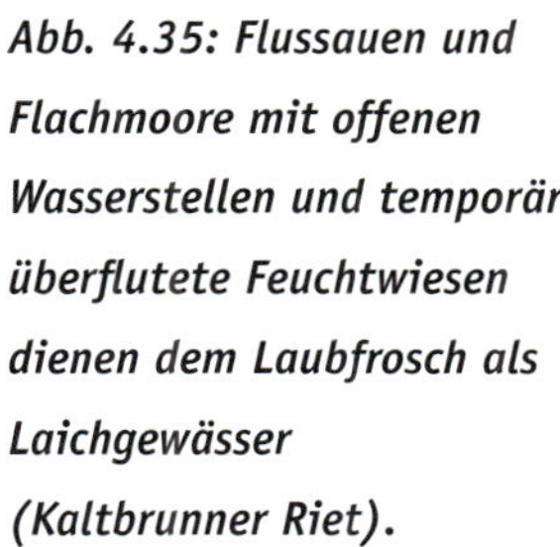

***Abb. 4.35:** Flussauen und Flachmoore mit offenen Wasserstellen und temporär überflutete Feuchtwiesen dienen dem Laubfrosch als Laichgewässer (Kaltbrunner Riet).*

4.6.4 Monitoring

Das Monitoring erfolgt über den jährlichen Vergleich der Rufchöre (Grafe & Meuche 2005, Flory 2015) und über den Fang von Kaulquappen. Genetische Methoden wären zwar ebenfalls zielführend, werden aufgrund des damit verbundenen Aufwands zurzeit aber vor allem in Forschungsprojekten eingesetzt (Angelone & Holderegger 2009, Le Lay et al. 2015).

4.6.5 Perspektiven

Wo sich in geeigneten Lebensräumen staatliche Verwaltungsstellen, NGOs, Fachbüros, Hochschulen und staatliche Forschungsinstitutionen gemeinsam um die Entwicklung und Förderung des Laubfrosches kümmern, sind die Erfolgsaussichten gut (Angelone et al. 2010). Wichtig wäre nun, die im Rahmen langjähriger Projekte gewonnen Erfahrungen auch auf bisher nicht sehr intensiv betreute Regionen zu übertragen. Dabei ist zu berücksichtigen, dass sich in neu definierten Gewässerräumen und mit Flussrevitalisierungen auch dort Fördermaßnahmen realisieren lassen, wo der Laubfrosch aktuell noch nicht wieder vorkommt, eine Wiederbesiedlung aber zu erwarten ist.

4.7 Fischotter – auf dem Weg zurück

Abb. 4.36: Nach jahrzehntelanger Abwesenheit besiedelt der Fischotter im Alpenraum wieder erste Gewässer und breitet sich kontinuierlich aus.

4.7.1 Problematik und Hintergrundinformation

Der Eurasische Fischotter (*Lutra l. lutra*) hat auf unserem Kontinent einen äußerst dramatischen Rückgang erlebt und ist aktuell wieder in Ausbreitung begriffen, was mit Spannung verfolgt wird. Die Art war ursprünglich in den gemäßigten Zonen Asiens, Europas und Nordafrikas verbreitet und kam von der Quelle bis zum Meer in allen Fischregionen vor (Abb. 4.38). Als Spezialist für ein Leben am und im Wasser verfügt er über zahlreiche anatomisch-morphologische Anpassungen.

Was den Lebensraum betrifft, ist er flexibel und ernährt sich entsprechend dem saisonalen Angebot in den unterschiedlichen limnologischen Zonen von verschiedenen Fischarten und Amphibien, kleineren Säugern und Vögeln sowie von Krebsen, Muscheln und Schnecken. Da der Fischotter einen hohen Energieumsatz hat, wird sein Bestand stark vom quantitativen Angebot an Beute beeinflusst (Kruuk 2014). Für die Fortbewegung nutzt er häufig den Wasserweg. Entlang von Gewässern und beim Wechsel zu benachbarten Flusssystemen ist er auch terrestrisch sehr mobil und legt große Strecken über Land zurück. Fischotter sind territorial, Männchen beanspruchen größere Areale als Weibchen. Diese Lebensraumausschnitte haben unterschiedliche Ansprüche abzudecken. Ein geeignetes Habitat verfügt über ausreichend Gewässer als Jagdgebiete, gut geschützte Ruhegebiete, sichere Wurfhöhlen und Aufzuchtgebiete, außerdem über Wanderkorridore.

Abb. 4.37: Zwei subadulte Fischotter bei einer spielerischen Auseinandersetzung. Dabei üben sie ihre ausgeprägte Beweglichkeit, die bei der Jagd nach Fischen unerlässlich ist.

War die Art früher wegen der versteckten und überwiegend nächtlichen Lebensweise kaum beachtet und zumeist toleriert, kam es gegen Ende des 19. Jahrhunderts zu einem Meinungsumschwung mit fatalen Auswirkungen. Fast überall in Europa begann ein Vernichtungsfeldzug gegen alle fleisch- und fischfressenden Tiere. Der Fischotter wurde nun als Fischereischädling eingestuft und mit national unterschiedlich ausgeprägter Hartnäckigkeit verfolgt. Zumindest in der Schweiz war es um 1880 das erklärte Ziel, den Fischotter auszurotten. Basierend auf einer entsprechenden Rechtsgrundlage unterstützte der Staat alle Anstrengungen, dieses Ziel zu erreichen. Die direkte Verfolgung mit Fallen und teilweise mit spezialisierten Hunden war äußerst erfolgreich und führte zu massiven Bestandseinbrüchen, wie den Fangstatistiken zwischen 1889 und 1950 zu entnehmen ist (Abb. 4.39).

Erst 1952 kam der Fischotter unter Schutz – zu spät. 1989 erbrachte Darius Weber am Ufer des Neuenburgersees den (wie wir inzwischen wissen, vorläufigen) Letztnachweis für die Schweiz (Weber 1990). Auch in benachbarten Ländern ging der Otterbestand drastisch zurück. Man spricht vom «Ottersturm» und bezeichnet damit die Zeit um 1900, zu der die Art auch in Österreich massiv verfolgt worden war. Im ganzen Alpenraum und weit darüber hinaus blieben zahlreiche Flusssysteme über Jahrzehnte otterfrei. Die Art konnte sich auf dem Kontinent nur in wenigen Regionen halten, so unter anderem im Massiv Central (Frankreich), im Osten Deutschlands und in Österreich im Grenzbereich zu Ungarn und Tschechien.

Dass die systematische direkte Verfolgung für den dramatischen Rückgang und das überregionale Verschwinden ganz entscheidend mitverantwortlich war, ist offensichtlich. Doch kamen im Lauf der Zeit weitere einschneidende Faktoren hinzu. Im Zuge der fortschreitenden Industrialisierung Mitteleuropas wurden die meisten Flusssysteme verbaut, sei es zur Hochwassersicherheit, zur Gewinnung von Energie oder als Wasserstraßen. Dadurch wurde migrierenden Fischarten die Möglichkeit genommen, ihre natürlichen Lebenszyklen zu durchlaufen. Prominentestes Beispiel ist der Lachs, dessen Wanderungen durch Verbauungen am Rhein schon früh unterbrochen waren. So konnten er und viele weitere wandernde Fischarten nicht mehr in die zuführenden Flusssysteme und die Alpenrandseen hochsteigen, um zu laichen. In der Folge gingen die Bestände dieser Arten zurück oder sie starben aus. Damit einhergehend verengte sich die Nahrungsbasis des Fischotters dramatisch.

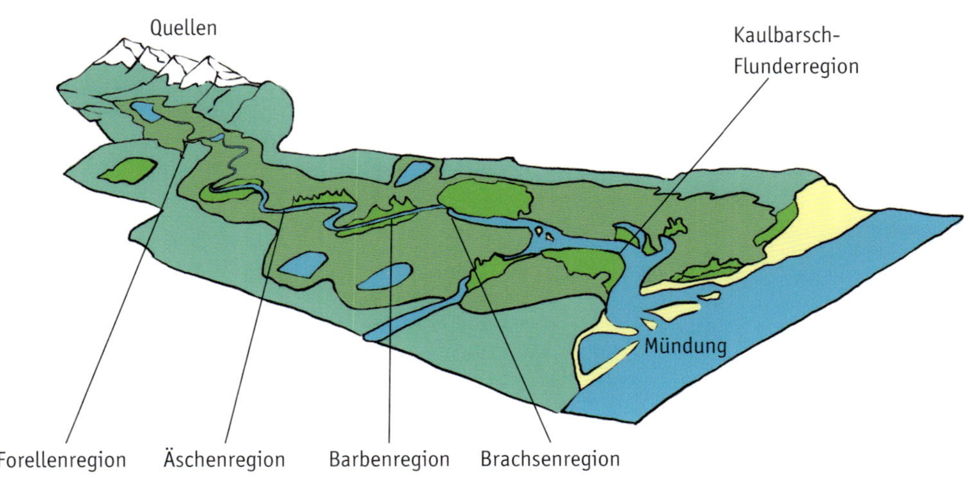

Abb. 4.38: Zonierung der Fließgewässer und Fischregionen (nach Huet 1949 und Stucki 2010). Der Fischotter besiedelte früher Gewässersysteme von Hochgebirgslagen bis zum Meer.

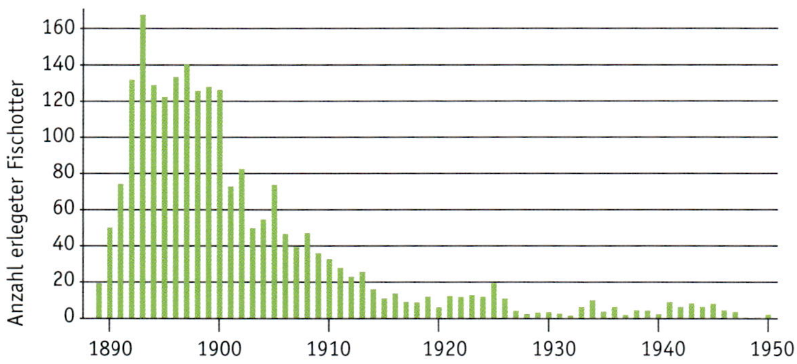

Abb. 4.39: In der Schweiz erbeutete Fischotter 1889–1950 (Weber 1990). Diese Abbildung illustriert die staatlich geförderte Ausrottung einer zum Schädling deklarierten Wildtierart.

Des Weiteren begann eine Gewässerverschmutzung mit Abwässern aus Industrie und Siedlungsraum in riesigem Ausmaß. Dabei wurden zahlreiche, teils hochgiftige Substanzen in die Gewässer entsorgt. Solche Giftcocktails ruinierten die Nahrungsbasis vieler Fischarten und auch die Fischbestände selbst. Von besonderer Bedeutung unter diesen Umweltgiften waren polychlorierte Biphenyle (PCB) und Dioxine (PCDD, PCDF). Diese Wirkstoffe fanden in zahlreichen industriellen Produktionsprozessen Verwendung und gelangten über die Nahrungskette in die Spitzenprädatoren, zu denen auch der Fischotter gehört. Aufgrund ihrer hohen Toxizität wurden sie 2001 durch die Stockholmer Konvention in die Liste der weltweit verbotenen persistenten organischen Schadstoffe (engl. *persistent organic pollutants,* POPs) aufgenommen (Schmid et al. 2010).

Über die Bedeutung dieser Umweltgifte beim Zusammenbruch der Fischotterpopulationen besteht in der Wissenschaft eine Kontroverse. Bekannt ist, dass PCBs hormonähnliche Wirkungen hervorrufen und die Fruchtbarkeit beeinflussen können. Diese Wirkungen sind insbesondere bei Robben und beim Mink oder Amerikanischen Nerz (*Neovison vison*) gut untersucht. Kritiker der sogenannten PCB-Hypothese lehnen einen Analogieschluss von Robben und Minks auf den Fischotter ab und bemängeln, dass es letztlich keine direkten Beweise für die negative Wirkung von PCB auf das Fortpflanzungsgeschehen beim Fischotter gebe. Außerdem halten sie andere Umweltgifte wie Quecksilber für wesentlich gefährlicher und weisen darauf hin, dass zum Beispiel auf den Shetlandinseln Fischotter mit sehr hohen PCB-Werten in bester Kondition angetroffen wurden (Kruuk 1995, 2006). Die Befürworter der PCB-Hypothese halten Analogien zu Mink und Robben für zulässig und stützen sich dabei auf zahlreiche

Arbeiten aus Großbritannien und Skandinavien (Mason & MacDonald 1986, Roos 2013). Auch Kritiker gehen aber davon aus, dass der Giftcocktail in Gewässern dem Fischotter stark zugesetzt hat. Seit dem Verbot verschiedener Umweltgifte geht ihre Konzentration vielerorts langsam zurück; dennoch werden sie nach wie vor nicht als harmlos eingestuft, unter anderem unter dem Aspekt, dass auch der Mensch an der Spitze der Nahrungskette davon betroffen sein kann (Schmid et al. 2010).

Als folgenschwer für die Umwelt identifizierten Ökotoxikologen in den vergangenen 20 Jahren auch sogenannte hormonaktive Stoffe, welche über Industrieprozesse und aus Kläranlagen in die Gewässer gelangen (Werner et al. 2012). Diese Chemikalien wirken auf die Sexualentwicklung von Fischen und können Männchen verweiblichen. Inwieweit sie mittelfristig den Hormonhaushalt von Säugetieren beeinflussen, steht noch nicht fest.

Für zahlreiche ans Wasser gebundene Tier- und Pflanzenarten waren die Meliorationen, also die Trockenlegung von Flachmooren zur Gewinnung von Landwirtschaftsland und Forstflächen, lebensbedrohlich. Zudem setzte die weitgehende Beseitigung von Auwäldern dem Otter stark zu. Er verlor dadurch Deckung, Fortbewegungsraum und Nahrung. Insbesondere Amphibien als saisonal verfügbare Alternativnahrung verschwanden nach solchen Eingriffen in die Landschaft. Als weitere Bedrohung kam die Zerschneidung der Landschaft durch Verkehrsinfrastruktur hinzu. Alle damit einhergehenden Einflüsse verschlechterten die Lebensraumqualität aus der Sicht des Fischotters langfristig und nachhaltig. Nur in einem Punkt hatte der Mensch die Lebensraumqualität verbessert: Wo Teichwirtschaft betrieben wurde, blieb der Tisch für den Otter stets gedeckt. Dieses hohe Nahrungsangebot könnte bei der Wiederausbreitung des Fischotters bedeutungsvoll gewesen sein. Denn zumindest diese Umweltbedingung, das Nahrungsangebot, war im Umfeld der Teiche günstig geblieben. So konnten die Populationen in Teichgebieten wieder anwachsen, als sich auch weitere Umweltbedingungen verbesserten. Im Zuge dieses Populationswachstums breitete sich der Fischotter allmählich wieder aus. Das lässt sich zurzeit in vielen Regionen Europas beobachten, unter anderem in Deutschland, wo sich die Verbreitungsgrenze deutlich nach Westen verschiebt, oder in Österreich, wo sich die Art insbesondere in den östlichen Bundesländern nach Westen ausbreitet (Kranz & Polednik 2009). Auch in Hochsavoyen wurden mehrfach Otter nachgewiesen. Aus der Schweiz liegen neuerdings ebenfalls einige Otternachweise vor. Dabei handelt es sich um Totfunde und um Bilder automatischer Kameras. 2015 wurde zwischen Bern und Thun im Rahmen eines Bibermonitorings mit automatischen Kameras sogar eine Otterfamilie mit zwei Jungen festgehalten (Volkswirtschaftsdirektion Bern 2015). Ob daran noch Tiere beteiligt sind, deren Vorfahren 2005 bei einem Hochwasser aus dem örtlichen Tierpark entwichen waren, steht noch nicht fest – ist aber wahrscheinlich.

4.7.2 Zieldefinition

Der Europäische Fischotter besiedelt langfristig wieder alle geeigneten Lebensräume und pflanzt sich darin erfolgreich fort. Anpassungen technischer Strukturen, Aufwertung geeigneter Habitate und Förderung autochthoner Fischbestände ermöglichen ihm die Ausbreitung und die Wiederetablierung sich selbst erhaltender Populationen. In Teichgebieten, wo Otter in künstlichen Anlagen fischen, werden Nutzungskonflikte durch technische Lösungen entschärft.

4.7.3 Maßnahmen

Obwohl inzwischen bekannt ist, dass Fischotter sich durchaus in semiurbanen Arealen zurechtfinden und zum Beispiel im Siedlungsraum jagen, sind sie, was ihre Ansprüche an Ruhe-, Wurf- und Aufzuchtsplätze betrifft, dennoch anspruchsvoll (Weinberger et al. 2016). Eine der Fördermaßnahmen betrifft deshalb den Erhalt oder die Wiederherstellung einer deckungsreichen Uferbegleitvegetation. Daraus ist abzuleiten, dass der Schutz und die Wiederherstellung von Auwäldern eine hohe Priorität haben. Zielführend ist das Zulassen einer dynamischen Landschaftsgestaltung durch den Biber. Durch dessen Gestaltungskraft werden Gewässer umstrukturiert, ihre Biodiversität und das Nahrungspotenzial nehmen zu. Zudem entstehen darin unzugängliche Ruhe-, Wurf- und Aufzuchtplätze (Iff 2015, pers. Mitt.).

In Regionen mit hohen Ottervorkommen werden zahlreiche Individuen Opfer des Straßenverkehrs (z. B. Roos 2013 für Schweden). Um solche Todesfälle zu reduzieren, können an kritischen Stellen mit Metallrohren oder Betonprofilen Straßenunterführungen für mittlere und kleinere Säuger eingebaut werden. Diese Maßnahme wird zum Beispiel in Norddeutschland erfolgreich eingesetzt.

Wo Fischzucht ein verbreiteter Zweig der Primärproduktion ist, muss eine enge Zusammenarbeit mit den Betreibern von Zuchtanlagen gepflegt werden. Nur so können geeignete Maßnahmen gefunden werden, um Fischentnahmen aus den Aufzuchtbecken in Grenzen zu halten. Begleitend sollten die verantwortlichen Behörden eine entsprechende Öffentlichkeitsarbeit leisten.

Die Wiederansiedlung von Fischottern ist umstritten. In England wurde sie mehrfach und mit uneinheitlichem Erfolg durchgeführt, in der Schweiz ist sie bislang vollständig missglückt (Weber et al. 1991). Um in ihrem Lebensraum zurechtzukommen, benötigen Fischotter sehr detaillierte Ortskenntnisse. Unter natürlichen Bedingungen werden diese während der sehr langen Aufzuchtzeit von den Müttern an ihren Nachwuchs tradiert. Umgesiedelte Otter verfügen über diese Kenntnisse nicht und sind deshalb in einem neuen Lebensraum benachteiligt. Die aktuelle Strategie besteht somit in einem sorgsamen Zulassen der natürlichen Wiederbesiedlung.

Da sich der Fischotter wie erwähnt zurzeit entlang verschiedener Linien ausbreitet, ist eine grenzüberschreitende Kooperation angezeigt. Dabei geht es einerseits um die Vereinheitlichung der Erfassungsmethodik und der Interpretation der Ergebnisse, andererseits um den Erfahrungsaustausch zwischen den Behörden und den sowohl an der Fischerei als auch am Naturschutz interessierten Kreisen.

Abb. 4.40: Dieses Bilddokument, automatisch entstanden mit einer Kombination aus Lichtschranken, Blitzgeräten und einer hochwertigen Kamera, zeigt einen Fischotter vor den Toren der Stadt Bern.

4.7.4 Monitoring

Fischotter werden auf mehrere Weisen erfasst. Wo ihr Vorkommen belegt ist, werden automatische Kameras eingesetzt. Außerdem suchen geübte Beobachter im Lebensraum nach Kot- und Markierstellen sowie Fressplätzen. Entlang bekannter Ausbreitungslinien soll auch entfernt von bekannten Vorkommen nach neuen Spuren gesucht werden. Nur so kann festgestellt werden, ob die Ausbreitung fortschreitet, stagniert oder rückläufig ist.

4.7.5 Perspektiven

Zurzeit breitet sich der Fischotter in Mitteleuropa in verschiedenen Regionen aus. Bis er seine ursprüngliche Verbreitung wiedererlangt hat, dürfte es mehrere Jahrzehnte dauern, selbst wenn viele Defizite seines Lebensraums ausgeglichen werden. Immerhin bietet die neuerdings gesetzlich angeordnete Ausdehnung des Gewässerraums die Chance, gewässerbegleitende Lebensräume ottertauglich auszustatten und damit die Besiedlungswahrscheinlichkeit zu erhöhen. Nicht geklärt sind bis heute Fragen zur Beuteverfügbarkeit. Hier sind methodische Ansätze sowie Lösungen gefragt.

4.8 Seeforelle – vom See in den Bach in den See

***Abb. 4.41:** Die Seeforelle wird heute im Rahmen großer Projekte intensiv gefördert, nachdem sie durch viele verschiedene Umwelteinflüsse beinahe verschwunden wäre.*

4.8.1 Problematik und Hintergrundinformation

Schon seit jeher gehört die Fischerei zur Primärproduktion und ist somit ausgerichtet auf die Nutzung von Fischen als Lebensmittel. Erst viel später hat sich die Freizeitfischerei entwickelt. Neben diesen direkten Einwirkungen unterliegt die Fischfauna meteorologischen und klimatischen Einflüssen sowie allen Veränderungen der Gewässer und ihrer Umgebung durch den Menschen im Laufe der Zeit. Durch Seeabsenkungen, Begradigungen, Bachverbauungen, Ufergestaltungen, Aufschüttungen oder den Bau hydroelektrischer Anlagen und damit verbundene Eingriffe ins Abflusssystem usw. wurde die Gewässermorphologie entscheidend geprägt. Trinkwasserentzug, Abwässer aus Siedlung, Industrie und Verkehrsinfrastruktur sowie Düngereintrag aus der Luft und der Landwirtschaft haben die Wasserqualität und damit die Fischlebensräume massiv beeinträchtigt. Mit dem Aufkommen moderner Analysemethoden konnten die negativen Auswirkungen unserer Zivilisation belegt werden, es setzte ein anderer Umgang mit diesem Lebensraum ein. Der eigentliche Auslöser war aber die Einsicht, dass den zunehmenden Hochwasserereignissen und ihrem gewaltigen Schadenspotenzial nur begegnet werden kann, wenn den Gewässern mehr Raum für Rückhaltefunktionen geboten wird. Daraus leiteten sich neue gesetzliche Grundlagen und die wirtschaftliche Basis für ihre Umsetzung ab. Die utilitaristische Vorstellung, Gewässer seien in erster Linie Wasserspeicher für die Trinkwasserversorgung und die Energiegewinnung, Hälterungs- und Aufzuchtbecken für Fische als Proteinlieferanten, Medien für sportliche Aktivitäten oder Entsorgungswege für feste und flüssige Schadstoffe, trat in den Hintergrund und weicht zunehmend der Wertschätzung als Lebensräume hoher Biodiversität. Auch die gesetzlichen Grundlagen gehen heute in diese Richtung. So fordert das Gewässerschutzgesetz von 2011 für die Schweiz, dass die Gewässer wieder natürlicher werden. Dazu hatten die Kantone bis Ende 2014 den Zustand ihrer Gewässer zu prüfen, Defizite zu eruieren und zu bestimmen, welche technischen Anlagen zur Beseitigung dieser Defizite saniert werden müssen (Bammatter et al. 2015). Schweizweit sind dies rund

- 1000 Fischwanderhindernisse von Wasserkraftanlagen,
- 100 Wasserkraftwerke, welche künstliche Abflussschwankungen (Schwall-Sunk) verursachen,
- 500 Wasserkraftwerke und andere Anlagen, welche Geschiebedefizite verursachen.

Zudem zeigen die kantonalen Planungen, dass 13 800 km der Gewässer stark verbaute oder eingeengte Flusssohlen und Ufer aufweisen. Davon sind aus der Sicht des Natur- und Landschaftsschutzes 9600 km von mittlerer und hoher Bedeutung. Ab 2015 planen Kantone und Anlagenbesitzer Maßnahmen an den sanierungspflichtigen Anlagen. Zentrale Themen sind Fischgängigkeit, Abflussschwankungen und Geschiebe. Diese Maßnahmen sollen bis spätestens 2030 implementiert sein. Die Revitalisierung der verbauten und eingeengten Gewässer ist eine Mehrgenerationenaufgabe (Bammatter et al. 2015), Umsetzungshorizont ist 2090.

Die Erhaltung intakter Gewässer und die Revitalisierung beschädigter Abschnitte nehmen im Alpenraum aktuell somit einen sehr hohen Stellenwert ein. Es bestehen aber nach wie vor ernsthafte Gefährdungen. Viele Fließgewässer mit viel Reliefenergie und somit großem Potenzial für die hydroelektrische Energiegewinnung kommen in den Fokus von Energieproduzenten. Aber nicht nur sie: Im Rahmen der Energiewende und der entsprechenden Subventionspolitik wurden auch zahlreiche kleine Gewässer gefasst und werden turbiniert. Außerdem gefährden biowirksame Stoffe aus Kläranlagen sowie der Düngereintrag die Gewässer und ihre Biodiversität. So bleibt unter dem Stichwort «Revitalisierung» noch viel zu tun.

Als Folge der vielfältigen und sich teilweise kumulierenden Beeinträchtigungen von Flüssen und Seen sind mehrere Fischarten in Mitteleuropa ausgestorben oder in ihren Populationen massiv eingebrochen. Zu den bekanntesten Formen, die gerade noch überlebt haben, gehört die Seeforelle.

In der nachhaltigen fischereilichen Bewirtschaftung eines Gewässers kann nur abgeschöpft werden, was nachwächst. Deshalb definiert der Gesetzgeber, wie viele Fische welcher Arten in welcher Längenklasse mit welchen technischen Hilfsmitteln zu welcher Jahreszeit entnommen werden dürfen. Während die Freizeitfischerei mit zahlreichen Regeln gesteuert wird, bestehen in der Berufsfischerei Vorgaben in Bezug auf Fang- und Schonzeiten sowie Maschenweite und -typ der Netze.

Eine Fischpopulation kann auf natürliche Fortpflanzung zurückgehen; sie kann aber auch durch Fischzucht und -besatz aufgebaut oder beeinflusst werden. Da sich die mitteleuropäische Binnenfischerei viele Jahrzehnte lang in erster Linie am Ertrag orientiert hatte, richtete sie auch das Management auf diese Zielsetzung aus und betrieb in großem Stil Fischzucht und Besatzwirtschaft. Davon betroffen sind vor allem Fischarten, die einen ökonomischen Wert darstellen und auf dem Markt Erträge erzielen, und solche, die eine hohe sportliche Wertschätzung genießen.

Beim Besatz mit autochthonen Arten werden zuerst Elterntiere gefangen oder Jungtiere aus definierten Quellen aufgezogen und in speziellen Hälterungsanlagen gehalten. Nach Erreichen der Fortpflanzungsreife werden die Fischweibchen zur richtigen Zeit «gestreift», das heißt, ihnen wird der Laich/Rogen entnommen. Die Fischeier werden in Gefäßen mit Spermien künstlich befruchtet. Die befruchteten Eier kommen in Brut- und Aufzuchtsysteme, welche für die einzelnen Arten optimiert und von natürlichen Einflüssen weitgehend abgeschirmt sind, um die natürliche Mortalität wie Prädation, Massensterben durch Austrocknung oder Hochwasserereignisse zu verhindern. Nach Durchlaufen verschiedener Entwicklungsstufen in Innen- und Außenbecken werden die Jungfische in die vorgesehenen Gewässer eingesetzt. Je nach Art können sie nach einer festgelegten Phase des Heranwachsens diesen natürlichen Gewässern wieder entnommen und in andere Gewässer umgesetzt werden, sozusagen in ihren terminalen Lebensraum. Dort stehen sie im Rahmen der gesetzlichen Vorgaben (wie Fangmaße, Schonzeiten und Schonstrecken beziehungsweise Fischfangverbote) der Nutzung durch Berufs- und Freizeitfischer zur Verfügung.

Durch die Besatzwirtschaft kann die natürliche Selektion kaum noch wirken. Einerseits fehlen während der ersten Phasen der künstlichen Aufzucht in den Hälterungsbecken die natürlichen Umweltbedingungen und Einflussfaktoren, anderseits nehmen Faktoren Einfluss, die in der Natur fehlen. Erreichen die Jungtiere das geplante Alter für den Besatz, werden sie «der Natur übergeben» und sehen sich plötzlich mit einer Vielzahl an Faktoren ihres neuen Habitats konfrontiert.

Auch die freie Partnerwahl ist ausgeschlossen, denn es entscheidet der Mensch, wessen Spermien welche Eier befruchten. Insofern ist die Fischzucht zur Bestandsstützung ein massiver Eingriff in die evolutionäre Dynamik.

Bestandsstützende Maßnahmen können dort erforderlich sein, wo zum Beispiel das natürliche Laichsubstrat durch Kolmation des Gewässergrunds fehlt oder andere Umweltbedingungen den Fortpflanzungserfolg massiv beeinträchtigen oder ganz verhindern. Doch muss bedacht werden, dass unter technischen Bedingungen herangewachsene und anschließend freigesetzte Jungfische eine stark reduzierte Fortpflanzungsfähigkeit zeigen können. Solche Effekte ließen sich bis zur zweiten Nachwuchsgeneration nachweisen (Araki et al. 2008, Araki & Schmid 2010). Die Besatzwirtschaft kann deshalb langfristig nur eine Ersatzmaßnahme sein. Prioritär müssen die natürlichen, für das Gedeihen einer Art notwendigen Voraussetzungen mit allen erforderlichen Anstrengungen erneut geschaffen werden. Revidierte gesetzliche Grundlagen bieten dazu die Möglichkeit.

Die in Mitteleuropa lebende Forelle (*Salmo trutta*) geht zurück auf fünf evolutionäre Hauptlinien, die durch eiszeitlich bedingte Isolation entstanden sind (Largiadèr & Hefti 2002). Nacheiszeitlich entwickelten sich mehrfach und unabhängig voneinander stationäre Formen wie die Bachforelle und wandernde Formen wie die Meerforelle und die Seeforelle. Als erwachsene Fische leben stationäre Formen ganzjährig im gleichen Bach- oder Flussabschnitt, während migrierende Formen im Lauf eines Jahres unterschiedliche Gewässerbereiche bewohnen. So pendeln adulte Meerforellen zwischen dem Meer, wo sie außerhalb der Fortpflanzungszeit leben, und den Süßwasserzuflüssen, in denen sie sich fortpflanzen, hin und her (anadromer Wanderfisch). Die Seeforelle pendelt ebenfalls. Außerhalb der Fortpflanzungszeit lebt sie in großen Alpenrandseen, migriert dann zum Laichen in die Oberläufe der Voralpenflüsse und kehrt danach wieder in die Seen zurück (potamodromer Wanderfisch). Diese Wanderung zwischen

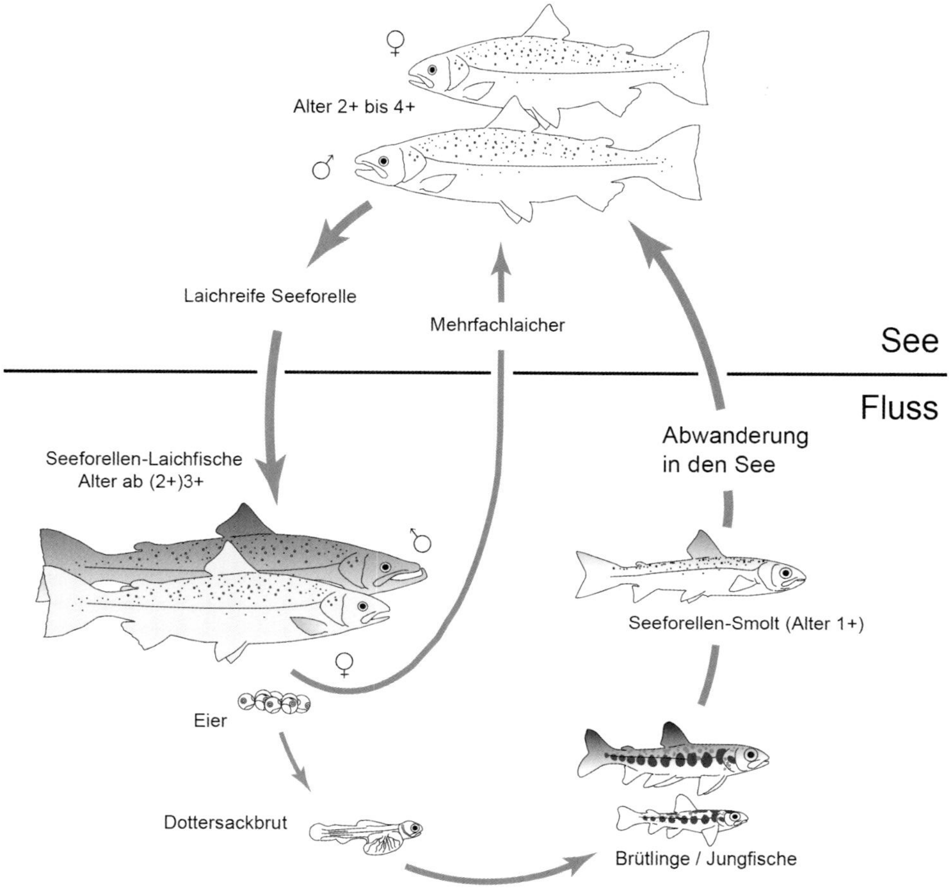

Alter 2+ bis 4+

Laichreife Seeforelle

Mehrfachlaicher

See

Fluss

Abwanderung
in den See

Seeforellen-Laichfische
Alter ab (2+)3+

Seeforellen-Smolt (Alter 1+)

Eier

Dottersackbrut

Brütlinge / Jungfische

Abb. 4.42: Lebenszyklus der Seeforelle (Originaldarstellung: P. Rey)

See und Laichgewässer kann sie mehrere Jahre nacheinander wiederholen (Bammatter 2008). Die stationären und wandernden Formen der gleichen Art lassen sich aber nicht trennscharf abgrenzen. Trotz weit fortgeschrittener genetischer und ökologischer Analysen ist das gesamte Ursache-Wirkungs-Gefüge rund um *Salmo trutta* noch nicht völlig geklärt. Dies hängt auch damit zusammen, dass die Art hoch plastisch ist und damit über das Potenzial verfügt, sich an lokale Eigenschaften eines Gewässersystems anzupassen (Jonsson & Jonsson 2011). Diese Plastizität betrifft unter anderem das Längenwachstum, das Wanderverhalten, die Zahl der Eier oder die bei den Geschlechtern unterschiedliche Abstiegswahrscheinlichkeit der Jungfische. Selbst das äußere Erscheinungsbild (Morphologie) kann je nach Lebensumständen variieren. Eine Überraschung war auch der Sachverhalt, dass unter den aufsteigenden Seeforellen Weibchen stärker vertreten sind als Männchen, in elf schweizerischen Gewässern waren es zwischen 53 und 88 % (zusammengestellt von Hertig 2011). Den Grund dafür sehen Experten in einer Optimierung der Fortpflanzungsleistung der wandernden Forellenweibchen, die im See schneller wachsen als im Bach und aufgrund ihrer viel größeren Körpermasse mehr Eier produzieren. Sie steigern damit die Zahl ihrer Nachkommen auf individueller, aber auch auf Populationsebene. Hingegen lohnt es sich für Männchen offenbar weniger, aus dem Bach in den See zu wandern, dort groß zu werden und anschließend zur Fortpflanzung in den Bach zurückzukehren. Denn auch Männchen, die in einem Bachabschnitt verharren und klein geblieben sind, pflanzen sich mit großen Weibchen erfolgreich fort. Sie müssen aber keine Risiken einer Ab- und Rückwanderung auf sich nehmen. Aus der Masse an Laich großer Weibchen entstehen viele Junge. Je größer die Zahl der Jungen, umso größer ist der Abwanderungsdruck. Doch vor der Abwanderung wachsen die Jungtiere in ihren Geburtsgewässern bis zu einer Größe von etwa 10–20 cm heran und wandern im Alter von ein bis drei Jahren als sogenannte Smolts in die Seen ab. Dort durchlaufen sie im Vergleich zur nicht wandernden Bachforelle ein beschleunigtes Wachstum. Erreichen sie die Fortpflanzungsreife, beginnt der Zyklus von neuem. Dabei suchen die fortpflanzungsreifen Tiere zumeist die Gewässer ihrer Geburt auf (Homing). Für das Überleben der Seeforelle sind somit unterschiedliche Gewässer erforderlich. Der damit verbundene Wechsel des Lebensraums macht diese Form der Forelle besonders störungsempfindlich (Ruhlé et al. 1984, Ruhlé et al. 2005).

4.8.2 Zieldefinition

Die Seeforelle lebt als autochthone Art in den dafür geeigneten Gewässern des Alpenraums in ihrem vollständigen Zyklus als Binnenwanderfisch und vermehrt sich natürlich.

4.8.3 Maßnahmen

Die im Lauf der letzten 30 Jahre identifizierten Probleme sind vielschichtig und betreffen sämtliche Einflussgrößen des Lebensraums und der Biologie der Seeforelle. Wegen der hohen Komplexität und der länderübergreifenden Verantwortlichkeiten nahm sich zum Beispiel die schon Jahrzehnte früher installierte Internationale Bevollmächtigtenkonferenz für die Bodenseefischerei (IBKF) der Thematik an, gründete

1983 die Arbeitsgruppe Seeforelle (ab 2004 Arbeitsgruppe Wanderfische) und initiierte zahlreiche Projekte, die bis heute der Verbesserung der Lebensgrundlagen für die Seeforelle dienen (Überblick siehe Rey et al. 2014). Neben der IBKF, die sich mit dem Bodensee und seinen Zuflüssen befasst, gibt es entsprechende Konsortien und Arbeitsgruppen auch für weitere Seeforellen-Gewässersysteme. Die hauptsächlichen Themenfelder werden im Folgenden ausgeführt.

Von der Eutrophierung zur Re-Oligotrophierung

Mit der zunehmenden Industrialisierung und einer ebenfalls zunehmenden Bevölkerungsdichte nach Mitte des letzten Jahrhunderts wurden dem Bodensee und zahlreichen anderen Voralpenrandseen mit den ungeklärten Abwässern riesige Mengen an Nährstoffen zugeführt, was zur Eutrophierung und damit zu einer Verschlechterung der Wasserqualität führte. Mit dem Bau von Kläranlagen nahm die Nährstofffracht ab. Damit näherten sich diese Alpenrandseen wieder dem Zustand vor der Industrialisierung an. Man spricht von einer Re-Oligotrophierung.

Abb. 4.43: Der natürliche Aufstieg ist eine der wichtigsten Voraussetzungen für die Naturverlaichung der Seeforelle. Erforderlich sind u. a. eine minimale Wassertiefe sowie die Wanderdurchlässigkeit im Oberlauf (Beispiel Aabach/Zürcher Obersee/Schmerikon SG).

Abb. 4.44: Mit vereinten Kräften fängt eine Expertenequipe Seeforellen in der Absicht, den Fischen Laich oder Rogen für die künstliche Aufzucht zu entnehmen.

Abb. 4.45: Um den natürlichen Aufstieg aus dem See wieder zu ermöglichen, werden unüberwindliche Barrieren, die früher zur Hochwassersicherheit erstellt worden waren, ganz oder teilweise rückgebaut (Beispiel Goldach/Bodensee).

Abb. 4.46: Aktuelle Hochwasserschutzprojekte müssen nicht mehr nur Menschen, Infrastruktur und Landwirtschaftsland schützen, sondern auch den gesetzlichen Vorgaben zu den Gewässerräumen und der ökologischen Aufwertung genügen. Eine dieser Maßnahmen sind Flussaufweitungen, welche gleichzeitig Aufwertungsmaßnahmen darstellen und Rückhaltefunktionen einnehmen. Im Bild ist der Moment festgehalten, als im Rahmen des Projekts Linth2000 der Escherkanal in die neu ausgehobene Flussausweitung «Chli Gäsitschachen» umgeleitet wurde (24.02.2010).

Technische Eingriffe

Im Lauf der Jahrzehnte veränderten massive technische Eingriffe vor allem die Gewässermorphologie und damit die Durchgängigkeit der Zuflüsse. Zahlreiche Kraftwerksstufen und künstliche Wasserstandschwankungen beim Kraftwerksbetrieb (Schwall-Sunk-System) behinder(te)n den Aufstieg adulter Seeforellen. Während mehr als 100 Jahren war der Einbau von Schwellen ein häufig eingesetztes Mittel, um die Reliefenergie schnell fließender Voralpenbäche zu bändigen. Damit nahm zwar die Hochwassersicherheit zu, die Durchgängigkeit für die Seeforelle blieb aber auf der Strecke. Im Zusammenhang mit einem veränderten Geschiebeverlauf kam es zur Verfestigung der Gewässersohlen (Kolmation) durch Feinsedimente, was verhinderte, dass Seeforellen Laichgruben schlugen und die abgelegten Eier passende Mikrohabitate fanden. Zu allen genannten Punkten und zahlreichen weiteren laufen Bemühungen und Projekte, um die Defizite zu reduzieren oder zu beseitigen. Dazu zählen zum Beispiel der Abbau von Schwellen, der Bau von Umgehungsgewässern/Fischwanderhilfen (z. B. Michel 2009), eine Reduktion der Wasserstandschwankungen. Es bleibt aber noch viel zu tun.

Besatz

Erst in allerletzter Minute konnte die Bodensee-Seeforelle gerettet werden. Nur an wenigen Stellen waren noch laichfähige Tiere übriggeblieben. Gestützt auf sie wurde ein umfangreiches Programm entwickelt, um Laich zu gewinnen, Jungtiere zu erbrüten und an geeigneten Stellen anzusiedeln. Experten gehen davon aus, dass die Stützung durch Besatz noch lange andauern wird, bis die natürliche Reproduktion ausreichen wird, die Population selbst zu erhalten.

Heute werden im Bodensee wieder etwa doppelt so viele Seeforellen gefangen wie am Tiefpunkt in den 1980er-Jahren. Über die Korrelation zwischen Fangertrag und Populationsgröße wird allerdings eine stete Diskussion geführt. Diskutiert wird auch darüber, inwieweit der Besatz, die Re-Oligotrophierung oder technische Maßnahmen zur Wiederherstellung der Durchgängigkeit des Rheins und weiterer Bodenseezuflüsse zur Erholung des Bestands beigetragen haben und noch immer beitragen. Offensichtlich bleibt, dass noch mehr Anstrengungen erforderlich sind, um die Population weiter anwachsen zu lassen. Zum Besatz selbst bestanden und bestehen unterschiedliche Vorstellungen. In kürzlich erschienenen Praxisempfehlungen sind der theoretische Hintergrund, die Rechtslage, das konkrete Vorgehen, die Erfolgskontrolle und die daraus abzuleitenden Rückschlüsse zusammengefasst (Spalinger et al. 2016).

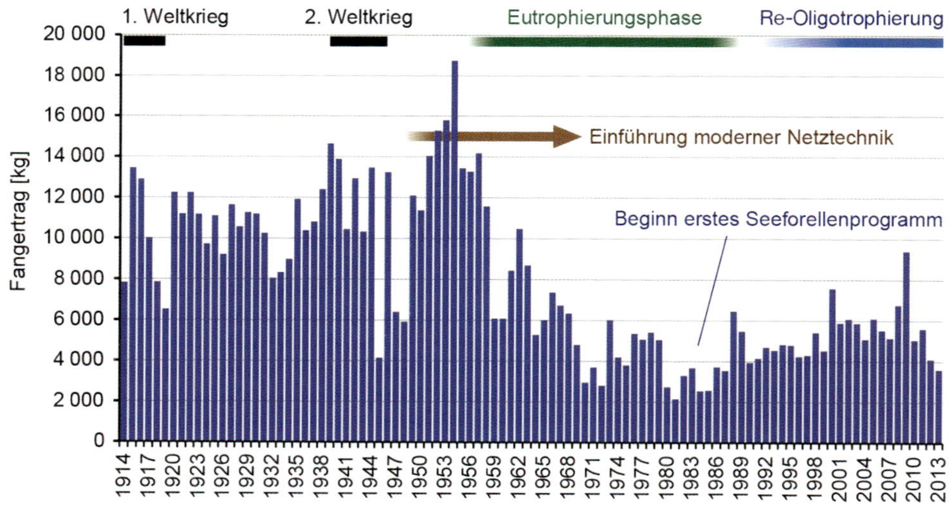

Abb. 4.47: Entwicklung der Seeforellenfänge im Bodensee 1914–2013 (IBKF/Rey et al. 2014)

4.8.4 Monitoring

Zur Überwachung von Population werden Fangstatistiken genutzt, Elektroabfischungen vorgenommen, Laichgruben gezählt, Jungtiere erfasst und in Auf- und Abstiegshilfen Videoüberwachungen installiert. Immer häufiger werden auch moderne Sendertechniken und genetische Analysemethoden eingesetzt. Außerdem stützen sich aktuelle Projekte zunehmend auf Populationsentwicklungsmodelle, um damit die Wirkung von Maßnahmen und Risiken besser zu verstehen.

4.8.5 Perspektiven

Die aktuell laufenden Aufwertungen in den verschiedenen Themenfeldern weisen in die richtige Richtung (Grimm 2012). Die Seeforelle konnte in zahlreichen Gewässersystemen wie Bodensee, Genfersee, Vierwaldstättersee, Berner Oberländer Seen, Walensee–Linth–Zürichsee und weiteren erhalten und gefördert werden. In all diesen Systemen werden heute große Anstrengungen unternommen, um Schlüsselelemente für die natürliche Reproduktion zu ermitteln (Bammatter 2008), Wanderhindernisse und weitere ökomorphologische Defizite zu identifizieren (Rupf 1998, Nussbaumer 2008) und technische und administrative Maßnahmen zu ergreifen, um sie zu beheben (Fischerei- und Jagdverwaltung/Baudirektion Kanton Zürich 2009). Aufstiegshilfen bei Kraftwerken laden mit geeigneter Anordnung und technischer Ausstattung geschlechtsreife Adulte dazu ein hochzusteigen. Zum gleichen Zweck wurden auch mobile Leitsysteme entwickelt, die situativ eingesetzt werden können (Meyer et al. 2015). Eine große Herausforderung stellt derzeit die Sicherstellung der Rückwanderung dar. Aktuell wird intensiv an technischen Innovationen gearbeitet, die den Fischen den Abstieg nach erfolgter Fortpflanzung und als Smolts ermöglichen (Peter 2013). Die Entwicklung solcher Einrichtungen erfordert vertiefte ökologische und ethologische Kenntnisse der Fischarten, einen hohen technischen Sachverstand und eine geeignete Wirkungskontrolle. Denn Fische können beim Abstieg durch die Rotoren von Turbinen erheblich verletzt oder sogar getötet werden (Lecour & Rathcke 2011). Teilziel muss sein, die Anteile verletzter Fische und den Schweregrad der Verletzungen zu minimieren.

Mittlerweile hat sich die Besatzwirtschaft verändert, unter anderem durch die Berücksichtigung der genetischen Herkunft der Besatzfische. Es stehen aber noch weitere Veränderungen an, vor allem aufgrund der Erkenntnis, dass unter kontrollierten Bedingungen aufwachsende Jungtiere eine geringere Fortpflanzungsleistung erbringen als in der Natur groß gewordene Fische.

All diese Aufgaben können in dem großen Netz an Beteiligten nicht von einzelnen Akteuren (Personen, Institutionen, Verbände) allein bewältigt werden. Deshalb gehört es zum Erfolgskonzept, dass sich politische Einheiten grenzüberschreitend zu Konkordaten und Konferenzen zusammenschließen, sich Forschungs- und Förderprogramme mit ganzen Wassereinzugsgebieten befassen und Fischbiologen, Fischereimanager, Behörden und Fischer am selben Strang ziehen und gemeinsame Ziele angehen.

4.9 Ringelnatter – Ängste, Lebensraumverlust und Isolation

4.9.1 Problematik und Hintergrund

Reptilien gehören in Mitteleuropa zu den am meisten bedrängten Wirbeltieren. Zum einen haben sie mit den Folgen einer generellen Ausräumung der Landschaft zu kämpfen. Zum anderen haftet vor allem Schlangen noch immer etwas Negatives an: Viele Menschen fürchten sich vor ihnen und sind froh, wenn sie ihnen nicht begegnen. Erst seitdem sich nationale Institute und Organisationen (zum Beispiel die Koordinationsstelle für Amphibien- und Reptilienschutz in der Schweiz, KARCH) um den Schutz dieser Tiergruppe bemühen, die Öffentlichkeit informieren und wertvolle Daten über den Stand und die Entwicklung der einzelnen Arten zusammentragen, sind Reptilien vermehrt ins Bewusstsein der Bevölkerung gelangt. Gewissermaßen am Gegenpol zu den Menschen mit der Furcht vor Reptilien stehen diejenigen, auf welche die Kriechtiere eine große Faszination ausüben. Unter jenen ist die Haltung von Reptilien in Terrarien verbreitet. So kam es regional zu umfangreichen Sammelaktionen, die als massive Eingriffe in die Populationen zu werten sind. Dezimierend wirkte sich auch das Sammeln von Giftschlangen (*Vipera berus* und *Vipera aspis*) zur Herstellung von Seren gegen Schlangenbisse aus. Heute sind die Haltung von Reptilien durch Tierschutzgesetz und -verordnung geregelt und das Sammeln in der Natur ist untersagt.

Erst 1966 kamen mit dem Natur- und Heimatschutzgesetz in der Schweiz alle heimischen Amphibien und Reptilien (Lurche und Kriechtiere) unter Schutz. Dennoch ließ der Druck auf diese Tiergruppen nicht nach. Fortschreitende Veränderungen in der Landschaft wie Meliorationen, der Bau von Verkehrs- und Siedlungsinfrastruktur, eine immer intensivere Landwirtschaft mit systematischer Entfernung von Kleinstrukturen und großflächigem Austrag von Agrochemikalien verschlechterten die Lebensbedingungen für Reptilien unaufhaltsam. Im Siedlungsraum und in Siedlungsnähe kommt als weiterer Negativfaktor die Allgegenwart von Hauskatzen hinzu, die vor allem Eidechsen, aber auch Blindschleichen und Ringelnattern zusetzen. Und noch immer werden Schlangen gefunden, die von uneinsichtigen Menschen erschlagen worden sind.

Das Verbreitungsgebiet der Ringelnatter (*Natrix natrix*) umfasst Nordwestafrika und Eurasien bis zum Baikalsee (Mayer 2001). In Mitteleuropa leben zwei Unterarten. Die Nominatform *Natrix natrix natrix*, als Nördliche Ringelnatter bezeichnet, kommt im Norden und Osten vor, die andere Unterart *Natrix natrix helvetica*, Barrenringelnatter genannt, im Westen und Süden. Im Grenzbereich der beiden Unterarten zieht sich

Abb. 4.48: Lange vernachlässigt oder gar verachtet, sind Reptilien stark bedrängt und lokal oder regional ausgerottet worden. Durch Forschungs- und Informationstätigkeit spezialisierter Institute, Unternehmen und NGOs werden Erhebungsmethoden laufend verbessert. Daraus abgeleitet werden auch die Schutzmaßnahmen effizienter. Noch bleibt aber viel zu tun!

ein breites Überschneidungsband von Norddeutschland bis zur Adria. In der Schweiz kommt die Nominatform nur ganz im Nordosten vor. Der übrige Landesteil wird von der Barrenringelnatter bewohnt. Gemäß der Roten Liste gilt die Nominatform aufgrund des kleinen Verbreitungsgebiets als stark gefährdet, während die Barrenringelnatter als verletzlich eingestuft ist (Monney & Meyer 2005, Meyer et al. 2009).

Der Lebensraum der Ringelnatter umfasst Weiher und Seen, Flachmoore, Auen, Fließgewässer, Kiesgruben und auch größere Gärten. Die Art hat ihren Verbreitungsschwerpunkt im Tiefland, kommt aber auch in den Alpen bis fast in 2000 m Höhe vor (Dusej in Monney & Meyer 2005). In höheren Lagen ist sie bevorzugt in lichten Wäldern, auf strukturreichen Wiesen und Weiden und in Blockhalden anzutreffen. Adulte Tiere ernähren sich überwiegend von Froschlurchen, Jungtiere auch von Kaulquappen und Molchlarven. Deswegen ist die Ringelnatter vor allem im Tiefland stark an Feuchtgebiete gebunden. Dieser Lebensraumtyp ist im Laufe der letzten 100 Jahre großflächig verschwunden oder zu Restflächen geschrumpft, und mit ihm sind auch seine Bewohner massiv zurückgegangen. So sind in der Schweiz nur noch wenige bedeutenden Ringelnatterpopulationen in großflächigen Lebensräumen bekannt. Die meisten Populationen sind aufgesplittert auf kleinflächige Lebensräume, haben aber selbst in intensiv genutztem Agrarland gute Überlebenschancen, wenn die reich ausgestatteten Landschaftselemente untereinander vernetzt sind (Meister et al. 2010, Hofer & Wisler 2011, Meister & Baur 2013). Die Weibchen kommen im Sommer zeitweilig sogar mit Mais- und Getreidefeldern zurecht, auch wenn sie besser ausgestattete Restlebensräume bevorzugen (Wisler et al. 2008).

4.9.2 Zieldefinition

Der Niedergang der Ringelnatter (beider Subspezies) ist gestoppt. Intakte Populationen und ihre Lebensräume sind erhalten. Beeinträchtigte Lebensräume werden revitalisiert. Besiedelte Lebensräume werden gezielt aufgewertet, vergrößert und miteinander vernetzt.

4.9.3 Maßnahmen

Zur Identifikation und Aufwertung beziehungsweise Renaturierung von Flächen, die für die Ringelnatter günstig sind oder die ein hohes Potenzial aufweisen, ist eine enge Zusammenarbeit der für Reptilienschutz verantwortlichen Fachstellen mit Forstämtern, Wasserwirtschaftsämtern, Tiefbauämtern, Meliorationsämtern, Bahnunternehmen, Kiesabbauunternehmen usw. aufzubauen. Dem geht eine gezielte Information voraus, mit dem Zweck, den Kenntnisstand über die Ringelnatter zu heben, die Verantwortlichkeiten zuzuordnen und gegenüber Reptilien eine Wertschätzung aufzubauen (Monney & Meyer 2005). In diese kommunikativen Bemühungen einzuschließen sind ferner landwirtschaftliche Beratungsstellen, Landwirtschafts- und Forstschulen, aber auch die allgemeine Öffentlichkeit.

Kaden (2014) schlägt vor, alle noch vorhandenen Feuchtgebiete zu schützen, an der Zielart Ringelnatter orientierte Pflege- und Gestaltungspläne für geschützte Flächen zu erstellen und umzusetzen, von der Ringelnatter besiedelte Flächen zu vernetzen, entlang von Fließgewässern und Feuchtgebieten Pufferzonen einzurichten, neue Feuchtgebiete anzulegen, kanalisierte Fließgewässer zu renaturieren und ausgetrocknete Auen wieder zu vernässen. Auch die Endnutzung abgebauter Flächen als Amphienstandorte und Nahrungsquelle bietet der Ringelnatter Unterstützung. In noch besiedelten Lebensräumen hilft es der Ringelnatter, eine sich verdichtende Strauchschicht aufzulichten, Stein- und Holzhaufen als Sonnplätze und Rückzugsorte aufzuschichten und Eiablageplätze anzubieten (Details dazu siehe Gemsch 2015a). Vom Wasserbauer profitiert die Ringelnatter, wenn er Uferverbauungen wo immer möglich naturnah und nicht im verdichteten Hartverbau ausführt. In der Landwirtschaft leidet die Art dort weniger, wo der Austrag von Agrochemikalien reduziert wird. Damit geht die direkte Vergiftung zurück, aber auch die Vergiftung der Amphibien als Nahrungsgrundlage der Ringelnatter. Details zu diesen Empfehlungen und Forderungen sind heute insbesondere bei der Koordinationsstelle für Amphibien- und Reptilienschutz in der Schweiz (KARCH 2012), aber auch bei kantonalen Fachstellen (z. B. Luzern, Gemsch 2015a, b) erhältlich.

Abb. 4.49: Zu den Mangelelementen des Ringelnatter-Lebensraums gehören Eiablagestellen. Die abgelegten Eier werden sich selbst überlassen. Sie entwickeln sich unter dem Einfluss der Umgebungstemperatur. Deshalb stellen Ringelnattern einige Ansprüche an die Qualität eines Eiablageplatzes. Dieser Eiklumpen kam im Wurzelwerk einer abgestorbenen Weiß-Erle zutage, die in einem Sturm umgekippt war. Aus allen Eiern des Geleges waren die Jungen geschlüpft.

4.9.4 Monitoring

Das Monitoring von Ringelnattern erfolgt in der Regel durch Sichtbeobachtung während des Tages. Manchmal werden auch Bleche und Teerpappe ausgelegt, um Ringelnattern anzulocken, sich darunter zu verbergen. Dort werden sie dann erfasst. Meist kommen beim Monitoring Experten zum Einsatz, es können aber auch gut geschulte Laien sein. Zur Intensität des Monitorings empfehlen Monney & Meyer (2005), verbreitete Arten, zu ihnen gehört auch die Ringelnatter, stichprobenartig, aber kontinuierlich zu überwachen. So können Trends in der Populationsentwicklung rechtzeitig erkannt und quantifiziert werden, mit dem Ziel, die Inventare laufend zu aktualisieren und darauf gestützt Aktionen anzupassen oder einzuleiten.

4.9.5 Perspektiven

Ohne Durchsetzung des Schutzes, Sicherung noch besiedelter Gebiete (innerhalb und außerhalb von Schutzgebieten), Vernetzung und Aufwertung besiedelter Habitate wird der Bestand weiter zurückgehen. Dennoch klingt bei Experten ein verhaltener Optimismus an (Meyer et al. 2009). Dazu tragen unter anderem Aktionen wie 1001 Weiher bei. Hierbei können sich Experten, Laien, Unternehmen, Grundeigentümer, spezialisierte Organisationen, Mäzene und der Staat gemeinsam für Erfolg versprechende Maßnahmen einsetzen. Damit nimmt auch das Bewusstsein langsam zu, dass Reptilien ganz selbstverständlich zur mitteleuropäischen Biodiversität gehören. Die Wertschätzung wächst und mit ihr die Chance, der Ringelnatter und ihren Verwandten ein Überleben zu sichern.

Zu den Perspektiven gehört ein Blick auf die Forschung. Monney & Meyer (2005) erwähnen eine ganze Anzahl künftig zu bearbeitender Forschungsthemen. Zwischenzeitlich sind mehrere der dort angemahnten dringlichen Fragen untersucht worden. Wisler et al. (2008) und Hofer & Wisler (2011) sowie Meister & Baur (2013) untersuchten das Raumnutzungsverhalten im Kulturland, Meister et al. (2010, 2012) bearbeiteten Fragen zur genetischen Differenzierung und Isolation. Aus den Resultaten lassen sich bedeutende Handlungsfelder für die Förderung der Ringelnatter ableiten.

Abb. 4.50: Mehrere Ringelnattermännchen haben ein sich sonnendes Weibchen entdeckt und klettern nun zu ihm hoch, in der Absicht, sich mit ihm zu paaren. Paarungsknäuel im Gebüsch sind nicht allzu häufig zu entdecken. Meist vollzieht sich dieser Akt am Boden, im hohlen Wurzelwerk alter Bäume oder in aufgeschichteten Asthaufen.

5 Im Gleichgewicht?

5.1 Einführung

Was heißt «im Gleichgewicht»? Der Begriff «Gleichgewicht» im Umgang mit der Natur folgt einer idealistischen Vorstellung, nach der sich interagierende Prozesse so aufeinander abstimmen lassen, dass sich ein stabiler Zustand ergibt. Stabile Zustände existieren in der Natur nicht. Denn der Einfluss stets variierender Umweltbedingungen führt zwangsläufig zu dynamischen Populationsentwicklungen. Deshalb ist die Natur nicht auf Gleichgewicht eingestellt, sondern auf eine andauernde Anpassung an Veränderungen. Manager wünschen sich aber stabile Zustände oder voraussehbare

Abb. 5.1: Im Dreieck «Wildtierpopulationen – Lebensraum – Nutzungsansprüche des Menschen» nimmt der Rothirsch eine besonders kritisch diskutierte Stellung ein. Aufgrund unterschiedlicher Bewertung seiner Wirkung auf die Vegetation entstehen Spannungen zwischen den Interessensvertretern aus Wald, Jagd und Landwirtschaft. Hier sind sachlich begründete Lösungen zu finden.

Veränderungen. Sie bieten die höchstmögliche Planungssicherheit und sind leicht zu kommunizieren. Die Realität im Wildtiermanagement sieht anders aus, und die heutige Generation der Wildtiermanager ist sich dieses Dilemmas bewusst. Deshalb verstehen sie den Begriff «Gleichgewicht» nicht mehr als scharf definierten und stabilen Zustand, sondern als dynamisches oder labiles Gleichgewicht innerhalb einer definierten Bandbreite (Abb. 2.11). Innerhalb dieser Bandbreite muss eine Art ihr natürliches Potenzial ausschöpfen können, und zeitgleich ist den ökologischen und gesellschaftlichen Ansprüchen Rechnung zu tragen. Dabei bewegen wir uns stets im Dreieck «Wildtierpopulationen – Lebensraum – Nutzungsansprüche des Menschen».

Im Beispiel des Rothirschs werden einerseits große Populationen in ihrem Wachstum begrenzt, um die Waldverjüngung, besonders im Schutzwald, sicherzustellen. Andererseits dürfen regionale Populationen durch regulatorische Eingriffe nicht gefährdet werden. Denn in der Schweiz gilt die Maxime «wo Lebensraum, da Lebensrecht», was bedeutet, dass der Gesetzgeber keine rothirschfreien Zonen vorsieht. Um die definierten Ziele zu erreichen, werden Bestände erhoben, Kondition und Konstitution gemessen sowie Sozialstruktur und Altersverteilung erfasst. Zeitgleich wird der Zustand der Wälder überprüft. Im Vergleich mit den Ergebnissen der Vorjahre ergeben sich Tendenzen, auf die im Management reagiert wird (siehe zum Beispiel Kapitel 5.3).

5.2 Großraubtiere im Spannungsfeld von Ökologie und Gesellschaftspolitik

5.2.1 Vorbemerkung zum Begriff «Raubtier»

«Raubtiere» ist die deutsche Bezeichnung für die Ordnung der Carnivora, was übersetzt Fleischfresser bedeutet. Durch die Wahl der Begrifflichkeiten kann unsere Wahrnehmung einer Thematik beeinflusst werden. Der Begriff «Raub» ist negativ besetzt, denn er beinhaltet die gewalttätige und illegale Aneignung fremden Eigentums. Im ökologischen Kontext ist er aber falsch. Als deutsches Synonym für das Fachwort «Prädator» wird alternativ der neutrale Begriff «Beutegreifer» verwendet. Allerdings konnte sich dieser Begriff im allgemeinen Sprachgebrauch nicht durchsetzen. Wir verwenden ihn dort, wo nicht von der biologischen Einheit der Carnivora die Rede ist, sondern von einem Tier, das sich von anderen Tieren ernährt und diese aktiv erbeutet.

Abb. 5.2: Als Waldbewohner, der sich überwiegend von Rehen und Gämsen ernährt, kann der Luchs den Bestand und das Raumverhalten seiner Beutetiere beeinflussen und damit indirekt auch den Zustand und die Entwicklung des Waldes.

5.2.2 Problematik

Die drei in Mitteleuropa vorkommenden großen Beutegreifer Luchs, Wolf und Bär werden sehr oft im gleichen Atemzug genannt, obwohl diese Arten systematisch unterschiedlichen Familien zugeordnet werden und von der Ökologie her große Unterschiede aufweisen. Allerdings sind die im Zusammenhang mit Großraubtieren auftretenden Konflikte ähnlich gelagert und dieselben Stakeholder involviert. Deshalb werden die drei Arten im Folgenden gemeinsam behandelt.

Rechtlich genießen diese Arten sowohl international als auch national in Europa einen relativ strengen Schutz. Natürliche Ausbreitungstendenzen, Wiederansiedlungs- und Bestandsstützungsprogramme haben die Verbreitungsgebiete wachsen lassen. Die Populationen der drei Arten in Mitteleuropa sind aber noch zu klein, um als langfristig gesichert zu gelten (Breitenmoser et al. 2016). Neben den biologischen Risiken, denen kleine Populationen ausgesetzt sind, stellen illegale Tötungen und Verkehrsunfälle regional bedeutende Todesursachen dar und können eine Population gefährden.

In Regionen mit einer langen Abwesenheit der Großraubtiere hat man den Umgang mit diesen Tierarten verlernt. Hier prallen die unterschiedlichen Interessen aus Landwirtschaft, Jagd, Naturschutz und Tourismus oft heftig aufeinander.

Die größte Herausforderung liegt im Bereich der Nutztierhaltung, speziell der Anpassung der Haltung von Schafen oder Ziegen. In Gebieten mit großen Beutegreifern sind Maßnahmen zum Schutz der Herden unabdingbar. Dabei ist das Konfliktpotenzial mit dem Wolf am höchsten, da ganzjährig Übergriffe auf Nutztiere zu verzeichnen sind und er – wenn sich ihm die Gelegenheit bietet – bei einem Übergriff auch mehrere Nutztiere reißt. Der Braunbär stellt in Phasen hohen Proteinbedarfs eine Gefahr für Nutztiere dar und kann auch größere Tiere wie Rinder, Pferde und Esel überwältigen. Bei guten Beständen an Rehen und Gämsen reißt der Luchs dagegen kaum Nutztiere.

Gewisse Jagdkreise tun sich schwer mit der Rückkehr der drei großen Beutegreifer. Besonders durch Luchs und Wolf befürchten sie eine Reduktion der Wildhuftierbestände und eine Einschränkung der jagdlichen Nutzung.

In der Bevölkerung hält sich hartnäckig der Mythos der gefährlichen Großraubtiere, der sowohl durch unwahre als auch durch wahre Geschichten genährt wird (Metz 1990, Herrero 2002). Vom Braunbären geht in gewissen Situationen eine Gefahr für den Menschen aus, etwa, wenn ein Mensch zwischen eine Bärin und ihre Jungen gerät oder einen Bären an einem Beutetier oder Aas überrascht. Gefährliche Situationen sind besonders dann möglich, wenn Bären über Futterkonditionierung an den Menschen gewöhnt werden und ihre Scheu verlieren. Übergriffe von Wölfen auf Menschen sind zwar möglich, aber auch in Gebieten mit hohen Wolfsdichten selten. Allerdings könnte diese Problematik zunehmen, wenn Wölfe ihr Futter vermehrt in der Nähe menschlicher Siedlungen suchen und sich an die Präsenz des Menschen gewöhnen. Vom Luchs sind keine Angriffe auf Menschen bekannt.

5.2.3 Informationen zu Biologie und Ökologie

Die drei großen Beutegreifer Eurasischer Luchs (*Lynx lynx*), Wolf (*Canis lupus*) und Braunbär (*Ursus arctos*) haben in den letzten Jahrzehnten einige Regionen wiederbesiedelt, aus welchen sie aufgrund direkter Verfolgung durch den Menschen und mangels Beutetieren verschwunden waren. Die Bedingungen sind heute in Mitteleuropa großflächig besser – die Waldfläche hat sich stark vergrößert und die Bestände der Wildhuftiere sind regional auf einem sehr hohen Niveau. Obwohl diese drei Arten biologisch und ökologisch sehr unterschiedliche Eigenschaften aufweisen, stellen sie bei ihrer Rückkehr ähnliche Herausforderungen an uns Menschen.

	LUCHS	WOLF	BRAUNBÄR
Systematische Zugehörigkeit	Katzenartige (Felidae)	Hundeartige (Canidae)	Bären (Ursidae)
Nahrungswahl	reiner Fleischfresser, koevoluiert mit Reh; weitere Beutetiere: Gämse, Hasenartige, Rothirsch, Fuchs, Vögel	vorwiegend Fleischfresser, koevoluiert mit Rothirsch; weitere Beutetiere: Reh, Wildschwein, Gämse, Moufflon, Hasenartige, Mäuse	Allesfresser: Beeren, Nüsse, Wurzeln, Kräuter, Gräser sowie Insekten, Aas, große und kleine Säugetiere
Jagdstrategie	Pirsch, Überraschungsjäger	ausdauernder Läufer, Hetzjäger, Jagd im Rudel	Gelegenheitsjäger, Aasfresser
Sozialstruktur	solitär, männliche und weibliche Luchse verteidigen Revier gegenüber Geschlechtsgenossen	Familienverband (Rudel), Rudelgröße in Europa zwischen 3 und 10 Tiere	solitär, Weibchen führt Jungtiere 1,5 bis 2,5 Jahre
Habitatansprüche	ausgedehnte, auch lückige Waldgebiete mit hohen Huftierdichten	anpassungsfähig, ruhige Gebiete mit hohen Rothirschdichten	anpassungsfähig, vom Tiefland bis in hohe Lagen
Raumverhalten	Reviergrößen stark abhängig vom Nahrungsangebot, zwischen 50 und mehreren 100 km²	Rudel, Wolfspaare und residente Einzelwölfe decken Gebiete von etwa 200 bis mehrere 100 km² ab, transiente Einzelwölfe können viele 100 km wandern	Streifgebiete von residenten Weibchen zwischen 100 und 200 km², von residenten Männchen bis 2000 km², transiente Einzelbären können viele 100 km wandern
Rechtlicher Status	Berner Konvention Anhang III (geschützte Tierarten), zudem national in meisten Ländern Mitteleuropas geschützt	Berner Konvention Anhang II (streng geschützte Tierarten), zudem national in meisten Ländern Mitteleuropas geschützt	Berner Konvention Anhang II (streng geschützte Tierarten), zudem national in meisten Ländern Mitteleuropas geschützt

***Tab. 5.1:** Gegenüberstellung der drei Arten Luchs, Wolf und Braunbär. Die Angaben beziehen sich auf die Erfahrungen in den Alpen. Für detaillierte Informationen zur Biologie und Ökologie der Großraubtiere verweisen wir auf weiterführende Literatur (Mech & Boitani 2003, Baumgartner et al. 2008, Breitenmoser & Breitenmoser-Würsten 2008, Höneisen et al. 2009, Groff et al. 2016).*

Aktuelle Entwicklung von Verbreitung und Bestand

Für das Verständnis der Debatten um die Rückkehr der großen Beutegreifer ist es wichtig, die Hintergründe der Ausbreitung der Populationen zu kennen.

Luchs: Vor 100 Jahren war der Luchs im ganzen Alpenraum ausgerottet und überlebte lediglich in der Balkanregion und in Gebirgsregionen Osteuropas. In den 1970er-Jahren fanden die ersten offiziellen Wiederansiedlungen in den Schweizer Voralpen und im Jura statt. Die Wiederansiedlung im Kanton Obwalden ging auf Initiative der Forstverwaltung zurück, mit dem Ziel den Wald-Wild-Konflikt zu entschärfen (Breitenmoser & Breitenmoser-Würsten 2008). Nach einer längeren Phase mit einer positiven Populationsentwicklung und Ausbreitung stagnierte die Luchspopulation in der Schweiz. Hinzu kam eine Phase mit vermehrten illegalen Tötungen und regional schlechter Akzeptanz. Zwischen 2001 und 2009 wurden Luchse aus den westlichen Voralpen und dem Jura in die Nordostschweiz umgesiedelt (LUNO-Projekt), um die Ausbreitung des Luchses zu fördern. Auch die Luchspopulationen in Deutschland gehen größtenteils auf Wiederansiedlungsprojekte zurück. Wieso hilft der Mensch beim Luchs nach? Jungluchse suchen meist die Anbindung an andere Luchsreviere. Sie wählen ihr eigenes Revier nur selten in noch unbesiedeltem Gebiet. Deshalb verläuft die Ausdehnung des Verbreitungsgebiets nur langsam.

Wolf: Die Phase der bedingungslosen Verfolgung überlebte der Wolf in den Pyrenäen und weiteren Gebirgen der Iberischen Halbinsel, in Italien (Abruzzen), auf dem Balkan und in Ländern Osteuropas. Aus den verbliebenen Populationen in Italien breitete sich der Wolf in den letzten Jahrzehnten kontinuierlich in Richtung Westalpen und danach im Alpenbogen wieder gegen Norden und Osten aus. Gleichzeitig dehnen sich die polnische Population in Deutschland nach Westen (Sachsen, Brandenburg) sowie die Balkanpopulation nach Österreich aus. Mit genetischen Methoden kann heute die Herkunft der einwandernden Tiere bestimmt und damit der Besiedlungsvorgang dokumentiert werden. Natürliche Besiedlungsvorgänge laufen beim Wolf typischerweise in drei Phasen ab: Einwanderung einzelner, meist junger Männchen (Phase 1), Einwanderung junger Weibchen, Paarbildung und Reproduktion in kleinen Familienrudeln (Phase 2), flächige Ausbreitung und regelmäßige Reproduktion (Phase 3).

Braunbär: In Osteuropa, dem Balkan sowie den Pyrenäen überstand der Braunbär die Phase der Verfolgung. Im Trentino (Italien) konnte sich ein Restbestand lange halten, erlosch jedoch Ende des 20. Jahrhunderts ganz. Ab 1999 siedelte Italien Braunbären aus Slowenien ins Trentino um und etablierte eine neue Population (Groff et al. 2016). Wandernde Jungbären aus dieser wachsenden Population legen weite

Strecken zurück und treten auch in den benachbarten Regionen Graubünden, Tessin, Vorarlberg und Bayern auf. Zudem wandern seit Jahrzehnten einzelne Bären aus der Balkanpopulation über die slowenischen Alpen in die südlichen Länder Österreichs ein.

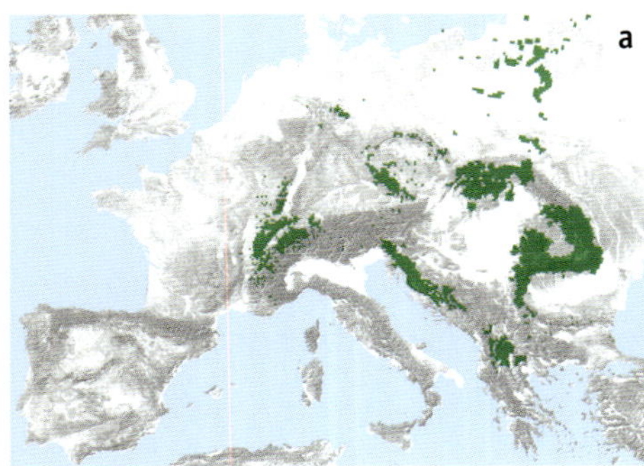

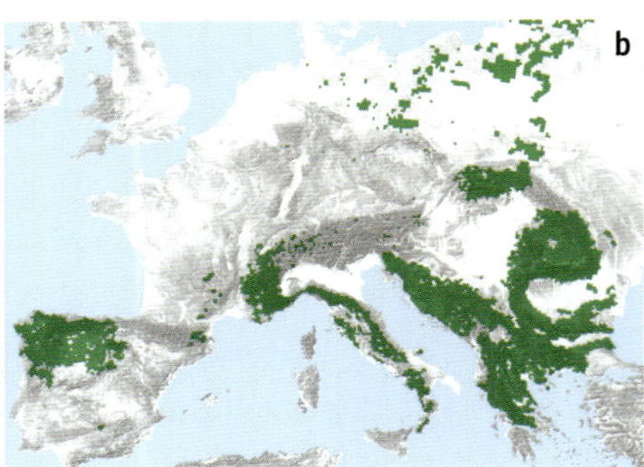

Abb. 5.3: Aktuelle Verbreitung der drei großen Beutegreifer Luchs (a), Wolf (b) und Braunbär (c) in Europa südlich von Skandinavien; Datengrundlage Großraubtiere: Chapron et al. 2014; Hillshade: OpenStreetMap (OSM), CreativeCommons Attribution-Share Alike 2.0.

5.2.4 Zieldefinition

Erhaltung selbstständig überlebensfähiger Populationen

Wo einheimische Arten Lebensraum finden, haben sie Lebensrecht. Demgemäß besteht die Zielsetzung, dass Luchs, Wolf und Braunbär die geeigneten Lebensräume in den Alpen und im Jura wieder besiedeln. Die Berner Konvention, die Bonner Konvention, die Alpenkonvention und die Habitatdirektive der Europäischen Union verlangen, dass diese Arten langfristig überlebensfähige Populationen bilden. Die Empfehlungen der Large Carnivore Initiative of Europe (LCIE) sowie die Richtlinien der IUCN gehen dahin, dass für die Erhaltung der großen Beutegreifer, welche sehr weit wandern und große Räume beanspruchen, ein Populationsschutzansatz anstelle des Schutzes über einzelne Länder gewählt wird. Dementsprechend fordert die Plattform «Wildtiere und Gesellschaft/Wildlife and Society» (WISO) der Alpenkonvention für den Luchs eine minimale Luchsdichte von 1,3 Luchsen mit einem Alter von mehr als einem Jahr pro

100 km² geeigneten Lebensraum in allen Alpenländern (Schnidrig et al. 2016a). Um die Alpenwolfpopulation in günstigem Erhaltungszustand zu bewahren, fordert die Plattform WISO mindestens 125 Wolfsrudel zwischen Nizza und Ljubljana, solidarisch aufgeteilt zwischen den Alpenländern (Schnidrig et al. 2016b). Die Bärenvorkommen im Trentino sind über Slowenien, das Friaul und Österreich mit der Balkanpopulation zu verbinden.

Minimierung von Konflikten

Durch Luchs, Wolf und Braunbär verursachte Schäden an Nutztieren oder menschlichen Einrichtungen sind durch Präventionsmaßnahmen minimiert und überschreiten ein zumutbares Maß nicht. Was zumutbar heißt, muss im Rahmen artspezifischer Konzepte definiert sein (siehe zum Beispiel Konzept Wolf Schweiz). Konflikte zwischen der Anwesenheit von Wolf und Braunbär mit dem Sicherheitsbedürfnis der Bevölkerung werden durch Aufklärung, Präventionsmaßnahmen und den Abschuss problematischer Einzeltiere vermieden. Das Erreichen dieses Ziels ist eng damit verknüpft, dass sich Wolf und Braunbär nicht über menschenbedingte Futterquellen an die Präsenz des Menschen gewöhnen und so die Scheu verlieren.

Angepasste Huftierbestände zur Entschärfung von Waldverjüngungsproblemen

Luchs und Wolf können ihre Rolle im funktionalen Gefüge des Ökosystems Wildhuftiere – Beutegreifer – Waldverjüngung spielen (z. B. Kupferschmid & Bollmann 2016). Waldbewirtschafter erwarten von der Rückkehr der großen Beutegreifer eine Entspannung des Wald-Wildhuftier-Konflikts. Diese Erwartung stützt sich auf folgende Annahme: Wölfe und Luchse sind in der Lage, Wildhuftierbestände zu regulieren und deren Raumnutzung so zu beeinflussen, dass zeitliche und räumliche Fenster für die natürliche Waldverjüngung entstehen.

Regulierung von Luchs- und Wolfbeständen

In mehreren Ländern Mitteleuropas wird aktuell über die Möglichkeit debattiert, Bestände von Luchs und Wolf dort aktiv zu regulieren, wo diese ihre Beutetierbestände stark reduzieren, trotz Herdenschutzmaßnahmen Übergriffe auf Nutztiere auftreten und Wölfe zunehmend in den Siedlungen der Menschen auftauchen. Die Befürworter erhoffen sich dadurch eine bessere Akzeptanz der Großraubtiere in der Bevölkerung (Ventilfunktion), weniger illegale Tötungen und damit unter dem Strich eine verbesserte Überlebenschance der Populationen. In Ländern mit hohen Vorkommen an großen Beutegreifer (zum Beispiel Russland und mehrere ostmitteleuropäische Länder) werden Luchs, Wolf und Braunbär kontrolliert bejagt. Auch in Mitteleuropa kann die Regulation von hohen Luchs- und Wolfbeständen akzeptiert werden, sofern die Länder ihren Beitrag zur Erhaltung von selbstständig überlebensfähigen Populationen leisten.

5.2.5 Maßnahmen

Das Management der großen Beutegreifer steht auf drei Säulen. Erstens, die Prävention, sie umfasst den Schutz der Nutztiere, den Umgang mit Abfällen und anderen menschenbedingten Futterquellen, aber auch Maßnahmen zur Information der Bevölkerung und Förderung der Akzeptanz. Zweitens, eine Schadenvergütung kommt vor allem bei Übergriffen auf Nutztiere oder dem Zerstören von Bienenstöcken zum Tragen. Drittens, eine Intervention kann die Entnahme einzelner Großraubtiere bedeuten, wenn die Schäden ein untragbares Maß überschreiten oder eine Gefahr für den Menschen besteht.

Populationsbasiertes Management über die Landesgrenzen hinweg

Große Beutegreifer kennen die vom Menschen definierten räumlichen Einheiten (Länder, Kantone usw.) nicht und nutzen sehr große Räume. Langfristig überlebensfähige Populationen können deshalb in Mitteleuropa nur länderübergreifend entstehen. Folglich müssen auch die Erhaltung und das Management dieser Arten international koordiniert werden. Auf verschiedenen Ebenen findet eine solche Kooperation statt: Im Rahmen der LCIE erarbeitete eine internationale Gruppe von Spezialisten Richtlinien für das Management der Großraubtiere auf Populationsniveau in Europa. Unter dem Dach der Alpenkonvention entstand die Plattform WISO mit dem Ziel, Lösungen für ein integratives Management der Großraubtiere und Wildhuftiere zu finden. Aus der Plattform WISO heraus bildete sich das Projekt RowAlps (Recovery of Wildlife in the Alps), welches über alle Alpenländer hinweg die ökologischen Parameter, die verschiedenen Wildtiermanagementsysteme und die soziopolitischen Rahmenbedingungen zusammenstellte (Breitenmoser et al. 2016). Darauf aufbauend wurden anschließend mit Blick auf die WISO-Richtlinien, die ein gemeinsames und solidarischen Vorgehen aller Alpenländer vorsehen, behördenorientierte Handlungsziele und Maßnahmen für die Ausbreitung und die Erhaltung von Wolf und Luchs im Alpenraum erarbeitet (Schnidrig et al. 2016a, b). Das Monitoring der Luchsbestände im Alpenraum wird über das Projekt

«Status and Conservation of the Alpine Lynx Population» (SCALP) harmonisiert und koordiniert. Auch für das Monitoring der Wolfsbestände in den Alpenländern ist die Harmonisierung der Methoden geplant, unter dem Schirm der WISO-Plattform.

Schutz der Nutztiere vor Prädation/Herdenschutz

Beim Umgang mit dem Risiko von Übergriffen durch Großraubtiere auf Nutztiere gilt das Prinzip *Prävention vor Abgeltung vor Intervention* (siehe Abb. 2.13). Entsprechend unterstützen die Behörden Maßnahmen, um die Nutztierherden in Gebieten mit großen Beutegreifern zu schützen. Im Bereich der Heimweiden und Maiensäße kommen vor allem Zäune zum Einsatz, eventuell in Kombination mit Herdenschutzhunden. Im Sömmerungsgebiet werden in erster Linie Herdenschutzhunde eingesetzt, welche gezielt auf Kompatibilität mit Schafen und ihre selbstständige Arbeit in der Nutztierherde gezüchtet und von Anfang an mit Schafen sozialisiert werden (Mosler-Berger 2013). Diese Methode wird in Ländern wie Italien oder Rumänien seit Jahrhunderten eingesetzt. Damit Herdenschutzhunde effizienten Schutz bieten, sollten die Herden groß genug sein, was gegebenenfalls Herdenzusammenlegungen erfordert. Eine permanente Behirtung und Nachtpferche garantieren eine gute Betreuung der Herde und schaffen eine optimale Voraussetzung für einen wirksamen Herdenschutz.

Bei kleinen, unbehirteten Herden und unübersichtlichem Gelände funktioniert der Schutz mit Herdenschutzhunden nicht mehr effizient. Weitere Probleme sehen Kritiker der Methode in der Futterversorgung der Hunde, der Überbrückung der Wintersaison sowie dem Verhalten gegenüber Freizeitnutzenden. Mit Eseln und Lamas, die andernorts zur Abwehr von Beutegreifern eingesetzt werden, träten diese Probleme nicht auf. Tests mit diesen Arten in Mitteleuropa zeigten jedoch bislang nicht die gewünschte Wirkung, insbesondere nicht in Anwesenheit von Wolfsrudeln.

Wird doch ein Nutztier gerissen, entschädigen die meisten Länder Mitteleuropas seinen Wert. Mit einer guten Ausbildung, Erfahrung und frühzeitigem Erscheinen am Ort können Wildhüter und andere Fachpersonen Risse mit großer Sicherheit einem bestimmten Beutegreifer zuordnen (Molinari et al. 2000). Wird am Riss zudem eine Probe für genetische Analysen genommen (Speichel, Kot, Haare), kann diese im Labor der verursachenden Tierart oder sogar einem Individuum und dessen Herkunft zugewiesen werden.

Wie bleiben Großraubtiere wild? Bedeutung des Abfallmanagements

Bereits bevor in einer Region Braunbären einwandern, sind Maßnahmen zu treffen, damit sich Bären und Wölfe nicht auf anthropogene Nahrungsquellen spezialisieren respektive konditioniert werden. Stellen wir uns einen Abfalleimer an einer tagsüber stark befahrenen Passstraße vor. Ein rastender Autofahrer schafft nicht das ganze Sandwich und schiebt den Rest in den Abfalleimer. In der Nacht kommt ein Braunbär in der Nähe vorbei, riecht das Brot und kann trotz des anhaftenden menschlichen Geruchs nicht widerstehen. Daraus lernt der Bär, dass in der Nähe des Menschen attraktives Futter einfach zu erreichen ist und ihm dabei nichts passiert. Mit dem Leckerbissen wird er für sein Verhalten belohnt. Wiederholen sich solche Gelegenheiten, wird der Bär sein Futter auch in der Nähe von oder gar in Siedlungen suchen. Eine solchermaßen futterkonditionierte Bärin wird dieses Verhalten zudem an ihre Jungen weitergeben.

Abb. 5.4: Im Umgang mit dem Braunbären ist der Schutz anthropogener Futterquellen eine entscheidende Maßnahme, um die Attraktivität von Siedlungen und Abfallkübeln entlang von Verkehrsinfrastruktur einzudämmen. Zum Einsatz kommen u. a. bärensichere Abfallbehälter, deren Tauglichkeit im Bärengehege des Natur- und Tierparks Goldau überprüft wurde.

Im Lebensraum von Braunbären sollten deshalb keine künstlichen Futterquellen vorkommen, sodass sich die Braunbären ausschließlich natürlich ernähren müssen, ihre Scheu nicht verlieren und entsprechend kaum in Konflikt mit dem Menschen geraten. Ein Pilotprojekt im Münstertal (Graubünden, Schweiz) hat eine Anzahl von rund 2300 menschenbedingten Futterquellen auf rund 200 km² ergeben. Sollen die für den Bären leicht zugänglichen und attraktiven Futterquellen entfernt oder gesichert werden, sind dies noch immer rund 1300 (Rempfler et al. 2009).

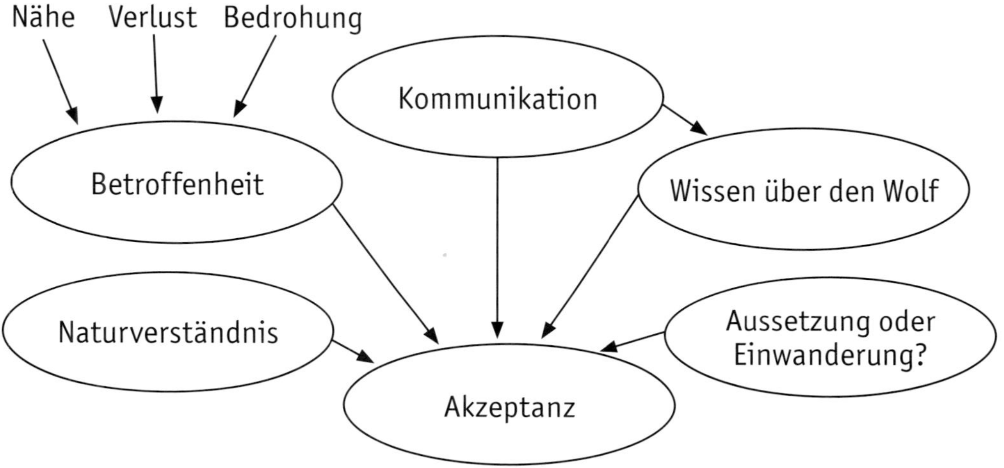

Abb. 5.5: Die Akzeptanz von Luchs, Wolf und Braunbär in der Bevölkerung hängt von verschiedenen Faktoren ab, welche einerseits gegeben sind, sich anderseits kurz- oder mittelfristig ändern und steuerbar sind (abgeändert nach Wallner & Hunziker 2001). Die Ablehnung ist vor der Rückkehr am größten, mit zunehmender Erfahrung nach der Etablierung einer Art sinkt der Anteil der Personen mit einer negativen Haltung.

Akzeptanzförderung

In den meisten Ländern hängt die Entwicklung der Populationen von Luchs, Wolf und Braunbär direkt von deren Akzeptanz in der Bevölkerung ab. Ist diese Akzeptanz nicht gegeben, stellen meist illegale Tötungen eine bedeutende Todesursache dar und es ist für die Behörden schwierig, den gesetzlich verankerten Schutz der großen Beutegreifer umzusetzen. Die Dimension Mensch spielt also in diesem Konflikt eine Hauptrolle. Entsprechend sind in der Praxis des Managements eine proaktive und offene Information, geschickte Kommunikation und eine aktive Mitwirkung der betroffenen Bevölkerung von erheblicher Bedeutung.

Wiederansiedlung und Umsiedlung

In jeder Situation ist neu zu beurteilen, ob Wiederansiedlungen oder Umsiedlungen zur Bestandsstützung sinnvoll sind, wobei die Kriterien der IUCN als Leitlinien gelten sollen (IUCN/SSC 2013). Aktuell werden Luchse aus der Schweiz nach Deutschland umgesiedelt, um dort weitere Subpopulationen zu etablieren. Die gesamte Alpenpopulation des Luchses wird momentan auf rund 130 Tiere (älter als einjährig) geschätzt (Breitenmoser et al. 2016) und ist aufgeteilt auf mehrere Subpopulationen, die nur bedingt im Austausch stehen. Die Alpenpopulation kann deshalb noch nicht als langfristig überlebensfähig gelten. Eine Zunahme der Gesamtpopulation sowie eine Wiederbesiedlung des angestammten Areals sind zur sicheren Erhaltung der Alpenpopulation notwendig.

Anders als der Luchs besiedelt der Wolf neue Gebiete sehr rasch selbstständig. Die Behörden verzichten deshalb in allen Ländern Mitteleuropas auf Umsiedlungen, um der Akzeptanz in der Bevölkerung nicht zusätzlich zu schaden.

Entfernung schadenstiftender und wenig scheuer Tiere

Nationale oder regionale Konzepte enthalten Schadengrenzwerte (Anzahl gerissene Nutztiere in einem bestimmten Zeitraum in einem bestimmten Gebiet), bei deren Überschreiten der Abschuss einzelner Luchse oder Wölfe gerechtfertigt ist. Beim Braunbären gibt es die Einstufung in Normalbär, Problembär und Risikobär (BAFU 2016a). Risikobären werden in den meisten europäischen Ländern mit Bärenvorkommen durch Abschuss oder Einfang entfernt. Aus Tierschutzkreisen gibt es die Forderung, Risikobären sollten lebend gefangen und in Gehegen gehalten werden. Da wild lebende Braunbären in Gefangenschaft mit hoher Wahrscheinlichkeit Stereotypien entwickeln und stark leiden, wird diese Variante von den Behörden aus wildtierbiologischer und tierethischer Sicht abgelehnt. Die Entnahme von Risikobären oder Wölfen, welche ihre Nahrung nahe menschlicher Einrichtungen suchen, bewirkt langfristig, dass beide Arten eine angeborene Scheu vor dem Menschen bewahren. Nach dem Prinzip «Prävention vor Intervention» sollte der Schwerpunkt aber immer zuerst auf Maßnahmen wie Herdenschutz und Abfallmanagement liegen, damit große Beutegreifer ihr Futter nicht in der Nähe der Menschen suchen und zu «Problemtieren» werden.

Regulierung hoher Bestände

In einigen Regionen ist der Druck aus Jagd- und Landwirtschaftskreisen groß, die Populationen großer Beutegreifer behördlich zu regulieren oder jagdlich zu nutzen. Frankreich hat eine solche Regelung, die unter bestimmten Umständen einen «tir de prélèvement» vorsieht. In der Schweiz sind die Behörden von Bund und Kantonen der Meinung, dass die Akzeptanz der Großraubtiere – und damit deren Erhaltung – über die Möglichkeit zur Regulation besser zu erreichen ist als durch eine Totalschutzstrategie (BAFU 2016c).

Es gibt zwei unterschiedliche Positionen. Die eine unterstützt eine Regulation, falls bestimmte Bedingungen wie «grundsätzliches Lebensrecht, wo Lebensraum» oder «artenschützerisch notwendige Dichte erreicht» erfüllt sind. Die andere plädiert für den Verzicht auf Eingriffe beziehungsweise auf eine Bestandsregulation mit der Begründung, die Arten unterliegen aufgrund ihrer Territorialitäts- und Sozialsysteme einer Selbstregulation. Es steht also der Ansatz, Eingriffe zu ermöglichen, falls bestimmte Voraussetzungen erfüllt sind, dem Ansatz gegenüber, nur dann einzugreifen, falls dichteabhängige beziehungsweise selbstregulatorische Effekte und Präventionsmaßnahmen eine unzureichende Wirkung erzielen. Hinter dieser Kontroverse stehen neben wildtierbiologischen Aspekten in hohem Maße auch soziopolitische Betrachtungen und Weltanschauungen. Im Umgang mit Beutegreifern wird die Frage nach Gewährenlassen oder Eingreifen deshalb weniger über die fachliche Schiene beantwortet als vielmehr über die Gesellschaftspolitik.

Verkehr/Wildtierkorridore

Der Verkehr stellt eine bedeutende Todesursache für die weit wandernden großen Beutegreifer dar. Das wird einer der Hauptgründe sein, weshalb sich Großraubtiere in den dicht besiedelten Gebieten des Tieflands nicht langfristig ansiedeln werden, auch wenn das Futterangebot vorhanden wäre. Um den großräumigen und notwendigen Austausch zwischen den Teilpopulationen zu gewährleisten (zum Beispiel beim Luchs zwischen Alpen und Jura), kommt der Erhaltung und Förderung der Wildtierkorridore eine große Bedeutung zu.

5.2.6 Monitoring

Die Länder Mitteleuropas sind rechtlich verpflichtet, die Entwicklung der Populationen der großen Beutegreifer zu überwachen. Dafür haben sich folgende Methoden etabliert:

Luchsmonitoring wird heute vorwiegend mit Fotofallen durchgeführt, da sich die Individuen aufgrund ihrer Fellmusterung erkennen lassen. Wird eine ausreichende Anzahl Fotofallen systematisch platziert, kann der Luchsbestand im Nachhinein mit statistischen Methoden geschätzt werden (z. B. Zimmermann et al. 2013).

Bei der aktuell stattfindenden Etablierung der Wolfspopulationen in der Schweiz oder auch in Deutschland ist nicht nur die Anzahl Tiere, sondern auch deren Herkunft relevant. Bei Hinweis auf Präsenz eines Wolfs werden deshalb nach Möglichkeit Proben für genetische Analysen gesammelt (Kot, Haare, Speichel), um das Individuum und seine Herkunft im Labor zu bestimmen. Zusätzliche Informationen liefern Fotofallen und zufällige Beobachtungen. Akustische Aufnahmen von Wolfsgeheul lassen sich zudem auf unterschiedliche Individuen und etwaige Jungtiere analysieren.

Beim Monitoring von Bären kommen ebenfalls genetische Analysen zur Anwendung. Oft können die Aufenthaltsorte und Wanderungen von Bären aber auch über Direktbeobachtungen und die Registrierung von Schadensvorfällen dokumentiert werden.

5.2.7 Perspektiven und Szenarien

Die Meinung, große Beutegreifer hätten heute keinen Platz mehr in Mitteleuropa, wird oft geäußert, die Tiere belehren uns aber eines Besseren. Die Fakten und die Erfahrungen der jüngsten Zeit zeigen, dass Luchs, Wolf und Braunbär gut mit den Infrastrukturen eines menschengeprägten Lebensraums umgehen können. Zudem stieg die Qualität des Lebensraums seit ihrem Verschwinden. Im Berggebiet nahm die Waldfläche massiv zu, während die Bevölkerung und die landwirtschaftlich bewirtschaftete Fläche abnahmen.

Um 1930 sömmerten im Vergleich zu heute nur etwa halb so viele Schafe in den Schweizer Alpen. Die aktuelle Dimension der Schafsömmerung muss deshalb nicht als Konstante gesehen werden. Mit der neuen Agrarpolitik entfällt in der Schweiz der Anreiz, möglichst viele Tiere zu sömmern. Dies könnte erleichtern, dass die Schafsömmerung auf diejenigen Gebiete eingeschränkt wird, die gemäß Direktzahlungsverordnung beweidbar sind und in denen die Schafe effizient und effektiv gegen Angriffe durch Wolf und Braunär geschützt werden können.

Die Gesellschaften Mitteleuropas gingen den Weg von der bedingungslosen Verfolgung der großen Beutegreifer hin zu einem gesetzlichen Schutz unter dem Vorbehalt von Maßnahmen bei unzumutbaren Schäden oder Risiken. Das war ein großer Schritt. Aktuell wird vor allem beim Wolf über weitergehende Bestandsregulationsmaßnahmen gesprochen, obwohl die entstehenden Schäden gesamtökonomisch nicht ins Gewicht fallen. Schon vor Jahrzehnten herrschte die Meinung vor, ein Zusammenleben mit den großen Beutegreifern sei nur möglich, wenn die Bergregionen die Möglichkeit erhalten, die Bestände zu regulieren (Breitenmoser & Breitenmoser-Würsten 2001).

Anderseits gibt es die These, der Mensch werde durch die zunehmende Entfremdung von der Natur aufgrund der Urbanisierung der Gesellschaft und der Technologisierung der Landwirtschaft zunehmend toleranter gegen das, was er als Wildnis empfindet (Roth 1986). Möglich wäre, dass die Gesellschaft einen weiteren Schritt macht und eine natürliche Populationsentwicklung des Wolfs zulässt, solange sich die Tiere nicht zu sehr dem Menschen annähern und damit Ängste wecken.

Ob die heutige Gesellschaft es toleriert, dass Luchsbestände reguliert werden, um die Bestände der Wildhuftiere zwecks höherer jagdlicher Nutzung anzuheben, ist fraglich.

Ein Abenteuer mit noch unbestimmtem Ausgang ist unserer Ansicht nach aber die Rückkehr des Braunbären in die Alpen. Sind die Bewohner der Täler im ganzen Alpenbogen wirklich bereit, mit mehreren Hundert Bären zusammenzuleben – und so viele braucht es, wenn von einer nachhaltig gesicherten und sich selbst erhaltenden Alpenbärpopulation gesprochen werden soll? Es kann funktionieren. Voraussetzungen dafür sind eine offene Kommunikation, eine effiziente Prävention hinsichtlich menschenverursachter Nahrungsquellen und der Schutz der Nutztiere, eine unbürokratische Schadenskompensation und frühzeitige Eingriffsmöglichkeiten im Umgang mit problematischen Braunbären.

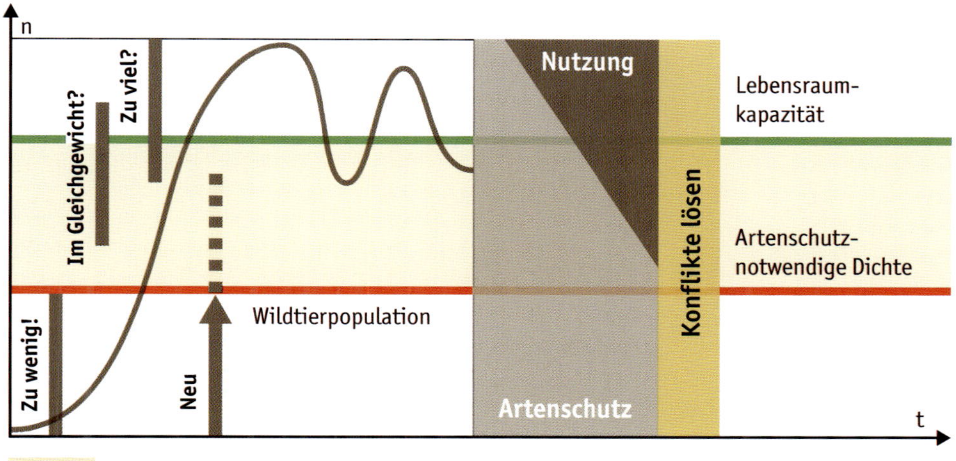

Abb. 5.6: Die soziopolitisch getragene Dichte muss sich oberhalb der artenschutz-notwendigen Dichte befinden. Sie dürfte aber immer unter die Lebensraumkapazität zu liegen kommen.

Ein Gleichgewicht zwischen Artenschutz, Konfliktminimierung und gesellschaftspolitischen Anliegen sowie zwischen Dogmatik und Pragmatik kann im Umgang mit den großen Beutegreifern Luchs, Wolf und Braunbär am besten dann entwickelt werden, wenn die Tiere eine große Verbreitung in der Fläche finden und in der Regulierung ihrer Zahl Spielräume bestehen. Diese gilt es nun auszuhandeln zwischen Fachpersonen, Behörden, Politik und Zivilgesellschaft.

Abb. 5.7: Einer der Konfliktpunkte, die im Umgang mit dem Braunbären zu Spannungen führen, sind geplünderte Bienenhäuschen oder -stöcke. Nicht immer, aber doch sehr häufig lassen sich diese mit Elektrozäunen erfolgreich sichern. Hier wird im Rahmen des Projekts zum Schutz anthropogener Nahrungsquellen in der Val Müstair ein Bienenhaus mit einem fünflitzigen Elektrozaun versehen.

Abb. 5.8: Um das Zusammenleben mit großen Beutegreifern wie dem Wolf in der Kulturlandschaft möglich zu machen, ist der Schutz der Kleinviehherden unumgänglich. Ein wirksames Instrument stellen Herdenschutzhunde dar, wie hier am Flüelapass in Graubünden.

Zur Koexistenz mit Großraubtieren in Mitteleuropa

Ein Interview mit Urs Breitenmoser, Mitbegründer und Leiter des Programms KORA (Koordinierte Forschungsprojekte zur Erhaltung und zum Management der Raubtiere in der Schweiz/Raubtierökologie und Wildtiermanagement)

Wie hat sich unsere Beziehung zu den drei großen Beutegreifern Luchs, Wolf und Braunbär verändert? Ist die Akzeptanz größer geworden?

Meinungsumfragen zeigen seit 30 Jahren etwa das gleiche Bild ohne klare Tendenz, daran hat auch die bessere Information wenig geändert. Beim Luchs ist allerdings die Beurteilung realistischer geworden: Hatte man zuerst vor ihm Angst und glaubte nicht, dass er bei uns leben kann, dreht sich heute die Debatte nüchterner darum, wie viele Luchse akzeptierbar sind. Bei Braunbär und Wolf hingegen werden die Meinungen noch viel stärker von Emotionen geprägt.

Funktionale Biodiversität: Warum sind die großen Beutegreifer wichtig für unsere Natur?

Räuber-Beute-Interaktionen haben eine starke wechselseitig-selektive, somit koevolutive Wirkung. Koevolution wirkt ständig und «schnell» und prägt Arten nachhaltig. Es ist daher wichtig, diese Wechselwirkungen zu erhalten. Das Übereinkommen über die biologische Vielfalt verlangte daher nicht nur das Erhalten der Arten, sondern auch der ökologischen Funktionen und des evolutiven Potenzials.

Was können wir im Umgang mit Luchs, Wolf und Braunbär lernen? Gibt es aus anthropozentrischer Sicht einen Nutzen dieser großen Beutegreifer?

Wenn anthropozentrisch hier wirtschaftlich heißt, zeigt das Konto «Großraubtiere» rote Zahlen. Aber angesichts der zunehmenden Zahl und der Macht von Homo sapiens ist die anthropozentrische Sicht ein Blick in die Sackgasse. Die Renaissance der großen Paarhufer und Beutegreifer in Europa beweist, dass große Tiere auch in der modernen Kulturlandschaft leben können – wenn wir uns mit ihnen arrangieren. Dieser neue Ansatz ist die einzige Chance für das Überleben der Megafauna auch in Afrika und Asien. Europa kann demonstrieren, dass es funktioniert.

Prognose für 2050: Wird der Wolf dann immer noch regelmäßig in den Schlagzeilen erscheinen oder wird sich die Gesellschaft an die Präsenz dieser Tierart gewöhnt haben?

Der Luchs erregt nach 45 Jahren noch immer die Gemüter. Beim Wolf mit seinem emotionalen Potenzial wird das noch ausgeprägter sein. Aber vielleicht findet dann die Debatte nicht mehr in Chur statt, sondern in Zürich, wo sich 2050 Franz Hohlers Vision von der Rückeroberung erfüllt und Wölfe im Hardturm einen Hirsch reißen …

Interaktionen zwischen Beutegreifern, ihren Beutetieren und Lebensräumen sind sehr komplex. Ist dies ein Hindernis zu einem einvernehmlichen Auskommen mit den großen Beutegreifern Luchs, Wolf und Braunbär?

Natürliche Tierpopulationen fluktuieren saisonal und langfristig. Unser Wildtiermanagement will Paarhuferbestände stabilisieren, um sowohl die Wünsche der Förster als auch die der Jäger zu erfüllen. Das ist oft ein Murks, weil gegen den natürlichen Trend. Nun bringen die großen Karnivoren einen weiteren Einflussfaktor. Wenn wir am Ziel stabiler Bestände festhalten, müssen wir die Jagd antizyklisch zu den natürlichen Einflussfaktoren gestalten, das heißt die Trends der Populationen verstehen und voraussagen sowie die Bedeutung additiver und kompensatorischer Mortalität berücksichtigen.

Kurzporträt: Urs Breitenmoser (geboren 1955) promovierte 1986 mit einer Arbeit zur Ökologie des Luchses. Nach Forschungsprojekten in der Schweiz und in Kanada wurde er 1992 an der Schweizerischen Tollwutzentrale an der Universität Bern zuständig für die Bekämpfung der Tollwut und ist heute wissenschaftlicher Mitarbeiter am Zentrum für Fisch- und Wildtiermedizin. Seit 1995 leitet er die Koordinierten Forschungsprojekte zur Erhaltung und zum Management der Raubtiere in der Schweiz (KORA) und seit 2000 zusammen mit seiner Frau Christine Breitenmoser-Würsten die IUCN Cat Specialist Group.

5.3 Rothirsch – überraschender Erfolg mit Folgen

Abb. 5.9: Im Schweizerischen Nationalpark (Bild) und in anderen Schutzgebieten ohne Jagddruck sind Rothirschrudel auch bei Tag sichtbar, wenn sie auf den baumlosen Weiden grasen.

5.3.1 Problematik und Hintergrund

Im Umgang mit dem Rothirsch sollen einerseits eine artgemäße Bestandsentwicklung zugelassen und gleichzeitig die Ansprüche des Menschen in Land- und Forstwirtschaft, Jagd und Freizeit erfüllt sowie die Infrastruktur geschützt werden. Ist dieser Spagat zu schaffen?

Der Rothirsch verfügt – mit Einschränkungen – über eine hohe Anpassungsfähigkeit und findet sich in unterschiedlichen Lebensräumen zurecht. Er besiedelt ausgedehnte Niederungen im Donauraum, inneralpine Täler wie das Engadin, nur wenig bewaldete Heiden in Schottland oder Reliktwälder des Atlas in Nordafrika. Auf europäischer Ebene kommt der Rothirsch im Osten und in den Alpen in Wäldern flächendeckend vor, während er im übrigen Europa in isolierten Beständen lebt, was allerdings keine natürlichen Ursachen hat, sondern durch die Zerschneidung der Landschaft und gezielte, überwiegend forstlich motivierte Managementmaßnahmen bedingt ist

(Wotschikowsky et al. 2006). Nachdem er im 19. Jahrhundert in Mitteleuropa fast ausgerottet worden war, besiedelte der Rothirsch im letzten Jahrhundert weite Teile seines ursprünglichen Verbreitungsgebiets. Diese Wiederbesiedlung ist noch immer in Gang. Dabei profitiert er von bestandsfördernden Landschaftsveränderungen, die im Zusammenspiel zu einem verbesserten Angebot an Nahrung und Deckung führten. Zu diesen Faktoren zählen die Intensivierung der Grünlandnutzung, die Düngewirkung durch Stickstoffeintrag aus der Luft, der Rückzug der Landwirtschaft aus vielen alpinen Tälern und damit einhergehend die Ausdehnung von Wald und Buschwald, die naturnahe Waldbewirtschaftung der letzten Jahrzehnte sowie die Klimaerwärmung. Dem steht gegenüber, dass in den letzten 50 Jahren zahlreiche Rothirschwanderwege durch den Bau von Verkehrsinfrastruktur weitgehend oder vollständig gekappt wurden. Auch wenn in den letzten Jahren manche dieser Korridore wieder durchlässig gemacht worden sind, bestimmen in vielen Regionen anthropogene Einflüsse die saisonale Verbreitung und die Migrationsrouten des Rothirschs.

Als Pflanzenfresser ernährt sich der Rothirsch während der Vegetationsperiode überwiegend von Gräsern, Kräutern und Sträuchern, bei Schneelage zusätzlich von Zweigen und Rinde höherwüchsiger Sträucher und Bäume (Schütz et al. 2012). Er beeinflusst das Wachstum seiner Nahrungspflanzen und kann auf die Waldentwicklung regional stark einwirken (Kupferschmid & Brang 2010). Dieser Vorgang ist konfliktbehaftet, insbesondere was die Schutzwälder betrifft. So kamen in der Schweiz schon bald nach der Wiedereinwanderung des Rothirschs erste Klagen über Wildschäden am Wald auf. Bis heute ist diese Thematik brisant. Oftmals stehen sich Definitionen von Schäden gegenüber, die unterschiedlicher nicht sein könnten. Forstleute sind für das Aufwachsen, die Erneuerung und die Nutzung des Waldes als Holzlieferant zuständig. Auf ihnen lastet auch die Verantwortung für die Erhaltung des Schutzwaldes in gebirgigen Regionen und somit oftmals auch direkt für den Schutz von Siedlungen und der Verkehrsinfrastruktur. Sie betrachten den Einfluss der Wildhuftiere auf den heranwachsenden Wald mit Sorge und stufen ihn nicht selten als schwerwiegend bis gravierend ein. Auf der anderen Seite bestehen gesetzliche Vorgaben dazu, Wildtieren, unter ihnen der Rothirsch, Lebensraum zu bieten. Hier besteht ein Spannungsfeld.

Ein weiteres Spannungsfeld ergibt sich aus der Störungsthematik: Engpässen in der Energieversorgung begegnet der Rothirsch durch saisonale Wanderungen und mit physiologischen Anpassungen in der Thermoregulation und des Verdauungstrakts. Anthropogene Einflüsse wie das Begehen von Wintereinständen oder sportliche Aktivitäten beeinträchtigen die Wirkung solcher Anpassungen oder verhindern sie ganz, was zu einem Kräfteverlust führt. Bei Überforderung kann es zu sogenannten Winter- oder Massensterben kommen, von denen insbesondere die schwächsten Tiere betroffen sind, junge und alte Individuen oder durch die Brunft geschwächte männliche Tiere.

Zudem stellt der Rothirsch ein begehrtes Jagdwild dar. Nach Einführung jagdrechtlicher Rahmenbedingungen, welche die Biologie der Art berücksichtigen, ist der Bestand zum Beispiel in der Schweiz auf rund 30 000 Tiere angewachsen. Alljährlich werden rund 10 000 Tiere erlegt.

Abb. 5.10: Baumrinde gehört zum Nahrungsspektrum des Rothirschs. Wo sich Hirsche konzentrieren, kann es zur fast vollständigen Schälung von Bäumen kommen, wie hier an einer Esche. Steht dieser Baum in einem Schutzwald, kann durch sein allfälliges Absterben – und das vieler weiterer Bäume – eine Schwächung der Schutzfunktion erwartet werden.

5.3.2 Zieldefinition

Als Grundsatz gilt, dass aktuelle Konzepte zum Rothirschmanagement die Biologie der Art, unter anderem Alters- und Sozialstruktur, Geschlechterverhältnis, Raumnutzung und Einflussnahme auf die Vegetation berücksichtigen. Dabei ist es das Ziel, die natürliche Waldverjüngung zu gewährleisten und gleichzeitig gesunde Wildtierpopulationen zu erreichen (BAFU 2010a).

Konkret sind folgende Ziele anzugehen (BAFU 2010a, modifiziert):

- Ein Rothirschbestand ist quantitativ an den Lebensraum angepasst und weist eine natürliche, regional angepasste Raumnutzung auf.
- Er ist bezüglich Alters- und Sozialklassen naturnah strukturiert und im Geschlechterverhältnis (GV) ausgeglichen oder leicht zugunsten der Weibchen verschoben.
- Das evolutionäre Potenzial beziehungsweise die genetische Vielfalt einer Population bleiben erhalten.

5.3.3 Maßnahmen

Lebensraumschutz, Biotophege und Raumnutzung

Die Einwirkung des Rothirschs auf seinen Lebensraum soll ein erträgliches Maß nicht überschreiten. Besonderer Wert wird dabei auf die natürliche Waldverjüngung und die Erhaltung von Schutzwäldern gelegt. Um zu beurteilen, was «erträglich» heißt, muss die Raumnutzung des Rothirschs berücksichtigt werden. Dank Rothirschmarkierung und moderner Telemetrietechnik wissen wir, dass die Art im Alpenraum saisonale Wanderungen durchführt (Blankenhorn et al. 1979, Haller 2002, Zweifel-Schielly 2006, Jenny et al. 2015). Der Rothirsch sucht Sommerlebensräume in höheren Lagen auf, verbleibt dort mehrere Monate, steigt zum Winter hin in tiefere Lagen ab und konzentriert sich in geeigneten Arealen mit hoher Sonneneinstrahlung, Ruhe und ausreichend Nahrung. Demnach müssen sowohl die Sommer- als auch die Wintereinstände sowie die Wanderkorridore dazwischen nutzbar sein. Welche Nutzung des Lebensraums noch erträglich oder bereits schädlich ist, wird am Zustand der Vegetation gemessen (BAFU 2010a). Es wird die jeweilige Zweckbestimmung eines Areals berücksichtigt, im Fokus stehen insbesondere Wälder mit Schutzfunktion.

In das ursprüngliche Raummuster des Rothirschs hat der Mensch nachhaltig eingegriffen. So sind Hirschwanderrouten durch technische Infrastrukturen wie Autobahnen, Bahntrassen, Siedlungs- und Industriebauten vielfach zerschnitten oder unzugänglich geworden. Zudem werden früher wenig begangene Areale im Hirschlebensraum durch Sport- und Freizeitbetrieb stark gestört. Des Weiteren spielt vor allem in Regionen mit grundeigentumsgebundener Jagd die Wildfütterung bei der räumlichen Lenkung des Rothirschs eine wichtige Rolle.

***Abb. 5.11:** Wo die Landschaft durch Infrastrukturanlagen nicht zerschnitten ist, steigen im Spätherbst viele Rothirsche aus ihren Sommerlebensräumen ab in tiefere Lagen, um zu überwintern. Beunruhigungen durch menschliche Aktivitäten können solche Verschiebungen räumlich und tageszeitlich beschränken oder ganz verunmöglichen.*

Als Maßnahmen für die unterschiedlichen Bedürfnisse des Rothirschs gelten:

- Großräumig sollen unterbrochene Wanderkorridore zwischen saisonal geeigneten Lebensraumarealen wieder zugänglich und miteinander verbunden werden. Diese meist sehr aufwendigen Maßnahmen können zum Beispiel in der Schweiz nur in Verbindung mit Sanierungsarbeiten ganzer Autobahnabschnitte geplant und umgesetzt werden. Im regionalen Rahmen werden heute auch Wildwarnanlagen eingesetzt, welche die tägliche Wanderung zwischen offenen Nahrungsflächen und Ruhearealen entlang von Hangflanken vor allem im Winterhalbjahr sicherer machen. Bleiben Rothirsche im Winter in den Ebenen zum Beispiel des Rheintals ungestört, verharren sie dort über längere Zeit und sparen sich damit den Aufwand für den täglichen Wechsel zwischen Tal- und Hanglagen.
- Rothirsche verlieren durch Störung vor allem im Winterhalbjahr Energie (Arnold et al. 2004, Ingold 2005). Summieren sich Störreize, zehren Ausweichbewegungen an den Kräftereserven der Hirsche, was vor allem bei ohnehin stark belasteten Altersklassen existenzbedrohlich werden kann. Um diesen Energieverschleiß in Grenzen zu halten, werden Wildruhezonen ausgeschieden. Je nach Land und Rechtslage bestehen dort saisonale Betretungsverbote unterschiedlicher Ausprägung, die vor allem die sportlichen Aktivitäten im Rahmen der Freizeitindustrie anpeilen. Doch auch Einzelpersonen ohne sportliche Ambitionen

ist der Zugang zu diesen Zonen untersagt. Rothirsche lernen schnell, solche Angebote zu nutzen.

- Der Rothirsch soll eine natürliche, regional angepasste Raumnutzung aufweisen. Eine solche liegt vor, wenn er zwischen den traditionell genutzten Sommer- und Winterlebensräumen ungehindert migrieren kann. Dazu gehört auch die Befriedigung der tageszeitlich unterschiedlichen Bedürfnisse nach Nahrung und Deckung. Dies erfordert heute im Alpenraum ruhige Wälder mit der Möglichkeit zum Austritt in offenes Grasland.
- Mit angepasster Pflege von Wäldern und Offenflächen soll das Nahrungsangebot verbessert werden. Dabei können beispielsweise einwachsende Alpweiden, die aus der landwirtschaftlichen Nutzung gefallen sind, für den Rothirsch freigeschnitten werden. Auch das Anpflanzen oder Zulassen von Weichhölzern kann die Nahrungsbasis aufwerten und das Schadenspotenzial reduzieren.
- In verschiedenen Regionen der Alpen werden Wildtierschutzgebiete eingerichtet, in denen die Jagd untersagt ist. Diese Maßnahme hat die Raumverteilung des Rothirschs verändert. Erwachsene Hirsche haben sehr schnell registriert, wo sie bejagt werden und wo nicht. Vor allem mittelalte und ältere männliche Hirsche bevorzugen Brunftplätze in solchen Arealen und sorgen damit für eine gleichmäßigere Verteilung des Hirschbestands im Raum (Haller & Jenny 2013).
- Nach dem bayrisch-österreichischen Modell werden Räume mit und ohne Rothirsche definiert. In den Toleranzräumen sollte nach einem üblichen Management vorgegangen werden, während in den «Nicht-Rothirschräumen» alle Rothirsche geschossen werden müssten. Es handelt sich dabei um eine problematische Konstruktion – sozusagen ein Zaun aus Gewehren –, die dem natürlichen Raumnutzungsverhalten des Rothirschs nicht gerecht wird und zudem die Art zum Schädling und zur gehetzten Tierart abstempelt. In der Schweiz gilt der Grundsatz: wo Lebensraum, da Lebensrecht. Wildtiere sollen sich demnach in Zeit und Raum frei bewegen können. Mit den beiden nicht grundeigentumsgebundenen Jagdformen Patent- und Revierjagd schweizerischer Prägung (siehe Kapitel 2.6.5.) wäre es in der Praxis nicht möglich, den Rothirsch auf bestimmte Areale zu beschränken. Deshalb nehmen Verwaltung und Jagdbetrieb von der Idee rothirschfreier Räume Abstand und stellen sich darauf ein, dass die Art im Lauf der kommenden Jahre alle geeigneten Lebensräume besiedeln wird.
- In welchem Ausmaß ein Lebensraum durch den Rothirsch und weitere Pflanzenfresser genutzt wird, lässt sich einerseits über den Zustand der Nahrungs-

pflanzen, andererseits über die Konstitution und die Kondition der dort lebenden Tiere messen. Das Monitoring der Vegetation und des Zustands der Hirsche sowie die Bestandsentwicklung über die Zeit liefern entscheidende Grundlagen für die Jagdplanung.

Abb. 5.12: Männliche Rothirsche bilden im Sommer eigene Rudel. In dieser Zeit wächst das Geweih heran.

Erhaltung einer naturnahen Bestandsstruktur

Beim Rothirsch gehen die männlichen und die weiblichen Tiere über weite Teile des Jahresverlaufs «getrennte Wege». Die männlichen Tiere finden sich nach der herbstlichen Brunft in kleineren oder größeren Gruppen zusammen und verbleiben dort bis zum Abschluss des Geweihwachstums im folgenden Sommer. Vor der Brunft lösen sich diese Gruppen auf. Dominante Hirsche ziehen zu Brunftplätzen, wo sich die Weibchenrudel einfinden. Auch nicht dominante Hirsche werden vom Brunftgeschehen angezogen und wandern auf der Suche nach Fortpflanzungsmöglichkeiten unruhig umher.

Die weiblichen Tiere halten sich in Rudeln auf, die sich je nach Jahreszeit mehr oder weniger stark aufsplittern und wieder vereinen. Diese Rudel bestehen nicht aus einer Ansammlung anonymer Einzeltiere, sondern aus einer Aggregation kleiner sozialer

Einheiten aus Muttertier, letztjährigem Jungtier und Hirschkalb des aktuellen Jahres (Gynopädium). Junge männliche Tiere verlassen die Familiengruppe im zweiten oder dritten Lebensjahr und schließen sich Hirschrudeln an. Junge Weibchen bleiben Teil des Herkunftsrudels, übernehmen im Lauf der Zeit ihre Rolle als Mutter und Leiterin ihrer Familiengruppe und halten mit ihren weiblichen Verwandten aber weiterhin Verbindung.

Der Rothirsch verfügt über ein hohes Fortpflanzungspotenzial. Rund zehn Kälber kann eine Hirschkuh im Lauf ihres Lebens zur Welt bringen. Eine solch hohe Reproduktion entwickeln Arten, die zahlreiche Abgänge verkraften müssen. Sie werden dadurch aber auch befähigt, schnell auf gute Verhältnisse zu reagieren und neue Areale zu besiedeln.

Abb. 5.13: Der Rothirsch verfügt über eine hohe Reproduktionsleistung. Rund zehn Kälber kann eine Hirschkuh in ihrem Leben zur Welt bringen.

Heute gilt als gesichert, dass Rothirsch und Wolf koevoluiert sind. Wo sie sympatrisch leben, nimmt der Beutegreifer an der Spitze der Nahrungspyramide Einfluss auf die Raumverteilung und die Bestandsgröße des Beutetiers. Auch wo der Wolf fehlt, wirken Faktoren wie begrenzte natürliche Ressourcen, meteorologische Entwicklungen, das Ausmaß an Störung und die Verteilung von Schutzgebieten und jagdlich genutzten Arealen auf den Bestand. Ob der Bestand zunimmt, abnimmt oder konstant bleibt, hängt – neben den genannten natürlichen Faktoren – wesentlich vom aktiven Umgang des Menschen mit dem Rothirsch ab.

Angestrebt wird heute ein Bestand mit möglichst naturnaher Alters- und Sozialstruktur. Dies war nicht immer so. Ein Blick zurück lässt schnell erkennen, dass in der Vergangenheit Ziele verfolgt und Mittel angewandt worden sind, die aus aktueller Sicht nicht immer erfolgreich waren. So führte die Bevorzugung männlicher Tiere auf der Jagd zu einem Überhang an reproduzierenden Kühen und in der Folge zu einer Beschleunigung des Populationswachstums. Außerdem konzentrierte sich die Jagd insbesondere auf starke mittelalte und ältere männliche Tiere, welche während der Brunft die Raumorganisation bestimmen. Sind diese Altersklassen untervertreten, kommt es zu einer Desorganisation der Population. Unter anderem zieht sich die Brunft zeitlich in die Länge, was im Folgejahr zu mehr Spätgeburten führt. Spät geborene Hirschkälber überleben den ersten Winter im Vergleich mit zur Hauptsetzzeit geborenen Kälbern seltener. Ferner kann auch die natürliche Selektion nicht so ansetzen wie in einer naturnah strukturierten Population.

Wesentlichen Anteil an einer natürlichen Struktur hat somit die Schonung der mittelalten Tiere. Andrerseits muss aus dem gleichen Grund in die Jugendklasse eingegriffen werden. Je nach Zielsetzung eines Managements fällt dieser Eingriff unterschiedlich groß aus.

Abb. 5.14: Kommen Wolf und Rothirsch im gleichen Lebensraum vor, bewirkt der Prädator Veränderungen im Bestand und im Raumverhalten des Rothirschs.

Das Geschlechterverhältnis soll ausgeglichen oder leicht zugunsten der Weibchen verschoben sein, wie es sich natürlicherweise in unbejagten Beständen unter dem Einfluss großer Beutegreifer einstellt. In einer natürlich strukturierten Population leben etwas mehr Weibchen als Männchen, da Männchen in manchen Lebensphasen höheren Risiken ausgesetzt sind und entsprechend häufiger frühzeitig sterben. Ein männliches Kalb hat einen höheren Energiebedarf als ein weibliches, wächst schneller und stirbt bei Nahrungsknappheit früher. Ein Adulter investiert in die Brunft viel Energie, und kann diese vor Winterbeginn nicht immer wiederaufbauen. Zudem kann ein Brunftbeteiligter in kämpferischen Auseinandersetzungen verletzt werden, was ein erhöhtes Sterberisiko mit sich bringt. Mit dem Ziel, einen Bestand wirksam zu regulieren, ist es unumgänglich, jagdlich auch in die Weibchen- und Jungtierklasse einzugreifen.

Abb. 5.15: Bleiben Wölfe ungestört, nutzen sie eine Beute fast vollständig, wie das Beispiel dieser gerissenen Hirschkuh zeigt (Calanda).

Solche Eingriffe galten früher als tabu und sind es teilweise noch heute. Hinter dieser Wertung des Abschusses von Hirschkalb und -kuh können sich ganz unterschiedliche Motive verbergen. Einerseits wird noch immer davon ausgegangen, dass wenige männliche Hirsche in der Lage sind, viele Kühe zu begatten und zu befruchten und deshalb wenige Stiere reichen, um die Art zu erhalten. Andererseits wird es als Angriff auf das Kapital eines Rothirschbestands gewertet, wenn weibliche Tiere geschossen werden. Des Weiteren wird es als moralisch nicht vertretbar erachtet, überhaupt auf weibliche, insbesondere trächtige Tiere und auf Jungtiere zu schießen. Alle diese Einwände können historisch zwar mit Tierzucht- und Tierschutzüberlegungen erklärt werden, verhindern im Wildtiermanagement aber das Erreichen zuvor definierter Ziele.

Erhaltung der genetischen Vielfalt

Bei der Rothirschbejagung soll die Selektion möglichst analog zur Auslese durch natürliche Mortalitätsfaktoren und Partnerwahl bei der Brunft erfolgen. So ist gesichert, dass das evolutionäre Potenzial beziehungsweise die genetische Vielfalt einer Population erhalten bleibt. Es kann also nicht alleiniges Kriterium sein, möglichst viele sogenannte kapitale Hirsche heranzuziehen. Denn wer weiß schon, welches Potenzial durch eine jahrzehntelange Auslese auf Geweihgröße verloren gegangen ist (beziehungsweise noch verloren geht), sich an veränderte Umweltbedingungen anzupassen? Und weshalb bevorzugen weibliche Hirsche nicht stets den 14-Ender, sondern lassen sich nicht selten von einem starken Achtender begatten? Außerdem: Welches sind die Eigenschaften, die eine Hirschkuh dazu befähigen, ihren Nachwuchs mit hoher Regelmäßigkeit ins Erwachsenenalter zu bringen, während andere Hirschkühe damit große Mühe haben? Man weiß aufgrund schottischer Studien inzwischen viel über die Tradition des sozialen Rangs, über die Vorteile, Kind einer starken und erfahrenen Mutter zu sein (Clutton-Brock et al. 1982). Solche Erkenntnisse direkt ins Management und in die Jagdpraxis umzusetzen, ist allerdings schwierig. Indirekt gelingt es aber am besten durch den angemessenen Schutz der starken Hirsche der mittleren Altersklasse.

5.3.4 Perspektiven

Mit den heutigen Methoden des Umweltmonitorings, der Jagdplanung und der Jagdpraxis kann der Bestand des Rothirschs, zumindest in der Schweiz, recht gut reguliert werden. Allerdings geben in der Öffentlichkeit die lange Jagdzeit in den Revierkantonen und die Zweiphasenjagd in den meisten Patentkantonen zu heftigen Kontroversen Anlass, die nicht selten Parlamente und Gerichte beschäftigen. Die Haltung zum Management einer so prominenten Art wird stark beeinflusst von der sogenannten Tradition. So war zum Beispiel die Winterfütterung in der Schweiz lange Zeit unüblich und kam erst in der zweiten Hälfte des letzten Jahrhunderts im großen Stil auf. Die Entdeckung des Zusammenhangs zwischen Winterfütterung und Schälschäden (Gossow 1988, Leitner & Reimoser 2000) sowie der Sachverhalt, dass Fütterungen das Raumnutzungsverhalten des Rothirschs stark verändern, führten in der Schweiz zum weitgehenden Verzicht dieser Unterstützungsmaßnahme. In anderen Regionen der Alpen wird dagegen stark auf die Wildfütterung gesetzt. Dabei geht es nicht nur um das angestrebte Wohlbefinden der gefütterten Tiere, sondern auch darum, den

Rothirsch im eigenen Einflussbereich und auf konstanter Höhe zu halten sowie die Fütterungsaktivitäten auch touristisch zu nutzen.

Die Vorstellung, einen Bestand auf einem konstanten Niveau zu halten und damit die Quantität und Qualität des der Jagd zur Verfügung stehenden Wildes zu sichern, orientiert sich an der Haustierhaltung und nicht an der Dynamik der Natur. Andererseits muss die Öffentlichkeit zur Kenntnis nehmen, dass mehr Dynamik bei einem Mangel an Ressourcen im gegebenen Raum zu Katastrophenereignissen wie Wintersterben beim Rothirsch führen kann.

In den letzten Jahrzehnten ließ sich beim Rothirsch in der Schweiz ein verstärkter Ausbreitungsdruck in Richtung Mittelland beobachten. Waren es anfänglich vereinzelte junge Stiere, die sich auf den Weg ins unbesiedelte Tiefland machten, so treten neuerdings immer häufiger kleinere Rudel auf (Rempfler 2013, Willisch 2016). Diese zunehmende Präsenz des Rothirschs in den Tieflandwäldern, in den Erholungswäldern der Städte und Agglomerationen stellt eine weitere Herausforderung an das Management der Art dar. Der Prozess ist in Gang, eine abschließende Beurteilung kann noch nicht erfolgen.

Abb. 5.16: Bei der Frage, wo sich Rothirsche im stadtnahen Sihlwald aufhalten, wurde die Raumnutzung mittels Fotofallen erfasst, wobei die unterschiedliche Ausformung des Geweihs einzelner Stiere Aussagen zum individuellen Verhalten zuließen.

Vorgaben des Bundes (Schweiz) für die Jagdplanung beim Rothirsch bei unterschiedlicher Zielsetzung (BAFU 2010b):

Stabilisierung des Bestands	
Geschlechterverhältnis bei Abschuss	1 : 1 (♂♂ : ♀♀)
Jungtieranteil bei Abschuss	25 % Kälber + ♀♀ 1 J / ♂♂ 1 J
Abschussquote	Zuwachs
Senkung des Bestands	
Geschlechterverhältnis bei Abschuss	1 : > 1,3 (♂♂ : ♀♀)
Jungtieranteil minimal bei Abschuss	35 %
Abschussquote	> Zuwachs
Anhebung des Bestands	
Geschlechterverhältnis bei Abschuss	eher 0,9 : 1 (♂♂ : ♀♀)
Jungtieranteil bei Abschuss	25 %
Abschussquote	< Zuwachs

Das Geschäft mit dem Rothirsch

Von allen Wildtierarten Europas, die jagdlich von Interesse sind, hat der Rothirsch global die größte ökonomische Bedeutung erlangt. Aus jagdlichen Motiven wurde die Art als Neozoon zum Beispiel nach Neuseeland und Argentinien verfrachtet. Wiederansiedlungen, die auch in der Schweiz mehrfach betrieben wurden, sollten eine flächige Ausbreitung der Art beschleunigen. Und Blutauffrischungen hatten zum Ziel, die Körpergröße der lokalen Hirsche zu steigern und die Endenfreudigkeit der Geweihe männlicher Hirsche zu erhöhen. Mit Methoden der Tierzucht und unter partieller oder vollständiger Umgehung der natürlichen Selektion werden «Superhirsche» herangezüchtet, die dem noch immer weit verbreiteten Kult um die Endenzahl starker Hirsche Vorschub leistet, ja diese Hirsche geradezu auf ihre Endenzahl reduziert. Diese Erscheinung orientiert sich in einem weltweiten Markt an der Nachfrage und gewinnt in Abhängigkeit vom Jagdsystem eine große jagdwirtschaftliche Bedeutung.

In Europa wird der Rothirsch verbreitet in Parks gehalten. Zumeist handelt es sich bei diesen Einrichtungen um Wildparks, die ursprünglich auf die Feudalzeit zurückgehen und später der Öffentlichkeit zugänglich gemacht wurden. Des Weiteren gibt es die Rothirschhaltung als einen speziellen Zweig der Primärproduktion. Genutzt werden das Fleisch, das Geweih, das Fell und allenfalls die Knochen. Die Hirschhaltung zu Erwerbszwecken auf die Spitze getrieben haben die Rothirschfarmer Neuseelands. Dort wird der Rothirsch in Gatterhaltung in ganz großem Stil produziert und es kommen dabei modernste Methoden der veterinären Fortpflanzungsmedizin zum Einsatz, wie die künstliche Besamung und der Embryotransfer. Bedient werden der koreanische Markt für Panten (Produkt der asiatischen Volksmedizin aus getrocknetem und pulverisiertem Bastgeweih), der chinesische Markt für Knochen, der europäische und nordamerikanische Markt für Fleisch. Dieser Umgang mit dem Rothirsch dürfte zwar ausgesprochen lukrativ sein, mit dem Wirken der natürlichen Selektion hat er aber nichts mehr zu tun. Vielmehr haben das Gewinnstreben, der Einfallsreichtum der Betreiber, besondere Vorlieben der sogenannten Volksmedizin und der Appetit der westlichen Welt auf Hirschfleisch aus dem Wildtier Rothirsch durch Zuchtauswahl und Fortpflanzungsmanipulation ein semidomestiziertes Wesen kreiert, das vor allem den Markt bedient.

Konzepte zur Bewältigung von Wald-Wild-Problemen

Ein Interview mit Nicole Imesch, selbstständige Wildtierbiologin

Die Bundesverwaltung hat im Jahr 2010 eine Vollzugshilfe zur Bewältigung von Wald-Wild-Problemen veröffentlicht. Sind diese Probleme damit gelöst?

Nein, so einfach geht's nicht. Aber es hat sich bis heute für viele Kantone als hilfreich erwiesen, konkrete Vorgaben zur Problemlösung beziehungsweise zur Erarbeitung und Umsetzung der in der Eidgenössischen Waldverordnung verlangten Wald-Wild-Konzepte zu haben. Dies hilft, die Diskussion auf eine sachliche Basis zu stellen.

Ein weiteres Argument für nationale Vorgaben ist, dass gewisse wildbiologische und waldbauliche Grundsätze gemäß der nationalen Gesetzgebung für die ganze Schweiz gelten, so zum Beispiel das Prinzip, dass eine Koexistenz von Wald und Wild ermöglicht werden muss oder auch die waldbaulichen Vorgaben im Schutzwald (NaiS; BAFU 2005). Dabei gilt es, als Wildbiologin die Probleme der Förster ernst zu nehmen, aber auch immer wieder darauf hinzuweisen, dass ein gewisser Wildeinfluss auf den Wald ein natürlicher Faktor ist. Es ist erst dann ein Wildschaden, wenn die Tragbarkeit aus sozioökonomischer Perspektive überschritten ist, was in einem Schutzwald schneller der Fall ist als in einem Wirtschaftswald. Der Rothirsch ist nicht in erster Linie ein Waldschädling, sondern eine sehr faszinierende und anspruchsvolle Tierart, die nicht umsonst als König der Wälder gilt!

Welches sind die höchsten Hürden zur Umsetzung der Vollzugshilfe?

Der Schlüsselfaktor für ein erfolgreiches Wald-Wild-Management findet sich nicht draußen im Wald oder beim Hirsch, sondern in den Köpfen der Beteiligten. Meine Erfahrung der letzten zehn Jahre am BAFU und bei diversen kantonalen Aufträgen seit meiner Selbstständigkeit hat gezeigt, dass die Situation sehr oft blockiert ist, weil der schwarze Peter zwischen den Akteuren hin und her geschoben wird. «Es muss nur mehr geschossen werden» oder «Es hat ja gar nicht genug Licht oder Samenbäume für eine Verjüngung»; solche Argumente hört man oft. Wichtig ist zu realisieren, dass es nicht die eine oder andere, sondern alle Maßnahmen braucht. Und zwar mit einem integralen Ansatz, da auch Maßnahmen zur Lebensraumverbesserung und -beruhigung im Bereich Landwirtschaft oder Freizeitnutzung zur Problemlösung beitragen. Es ist aber auch zu beachten, dass bessere Lebensräume alleine vor allem zu erhöhten Wildbeständen führen. Eine effiziente Basisregulierung ist deshalb unerlässlich.

Wald-Wild-Probleme zu lösen braucht also nicht nur wildbiologisches, waldbauliches und ökologisches Wissen, sondern ebenso viel psychologisches Geschick, damit alle Parteien ihre Verantwortung wahrnehmen und schlussendlich an einem Strang ziehen.

Kurzporträt: Nicole Imesch studierte Biologie an den Universitäten Fribourg und Neuchâtel und diplomierte 2004 über das Paarungsverhalten der Rothirschkühe im Schweizerischen Nationalpark. Als wissenschaftliche Mitarbeiterin war sie danach zehn Jahre im Bundesamt für Umwelt in den Bereichen Wald-Wild, Huftiermanagement und Waldbiodiversität tätig. Seit 2015 ist sie selbstständige Wildbiologin im Büro Wildkosmos GmbH. Nicole Imesch ist aktive Jägerin und seit 2016 Präsidentin der Schweizerischen Gesellschaft für Wildtierbiologie (SGW-SSBF).

5.4 Fuchs – ein flexibler Generalist

5.4.1 Problematik und Hintergrund

Der Rotfuchs (*Vulpes vulpes*) taucht in zahlreichen Märchen, Sprichwörtern und Kinderliedern auf und gibt zum Beispiel in den Fabeln von Jean de La Fontaine aus dem 17. Jahrhundert das Bild des gerissenen Denkers, des schlauen Kleinviehdiebs und manchmal auch des übertölpelten Verlierers. In der Realität bestehen zwischen Mensch und Fuchs seit Beginn der Sesshaftigkeit zahlreiche Berührungspunkte (Zimen 1980). Mit seinem schönen, ehemals wertvollen Winterpelz war er eine begehrte und lohnende Jagdbeute. Dennoch gehörte er zu den Beutegreifern und wurde wegen seiner Nahrung der Kategorie der zu dezimierenden «Schädlinge» zugeordnet. Die daraus folgende bedingungslose Verfolgung machte den Rotfuchs zu einem scheuen, nachtaktiven Tier, das zwar seine Nahrung durchaus auch in der Nähe des Menschen suchte, jedoch möglichst ohne dem Menschen zu begegnen.

In den letzten Jahrzehnten dürfte der Jagddruck auf den Rotfuchs regional abgenommen haben. Zudem wurde die Tollwut, eine Viruserkrankung, die auch für den Menschen gefährlich ist, in Mitteleuropa dank Impfkampagnen weitgehend ausgerottet (Breitenmoser et al. 2000, Zanoni et al. 2000). Seither liegt die Fuchspopulation in Ländern wie der Schweiz und Deutschland auf einem deutlich höheren Niveau (Gloor et al. 2006, Deplazes & Hegglin 2007).

Bis in die letzten Jahrzehnte des vergangenen Jahrhunderts besiedelte der Rotfuchs überwiegend den ländlichen Raum. Dann begann er zuerst in England und deutlich später auf dem Kontinent auch Siedlungen als Lebensraum zu nutzen. So soll es in der Schweiz noch in den 1990er-Jahren keine innerstädtischen Fuchspopulationen gegeben haben (Labhardt 1996). Heute erreicht der Fuchs in der Stadt sogar höhere Populationsdichten als auf dem Land (z. B. Janko et al. 2012), da er ein konstant hohes Nahrungsangebot, genügend Tagesverstecke und günstige Wurfplätze vorfindet. Zudem lebt der Rotfuchs in der Stadt in Familiengruppen, wohingegen auf dem Land jedes Paar ein Territorium gegen Artgenossen abgrenzt (Gloor et al. 2006).

In drei Bereichen gerät der Fuchs heutzutage mit menschlichen Interessen in Konflikt, allerdings in sehr unterschiedlichen Schweregraden:

- Wie im Kinderlied besungen, nutzt es der Fuchs aus, wenn kleine Nutztiere wie Geflügel oder Kaninchen nachts nicht sicher untergebracht sind.

Abb. 5.17: Der Rotfuchs ist ein anpassungsfähiger Prädator mittlerer Größe, der sich sowohl im Gebirge wie auch in der Stadt zurechtfindet. In Ackerbauregionen bieten ihm Maisfelder, in Flachmooren Schilffelder und in der Stadt Schrebergärten und Hinterhöfe reichlich Deckung. Im Bild richtet sich der Blick des Fuchses auf die Krickenten im Vordergrund.

- Meist erbeutet der Fuchs jedoch wild lebende Tiere, in erster Linie Mäuse, aber auch Feldhasen, Rehkitze und bodenbrütende Vögel wie Kiebitz, Feldlerche, Rebhuhn und verschiedene Raufußhühner. Regional gilt der Fuchs deshalb für Jäger als Konkurrent um Beute und im Naturschutz als Mortalitätsfaktor für gefährdete Arten.
- Der Fuchs wird von der Tollwut befallen und ist Endwirt für den Fuchsbandwurm. Beide sind auch für den Menschen gefährlich. Ferner zirkulieren Tierkrankheiten wie Staupe und Räude in der Fuchspopulation und können auf Haustiere übergehen.

5.4.2 Zieldefinition

Der Fuchs behält gegenüber dem Menschen seine Scheu, wahrt dadurch einen gewissen Abstand und lebt vorwiegend dämmerungs- und nachtaktiv. Konflikte werden dadurch minimiert.

In gewissen Regionen in Europa besteht die Zielsetzung, die Bestände der sogenannten Niederwildarten wie Feldhase, Rebhühner, Moorschneehühner und andere Raufußhühner zu maximieren, um möglichst hohe Jagderträge zu erzielen. Dafür werden Mesoprädatoren wie der Fuchs konsequent bejagt und auf tiefem Niveau gehalten.

Betreffend potenziell menschgefährdender Krankheiten gibt es zwei Ziele: Die Tollwut ist in Mitteleuropa ausgerottet und das Infektionsrisiko mit dem Fuchsbandwurm bleibt gering.

***Abb. 5.18:** Nicht alle von Räude befallene Füchse sterben an den Folgen dieser Krankheit. Es kommt auch zu milderen Verläufen, wie bei diesem Tier, dessen Rücken weitgehend haarfrei ist, das aber äußerlich noch vital aussieht.*

5.4.3 Maßnahmen

Präventionsmaßnahmen

Damit Füchse möglichst keine Konflikte verursachen, ist eine Fütterung strikt zu unterlassen. Andernfalls verlieren einzelne Individuen die Scheu vor dem Menschen und tradieren diese Vertrautheit in der eigenen Fuchsfamilie. Das in der Schweiz geltende Fütterungsverbot ist deshalb konsequent umzusetzen. Sehr wichtig ist zudem die Sensibilisierung der Bevölkerung für unbewusste, unbeabsichtigte Fütterung der Füchse über Haustierfutter oder attraktive Speisereste im Kompost.

Einzelabschuss/Einfang

Immer wieder treten einzelne Füchse auf, die ihre Scheu vor dem Menschen verloren haben und am Tag im Siedlungsraum erscheinen oder auf Höfen Jagd auf Haustiere machen. Diese Individuen werden meist entfernt, situativ mit einem Abschuss, im Siedlungsraum auch oft mit einer Kastenfalle.

Bestandsregulierung

Der Fuchs und auch die anderen mittelgroßen Beutegreifer Steinmarder und Dachs werden in der Schweiz bejagt (Jagd- und Fischereiverwalterkonferenz der Schweiz JFK-CSF-CCP 2014). Begründung für diese Jagd ist nur noch am Rande der Pelz, dafür stärker die Dezimierung des Fuchsbestands, um die Prädation auf Beutetiere wie Feldhasen, Rehkitze und bodenbrütende Vögel zu vermindern. Der Nutzen dieser Dezimierung wird unter Wildtierbiologen und Jägern kontrovers diskutiert. Eine nicht sehr intensive und über längere Zeiträume ausgeführte Bejagung wird die Fuchspopulation kaum entscheidend dezimieren, als dass dies in der Form höherer Dichten von Feldhasen oder anderen Beutetieren messbar wäre. Die Lebensraumqualität ist meist bedeutender für die Entwicklung gefährdeter Arten als der Faktor Prädation (z. B. Ludwig et al. 2010). Überbrückend und bei suboptimaler Lebensraumsituation kann die Regulierung des Fuchsbestands regional sinnvoll sein, um einen akut gefährdeten Bestand an möglichen Beutetieren so lange zu erhalten bis lebensraumfördernde Maßnahmen greifen. Zudem fördert die Jagd mit dem fortwährenden Eingreifen in Familienverbände räumliche Ausgleichsbewegungen und Kontakte unter den Füchsen, sodass Krankheiten eher übertragen werden dürften.

Prädatorenkontrolle

In Regionen Europas mit der Zielsetzung, die Niederwildjagd (Fasan, Rebhuhn, Moorschneehuhn, Feldhase, Wildkaninchen) zu maximieren, wird die Fuchsbejagung sehr konsequent umgesetzt. Mit dem Argument «Prädatorenkontrolle» werden oft auch andere kleine und mittelgroße Beutegreifer wie Marderartige dezimiert, teilweise – obwohl illegal – auch Greifvögel. Falls diese Prädatorenkontrolle intensiv erfolgt, kann die Mortalität der Zielarten gesenkt und der durch die Jagd abschöpfbare Zuwachs der Population erhöht werden. Extremes Beispiel ist die Moorschneehuhnjagd, die in gewissen Gegenden Großbritanniens im Rahmen des Jagdtourismus einen bedeutenden Wirtschaftsfaktor darstellt. Sie lässt sich nur dank Prädatorenkontrolle und intensivem Habitatmanagement auf dem hohen Niveau halten (Irvine 2011). Das Resultat, eine enorme Dichte an Moorschneehühnern und sehr geringe Dichten an Prädatoren, ist jedoch weit entfernt von einem natürlichen Zustand.

5.4.4 Monitoring

Fuchspopulationen zu erfassen ist methodisch anspruchsvoll und auf jeden Fall mit hohem Aufwand verbunden. Die meist dämmerungs- und nachtaktiven und versteckt lebenden Tiere entziehen sich weitgehend unserer direkten Beobachtung und ihre Populationen schwanken stark von Jahr zu Jahr. Trotzdem ist es grundsätzlich möglich, relative Dichten des Rotfuchses beispielsweise über Fotofallenmonitoring, Kilometerindex, Scheinwerfertaxationen oder andere Methoden zu ermitteln. Zumeist stützen sich Entscheidungsträger jedoch auf die Abschuss- und Fallwildstatistik, die bei gleich bleibendem Jagdeffort als grobes, relatives Maß für die Populationsdichte ausreicht.

5.4.5 Perspektiven

Als Nahrungs- und Lebensraumgeneralist sowie Kulturfolger besitzt der Rotfuchs das Potenzial, die menschengeprägte Landschaft flächendeckend und in hohen Dichten zu besiedeln. Er wird sich auch an zukünftige Veränderungen durch zusätzlichen Nutzungsdruck und Klimaänderungen anpassen können. Sogar massive Verluste durch Staupe und Räude kann er mit seinem hohen Reproduktionspotenzial auffangen.

Krankheiten sind ein Unsicherheitsfaktor in der Beziehung zwischen Mensch und Fuchs. Sollte sich erweisen, dass das Risiko einer Infektion mit dem Fuchsbandwurm für den Menschen ansteigt (Deplazes & Hegglin 2007), könnten Maßnahmen zur Dezimierung von Füchsen in Siedlungsnähe zum Thema werden. Auch aktuelle Tollwutherde liegen nicht weit von Mitteleuropa entfernt. Es ist deshalb nicht auszuschließen, dass diese Krankheit wieder ausbrechen und die Bestände des Fuchses regional stark dezimieren wird – rasches Eingreifen der Behörden mit Impfkampagnen würden wohl in den meisten mitteleuropäischen Ländern eine Ausbreitung der Tollwut verhindern.

Momentan verändert sich die Situation für große und mittelgroße Beutegreifer, was auch für den Rotfuchs Folgen haben kann. Luchs und Wolf werden im Alpenraum und im Alpenvorland zusätzliche Gebiete besiedeln. Dort muss der Fuchs als potenzielles Beutetier dieser überlegenen Beutegreifer sein Verhalten an deren Präsenz anpassen. Zusätzlich dehnen mit Marderhund, Goldschakal und Waschbär mehrere mittelgroße Prädatoren ihr Verbreitungsgebiet in Mitteleuropa aus. Alle drei besitzen mit dem Fuchs überlappende Nahrungs- und Lebensraumansprüche und können deshalb mit dem Fuchs in Konkurrenz treten. Wie stark diese Konkurrenz wirken wird und ob sie Konsequenzen für die Populationsdichte des Fuchses haben wird, ist aktuell schwierig abzuschätzen.

Gewisse Jagdformen auf den Fuchs stehen in Tierschutzkreisen unter Beobachtung, so etwa die Baujagd mit Bodenhunden oder die eigentlich verbotenen, groß angelegten Treibjagden in Großbritannien (MacDonald 1993), wobei der flächendeckende Vollzug dieses Verbots auf sich warten lässt. Die nächsten Jahre werden zeigen, ob solche Jagdformen von der Gesellschaft mitgetragen oder verhindert werden.

Krankheiten – ein entscheidender Faktor im Wildtiermanagement

Ein Interview mit Marie-Pierre Ryser-Degiorgis, Leiterin der Abteilung für Wildtiere des Zentrums für Fisch- und Wildtiermedizin an der Universität Bern

Welche Bedeutung hat das Wildtiermanagement für Wildtierkrankheiten?

Ein naturnahes Wildtiermanagement ist entscheidend für die Vorbeugung und die Kontrolle von Krankheiten. Hohe Tierdichten und Aggregationspunkte (zum Beispiel Futterstellen) tragen zur Aufrechterhaltung von Tierseuchen wie der bovinen Tuberkulose in Wildtierpopulation bei. Kleine isolierte Populationen sind nicht selten von einem Verlust der genetischen Variabilität betroffen, woraus eine Häufung genetischer Defekte und ein größeres Risiko für einen Populationszusammenbruch beim Auftreten einer neuen ansteckenden Krankheit entstehen können.

Welche Voraussetzungen sind für eine möglichst konfliktfreie Koexistenz zwischen Wildhuftieren und Nutztieren notwendig?

Lösungen sollten gemeinsam gesucht und Schuldzuweisungen vermieden werden. Im Hinblick auf die Tiergesundheit sind vier Hauptpunkte zu beachten: (1) eine gute Gesundheitsüberwachung und Krankheitsvorbeugung bei den Haustieren, die nicht selten die primäre Infektionsquelle für Wildtiere darstellen; (2) eine gute Überwachung der Wildtiergesundheit, unter anderem im Sinn der Frühwarnung; (3) ein vernünftiges Management der Wildtierpopulationen, um hohe Tierdichten und Aggregationspunkte zu vermeiden, welche die Erregerdichte hoch halten könnten; (4) eine Minimierung der Interaktionsmöglichkeiten zwischen Haus- und Wildtieren, unter anderem durch Biosicherheitsmaßnahmen auf den Nutztierbetrieben, um das Risiko der Übertragung von Krankheitserregern in beiden Richtungen möglichst gering zu halten.

Welche Bedeutung haben Zoonosen aktuell und welches ist die Prognose für die künftige Entwicklung?

Es wird geschätzt, dass weltweit etwa 70 % der neu auftretenden Menschenkrankheiten tierischen Ursprungs von Wildtieren stammen. Die Verantwortung für dieses vermehrte Auftreten von Wildtierkrankheiten liegt allerdings primär beim Menschen:

Das Wachstum der Bevölkerung und die Zunahme der Haustierbestände, die zunehmende Mobilität und das vermehrte Eindringen in Wildtierhabitate sowie die Übernutzung natürlicher Ressourcen führen zu einer Zunahme der Interaktionen zwischen Wildtieren, Haustieren und Menschen sowie zu Änderungen der Landschaftsstruktur. Dies beeinflusst gemeinsam mit der Klimaänderung das Vorkommen und die Eigenschaften der Krankheitserreger und ihrer Vektoren. In dieser Kaskade von Ereignissen erhöht sich das Risiko einer Übertragung «neuer» Keime von Wildtieren auf Menschen deutlich, und es ist zu erwarten, dass in der Zukunft weitere Zoonosen auftreten werden. Dies illustriert die Bedeutung der Überwachung der Wildtiergesundheit für die Gesundheit von Menschen.

Kurzporträt: Marie-Pierre Ryser-Degiorgis (geboren 1971 in Genf) zog 1991 nach Bern, um Veterinärmedizin zu studieren. Sie promovierte 1998 an der Universität Bern mit einer Studie über die Gämsblindheit, erlangte 2010 das Diplom als Europäische Spezialistin im Bereich Wildtierpopulationsgesundheit und habilitierte 2013 mit einer Arbeit zur Überwachung der Wildtiergesundheit in der Schweiz. Seit 2002 ist sie Leiterin der Abteilung für Wildtiere des Zentrums für Fisch- und Wildtiermedizin an der Universität Bern. Ihre Interessen liegen hauptsächlich im Artenschutz und im Spannungsfeld Wildtier – Haustier – Mensch.

5.5 Biber – Landschaftsgestalter mit Wirkung

5.5.1 Problematik und Hintergrund

Der Biber war in der Vergangenheit Lieferant dreier gesuchter Naturprodukte. Sein Fell war wertvoll. Das sogenannte Bibergeil, ein Sekret aus Drüsen im Afterbereich, das Salicylsäure enthält und noch heute in den Rezepturen einiger Schmerzmedikamente enthalten ist, war in der Volksmedizin begehrt. Überdies verspeiste man das Fleisch. Deshalb wurde der Biber stark bejagt und in der Schweiz zu Beginn des 19. Jahrhunderts ausgerottet. Nach dem Eurasischen Biber (*Castor fiber*) wurde auch der nahe verwandte Kanadische Biber (*Castor canadensis*) in Nordamerika dramatisch ausgebeutet. Die schwindende Nachfrage nach Biberprodukten und der strikte Schutz haben in Europa zum Überleben der Art in Restbeständen an der Elbe und der Rhone,

Abb. 5.19: Seit seiner Rückkehr baut der Biber seinen Lebensraum um und bietet zahlreichen weiteren Arten eine Vielfalt an ökologischen Nischen, die von Wirbeltieren und Wirbellosen intensiv genutzt werden.

in Norwegen und an mehreren Stellen in Russland geführt. Sie waren die Quellen für Wiederansiedlungen. Zwischen 1956 und 1977 wurden in mehreren Regionen der Schweiz insgesamt 141 Biber ausgesetzt. Die Ansiedlungen verliefen nicht durchwegs erfolgreich. In einer ersten Erhebung von 1978 erfasste Stocker (1985) 132 Tiere, 16 Jahre später waren es 350 (Rahm & Bättig 1996). Nach vielen Rückschlägen und langsamem Wachstum etabliert sich der Biber nun in der Schweiz. So wurden 2012 2000 Tiere geschätzt (Angst 2013), 2015 waren es bereits 2800 (Biberfachstelle 2016, pers. Mitt.). Der Biber hat sich mittlerweile überall entlang der Hauptflüsse und an den großen Seen des Mittellands ausgebreitet und besiedelt nun nach und nach die kleineren Zuflüsse. Aktuell liegt in der Schweiz fast die Hälfte aller Reviere an kleinen Gewässern, vor allem im Landwirtschaftsgebiet.

Selbstregulation durch strikte Territorialität

Biberpopulationen wachsen nicht ins Unermessliche – auch wenn dies hier und dort befürchtet wird. In günstigen Biberhabitaten kann sich ein Familienterritorium an das andere reihen. Familien bestehen im Schnitt aus fünf Tieren – den Eltern und dem Nachwuchs zweier Jahrgänge. Im dritten Lebensjahr müssen die Jungen das elterliche Territorium verlassen und ein eigenes Gebiet suchen. Dieses Lebensjahr ist besonders verlustreich. Auf ihren Wanderungen müssen Jungbiber zahlreiche andere Familienterritorien durchqueren, was mitunter mit tödlichen Auseinandersetzungen verbunden ist. Auch fallen viele Biber dieser Altersklasse dem Verkehr zum Opfer, wenn sie auf der Suche nach einem eigenen Gewässerabschnitt Straßen überqueren. In dieser Zeit steht ihnen kein schützender Bau mehr zur Verfügung. So werden Jungbiber in flächendeckend besiedelten Lebensräumen in peripher liegende Bereiche mit oft ökologisch schlechteren Bedingungen abgedrängt, was den Start in die Selbstständigkeit stark erschwert. Solche Randterritorien mit wenig Nahrung und ohne soziale Kontakte bieten nicht selten nur vorübergehend eine Bleibe und werden bald wieder verlassen.

Lebensraumqualität

Biber ernähren sich ausschließlich vegetarisch. Das Nahrungsspektrum umfasst insgesamt rund 300 Pflanzenarten. Im Sommerhalbjahr fressen sie vor allem in der Kraut- und Strauchschicht der Ufervegetation, suchen auf Landwirtschaftsland in unmittelbarer Nähe aber auch nach Ackerfrüchten. Im Winter nutzen sie Rinde und Knospen von Weichhölzern. Biber schwimmen in langsam fließenden oder stehenden Gewässern zu den Futterquellen. An kleinen Gewässern bauen sie meist Dämme, um die für ihre Sicherheit und für die Nahrungszugänglichkeit günstige Wassertiefe zu schaffen. An sorgfältig ausgewählten Stellen steigen sie an Land und fressen, fällen Bäume und Sträucher, schleppen Äste, Knüppel oder Ackerfrüchte zum Wasser und flößen ihre Fracht zu geeigneten Fraßplätzen. Gefällte Bäume zerlegen sie vorort in kleinere Teile und schleppen sie weg. In Gegenden mit winterlichem Frost und Eisbildung an der Gewässeroberfläche sammeln Biber im Herbst Äste und Knüppel und verankern sie am Gewässergrund vor dem Baueingang. Kurz gesagt umfasst das Territorium einer Biberfamilie einen Fließgewässer- oder Seeuferabschnitt mit einer breiten Uferzone, in der sie Nahrung sucht, Baue und Dämme errichtet und das dazu erforderliche Baumaterial sammelt (Zahner et al. 2009).

Biber als Landschaftsgestalter

Das natürliche Verhalten des Bibers mit seiner umfangreichen Bautätigkeit wirkt in vielfacher Hinsicht positiv auf die Landschaft. Dämme und Teiche verlangsamen den Wasserabfluss, dämpfen Hochwasserspitzen und erhöhen den Grundwasserspiegel. Zudem schafft der Biber zusätzliche Wasserflächen, erhöht die Strukturvielfalt an Gewässern und fördert damit die Biodiversität in hohem Maß (Messlinger 2011, Barkhausen 2012, Rutishauser et al. 2013). Er ist ein wertvoller Partner in der Gewässerrevitalisierung. Sein Wirken als Gestaltungsfaktor ist in entsprechenden Planungen deshalb frühzeitig zu berücksichtigen (Rosell et al. 2005, Angst 2013).

Durch den Bau von Dämmen können Felder und Wälder geflutet werden und aufgeweichte Uferböschungen ins Rutschen kommen. Erdbaue können Hochwasserschutzdämme destabilisieren oder Schäden an Straßen und Wegen zur Folge haben. Das Gestaltungspotenzial des Bibers kann deshalb zu Konflikten mit Landnutzern in der Landwirtschaft, der Forstwirtschaft, dem Hochwasserschutz, den Meliorationen, der hydroelektrischen Wassernutzung usw. führen.

Die verschiedenen Phasen und Facetten der Biberbesiedelung werden nicht nur in der Schweiz, sondern auch im benachbarten Mitteleuropa registriert. Insbesondere im Süden Deutschlands ist die Wiederbesiedlung weit fortgeschritten. Über die Konfliktlage wird kontrovers diskutiert.

5.5.2 Zieldefinition

Das generelle Ziel ist, dass der Biber im gesamten Gewässernetz Mitteleuropas vorkommt, sofern die Gewässer bibertauglich und die Konflikte mit dem Menschen und seinen Ansprüchen tragbar sind. Im Detail beschreibt zum Beispiel das Biberkonzept 2016 der Schweiz folgende Ziele:

- Eine selbstständig überlebensfähige Biberpopulation ist pro Gewässerraum etabliert.
- Das Bibermanagement berücksichtigt die positiven Auswirkungen der Biberaktivitäten auf die Artenvielfalt in und an den Gewässern sowie die möglichen Konflikte mit dem Biber.
- Die Maßnahmen für die Verhütung und die Vergütung von Schäden sind gemäß den rechtlichen Rahmenbedingungen umgesetzt.
- Eingriffe an Biberdämmen und -bauen erfolgen nach allgemeinen Grundsätzen und Kriterien.

Abb. 5.20: Angenagte Bäume sind oft das erste Anzeichen dafür, dass sich Biber in einem Bachabschnitt oder Teich angesiedelt haben.

Abb. 5.21: Mit den typischen Dammbauten stauen Biber Fließgewässer und machen damit Uferbereiche für sich zugänglich und nutzbar.

5.5.3 Maßnahmen

In der Schweiz bilden die kantonalen Jagdverwaltungen und ihre Wildhüter die erste Anlaufstelle für Biberfragen. Sie werden beratend unterstützt durch eine nationale Biberfachstelle. Auch einzelne Kantone haben solche Fachstellen eingerichtet. In benachbarten Ländern bestehen entsprechende Einrichtungen auf Länder- und Kreisstufe. Die Verantwortlichkeiten sind nicht überall gleich organisiert.

Die Biberfachstellen bieten fachlichen Support bei der Konfliktbewältigung. Sie bereiten Wissen über den Biber und über beste Praxisbeispiele auf, koordinieren großflächige Erhebungen und werten sie nach wissenschaftlichen Kriterien aus. Auch Verbände haben sich zu Initiativen zusammengeschlossen und betreiben Informationsarbeit und betreuen Projekte. Dort, wo keine Konflikte mit dem Biber und seinem Wirken entstehen, kann er sich frei entfalten und es sind ihm keine Grenzen zu setzen.

Im Konfliktfall bestehen zahlreiche technische Lösungsmöglichkeiten (Schwab 2014). Besonders wertvolle Kulturen können mit Elektrozäunen geschützt, exponierte Einzelbäume mit Gitter umwickelt werden. Biber lassen sich mittels Elektrolitzen daran hindern, Dämme über ein problematisches Niveau zu erhöhen. Zur Regulierung des Wasserniveaus stehen zudem Überläufe zur Verfügung. In speziellen Fällen müssen ganze Dämme entfernt werden. Bei biberverursachten Erdrutschungen können in Einzelfällen einsturzsichere Kunstbaue angeboten werden, die von Bibern auch angenommen werden (Beck & Hohler 2000). Wird ein ganzes von Bibern besiedeltes Kanalystem aufgrund von Renovationsarbeiten an hydroelektrischen Anlagen während längerer Zeit trockengelegt, kann es zielführend sein, die betroffenen Biberfamilien einzufangen, vorübergehend in Tierpflegeeinrichtungen unterzubringen und nach Abschluss der Arbeiten wieder zurückzubringen. Bei irreversiblen technischen Veränderungen eines Gewässers ist die endgültige Umsiedlung ganzer Familien erforderlich. Auch die Verlegung von Wegen kann eine Lösung sein, wenn Biber an immer gleichen Stellen Erdbaue errichten, die einsturzgefährdet sind.

Der Biber ist in der Schweiz eine geschützte Art. Es wird auf die selbstständige Ausbreitung der Art gesetzt und Umsiedlungen zur Bestandsentlastung oder -aufstockung sind nicht vorgesehen. Bei erheblichen Schadens- und Gefährdungssituationen hat der Gesetzgeber zwei direkte Eingriffsmöglichkeiten definiert (BAFU 2016b):

- punktuelle Eingriffe gegen einzelne Biber eines Reviers bei erheblichen Schäden an Wald, landwirtschaftlichen Kulturen und Infrastrukturanlagen im öffentlichen Interesse,
- zeitlich befristete Eingriffe gegen sämtliche Biber in einem Gewässerabschnitt bei erheblicher Gefährdung von Infrastrukturanlagen im öffentlichen Interesse.

5.5.4 Monitoring

Erhebungen zu Biberbeständen durch das Abschreiten von Gewässerufern und Sammeln von Hinweisen auf Präsenz, Baue und Reproduktion können von einzelnen Fachpersonen, aber auch unter Einbezug geschulter Laien erhoben werden. Diese Möglichkeit, im Sinn von Citizen Science Wissen zu generieren, hat sich im Bibermo-

nitoring bewährt. Wichtig dabei ist, die Vorbereitungen, die Durchführung und die Interpretation der Ergebnisse wissenschaftlich durch Fachpersonen eng zu begleiten. In der Schweiz wird dieser Prozess durch die Biberfachstelle und die Verwaltung organisiert und koordiniert. Zur Beantwortung bestimmter Fragen, etwa zu Familiengröße und -zusammensetzung, werden automatische Kameras eingesetzt.

***Abb. 5.22:** Dieser Eingang in einen Biberbau wurde durch die Absenkung des Wasserstands in einem Entwässerungsgraben freigelegt, mit dem Ziel, den Biber zu vertreiben. Mit dem gleichen Ziel wurde auch die Strauchschicht der Ufervegetation gerodet. Solche Praktiken entsprechen in der Schweiz nicht den rechtlichen Vorgaben im Umgang mit dem Biber.*

***Abb. 5.23:** Am gleichen Gewässer hatten die dort ansässigen Biber bereits damit begonnen, einen neuen Damm zu errichten, um den Wasserstand wieder anzuheben und die freigelegten Bauzugänge unter Wasser zu verlegen.*

5.5.5 Perspektiven

Wo Lebensraum, da Lebensrecht – dieses Grundprinzip gilt auch für den Biber. Er wird sein Verbreitungsareal in den kommenden Jahrzehnten weiter ausdehnen und langfristig sämtliche bibertauglichen Gewässer besiedeln, was zu mehr Konflikten führen wird. Viele dieser Konflikte lassen sich mit technischen Maßnahmen entschärfen. Doch sind zusätzliche Aufwertungsmaßnahmen an den Gewässern und somit am Biberlebensraum erforderlich, um die Situation der Art zu verbessern. Das neue Gewässerschutzgesetz der Schweiz bietet dazu die gesetzliche Grundlage, es fordert die Revitalisierung von rund 4000 km Gewässer. Dadurch werden neu zugängliche

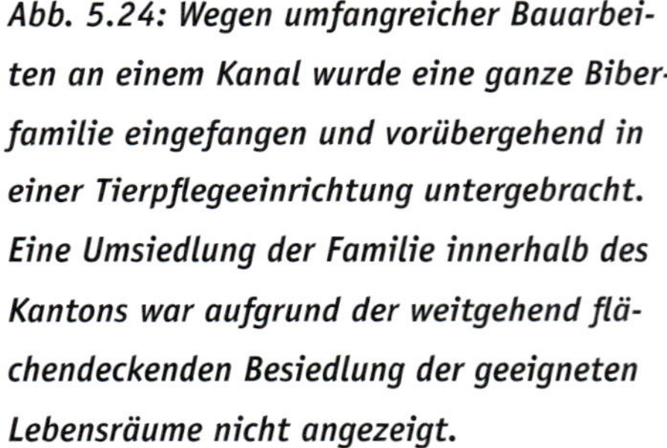

Abb. 5.24: Wegen umfangreicher Bauarbeiten an einem Kanal wurde eine ganze Biberfamilie eingefangen und vorübergehend in einer Tierpflegeeinrichtung untergebracht. Eine Umsiedlung der Familie innerhalb des Kantons war aufgrund der weitgehend flächendeckenden Besiedlung der geeigneten Lebensräume nicht angezeigt.

Abb. 5.25: Da bei diesem Umbau die Ufer mit Larsen gesichert wurden, konnten die Biber keine natürlichen Baue mehr graben. Deshalb wurden ihnen mehrere Kunstbaue dieses Typs angeboten. Solche aufwendigen Maßnahmen sind eine Ausnahme.

Abb. 5.26: Nach Abschluss der Umbauten am Kanal wurde die Biberfamilie wieder zurückgebracht. Hier trägt ein Mitarbeiter der Jagd- und Fischereiverwaltung Thurgau einen Biber zum Kunstbau, der inzwischen eingegraben worden ist.

Biberlebensräume geschaffen, aber auch bereits besiedelte Areale erfahren durch den zusätzlichen Gewässerraum eine Aufwertung. Mit konsequent ausgeschiedenen Gewässerräumen lassen sich die meisten Biberkonflikte präventiv lösen.

Akteure bei der Revitalisierung der Gewässer sind nicht nur Planer und Tiefbauunternehmer. Einer der Hauptakteure ist der Biber selbst (Nater 2012). Durch sein Wirken beeinflusst er die Gewässermorphologie, die Hydrologie, die Vegetation und die aquatische und semiaquatische Fauna. Damit ist er wichtiger Partner bei der Förderung der Biodiversität (Kemp et al. 2011, Messlinger 2011, Nyssen et al. 2011). Ihm in aktuellen und künftigen Revitalisierungsprojekten die erforderlichen Gestaltungsmöglichkeiten zu bieten, gehört deshalb zu den wichtigsten Managementaufgaben im Umgang mit dem Biber.

Abb. 5.27: Bibermütter gehen mit ihrem Nachwuchs sehr sorgsam um.

5.6 Graureiher – mausen und fischen

***Abb. 5.28:** Graureiher brüten meist auf Bäumen. Sie bilden große Kolonien, können aber auch in Kleinkolonien oder auf Einzelhorsten zur Brut schreiten. Im Frühjahr herrscht ein reges Treiben.*

5.6.1 Problematik und Hintergrundinformation

Heute kommt *Ardea cinerea*, der Graureiher oder Fischreiher – wie er in Fachkreisen früher hieß und im Volksvokabular noch heute genannt wird – entlang von Seen und Flüssen des Mittellands verbreitet vor, besiedelt auch das Hügelland und wandert seit etwa 30 Jahren entlang der Talböden in den Alpenraum ein. Die Art brütet in allen Ländern Mitteleuropas. Der gesamteuropäische Brutbestand wird auf 223 000 bis 391 000 Brutpaare geschätzt (BirdLife International 2016), jener in der Schweiz in den Jahren 2008 bis 2012 auf 1400 bis 1600 Paare (Schweizerische Vogelwarte, Sempach).

Graureiher brüten in kleinen bis riesigen Kolonien, die im letzten Jahrhundert in nördlichen Ländern mehr als 1000 Brutpaare beherbergten (Hagemeijer & Blair 1997). In letzter Zeit bauen Graureiher vermehrt Einzelhorste oder bilden Kleinkolonien.

Im Gegensatz zu heute stand der Graureiher vor 100 Jahren in der Schweiz kurz vor dem Verschwinden. In den 1880er-Jahren soll er in der Westschweiz bereits ausgerottet gewesen sein (Maumary et al. 2007). Um die Wende zum 20. Jahrhundert galt die Art nur mehr als sporadischer Brutvogel. 50 Paare sollen damals in der ganzen Schweiz noch gebrütet haben. Ursache für diese dramatische Entwicklung war neben dem großräumigen Habitatverlust durch Meliorationen, Seeabsenkungen und Flussbegradigungen in erster Linie die exzessive Verfolgung durch den Menschen. Nicht nur Adulte wurden getötet, auch Eingriffe in Brutkolonien kamen vor. So beschrieb Hans Noll, ein zur damaligen Zeit bekannter Naturforscher in der Ostschweiz, wie 1912 am Oberen Buchberg in Benken SG eine Kolonie «aufs grausamste während der Brutzeit zerstört wurde. Sieben Alte und 10 Junge wurden vernichtet ...». Erst 1926, kurz vor der Ausrottung, kam die Art unter Schutz. Sie erholte sich aber nur langsam.

Immer wieder ist der Einfluss des Graureihers auf Fischpopulationen thematisiert worden. Dazu wurden in den 1980er-Jahren im Rahmen des Projekts «Graureiher und Fischerei» umfangreiche Studien durchgeführt (Geiger 1984a, b, c). Besonders wichtig war die Feststellung, dass der Graureiher in begradigten Fließgewässern mit wenig bewachsenen Uferbereichen einen wesentlich größeren Einfluss auf den Fischbestand ausübt als in reich strukturierten Gewässern. Stets positiv gewertet werden die Qualitäten des Graureihers als Mäusejäger in der Landwirtschaft.

5.6.2 Zieldefinition

Der Graureiher kann sich in der Landschaft großräumig frei entfalten und wird in seiner Populationsentwicklung nicht behindert.

5.6.3 Maßnahmen

Im Umgang mit dem Graureiher sind zwei verschiedene Themenkreise betroffen. Obwohl die Art nach geltendem Recht (Schweiz/JSG) unter Schutz steht, wird auch heute gelegentlich gefordert, die Populationen durch Abschüsse zu begrenzen oder zu reduzieren. Solche Eingriffe sind unnötig und populationsdynamisch kaum erfolgsversprechend. Denn Graureiher können durch meteorologische Ereignisse stark reduziert werden. Dazu zählen länger dauernde Kälteperioden mit Vereisung der Gewässerränder und Einfrieren des Agrarlands, was den Zugang zu Fischen und Kleinsäugern erschwert oder unmöglich macht. Auch verhindern lange Trockenphasen im Sommer den Zugang zu bodenlebenden Wirbellosen und Kleinsäugern, was vor allem das Aufkommen des Nachwuchses beeinträchtigt. Hinzu kommt, dass Graureiher Teilzieher sind und der migrierende Populationsteil durch die Überwinterungsbedingungen im Süden und meteorologische Ereignisse auf dem Zug beeinflusst ist. Insgesamt sind somit großräumige Eingriffe weder biologisch sinnvoll noch erforderlich noch zulässig. Konflikte mit Graureihern beschränken sich auf Fischzuchtanlagen, sind somit lokal begrenzt und sollen fallspezifisch analysiert und gelöst werden.

Nach geltendem Schweizer Recht (JSG) kann der Staat bei übermäßigen Schäden die Entfernung einzelner schadenstiftender Individuen zulassen. Diese Möglichkeit interpretierte einer der Kantone in der Schweiz dahingehend, dass er im Umfeld von Fischzuchten generelle Abschussbewilligungen erteilte. Im Lauf der zehn Jahre dauernden «Ausnahmeregelung» wurden rund 1400 Graureiher geschossen, was mehr als den gesamten Nachwuchs der dort brütenden 50 bis 70 Graureiherpaare ausmachte. Nach erfolgloser Intervention von NGOs bei der kantonalen Verwaltung gegen diese Praxis blieb am Ende nur der Gang vor das Gericht, welches 2009 gegen den Kanton entschied.

Im Gegensatz zur Schweiz untersteht der Graureiher in Bayern dem Jagdrecht und darf nach § 19 (2) AVBayJG zum Schutz der heimischen Tierwelt und zur Verhinderung wirtschaftlicher Schäden in der Zeit vom 16.09. bis 31.10. im Umkreis von 200 m um geschlossene Gewässer (Fischereigesetz Bayern) geschossen werden.

Der zweite Themenkreis befasst sich mit der Gewässermorphologie. Reich strukturierte Gewässer bieten Fischen deutlich mehr Möglichkeiten, sich den Angriffen durch Prädatoren zu entziehen, während sie ihnen in ausgeräumten Gewässern schutzlos ausgesetzt sind. Deshalb ist bei Gewässerrevitalisierungen der Schutz vor Prädatoren nicht zu vernachlässigen. Aus diesem Grund ist auch die systematische Entbuschung von Bach- und Kanalufern, wie sie noch heute zur leichteren Bewirtschaftbarkeit von Ufern und Böschungen mit Maschinen praktiziert wird, ökologisch kontraproduktiv und sollte im Rahmen des Vollzugs der revidierten Gewässerschutzgesetzgebung unterbunden werden.

Als Schutzmaßnahmen vor Störung und zur Sicherung der Bruten soll die Umgebung von Graureiherkolonien nicht betreten werden (zum Beispiel temporäres Betretungsverbot) und Holzschläge in oder in der Umgebung einer Brutkolonie sollen erst im Herbst durchgeführt werden (Maumary et al. 2007, BirdLife International 2016).

5.6.4 Monitoring

Überwinternde Graureiher werden im Rahmen der nationalen und internationalen Wasservogelzählungen erhoben (Müller & Keller 2015). Außerdem erfolgen in verschiedenen Brutkolonien regelmäßige Nesterzählungen. Einzelbruten oder Kleinkolonien fallen jedoch leicht aus dem Raster.

***Abb. 5.29:** Mit lautem Krächzen und Schnabelfechten verteidigen die Paare ihre Horste. Nicht selten kommt es dabei zu heftigen Auseinandersetzungen.*

5.6.5 Perspektiven

Unter dem Einfluss der erwähnten natürlichen Faktoren schwankt der residente Teil einer Graureiherpopulation entsprechend der ökologischen Kapazität der Landschaft. Beim migrierenden Teil kommen als Einflussfaktoren die Chancen und Risiken der Migration und des Aufenthalts im Überwinterungsgebiet hinzu. Milde Winter dürften den Anteil migrierender Individuen reduzieren und die Population allmählich anwachsen lassen.

Der Graureiher hat eine bewegte Geschichte hinter sich: Als Fischschädling verfolgt, entkam er knapp der Ausrottung, da er rechtzeitig unter Schutz gestellt worden war. Setzt sich der neutrale Name «Graureiher» gegenüber dem vorbelasteten

«Fischreiher» endgültig durch, dürfte auch sein Image vom Schädling in Richtung einer neutral bewerteten, faszinierenden Tierart gehen. Diese Entwicklung in der Wahrnehmung der Bevölkerung sowie die breiten Anstrengungen zur Aufwertung des Gewässerlebensraums müssten dem Graureiher ein langfristiges Überleben in Mitteleuropa sichern können.

Abb. 5.30: Graureiher ernähren sich von Fischen, Kleinsäugern, Reptilien, Amphibien und vielerlei Insekten. Dieser erfahrene Graureiher hat eine große Schleie erbeutet, die er nun zum Wasser zurückträgt, anfeuchtet und am Ende mit einiger Mühe schluckt.

Abb. 5.31: Die Reduzierung auf ihren Fischkonsum bildet die Realität nicht korrekt ab. Vor allem im Grünland treten Graureiher sehr erfolgreich als Mäusejäger auf.

5.7 Höckerschwan – unantastbare Eleganz?

Abb. 5.32: Auf den mitteleuropäischen Seen ist der Höckerschwan eine oft beobachtete Art. Über den Umgang mit ihm wird seit Jahren kontrovers diskutiert.

5.7.1 Problematik und Hintergrundinformation

Ursprünglich war der Höckerschwan (*Cygnus olor*) in Eurasien vom Ostseeraum und vom Schwarzen Meer im Westen bis zu den Steppenseen Zentralasiens und Chinas im Osten verbreitet (Cramp & Simmons 1977, Maumary et al. 2007). Er gehört zu jenen Arten, die heute durch den Einfluss des Menschen weit über sein angestammtes Gebiet hinaus vorkommen. Bereits im Mittelalter wurde der Höckerschwan als Parkvogel nach Mittel- und Westeuropa eingeführt (Triplet et al. 2003). Belegt sind ab dem 16. Jahrhundert auch Umsiedlungen, unter anderem nach Deutschland, Österreich und ab 1690 auch in die Schweiz (Schaller 1938/39). Vor allem im 18. Jahrhundert wurden zahlreiche Höckerschwäne in weitere Länder Europas, aber auch in andere Kontinente verfrachtet, so nach Australien, Südafrika und Nordamerika. Die Art ist in den früher nicht besiedelten Gebieten ein Neozoon, gilt in Mitteleuropa aber inzwischen als etabliert.

Für England wird angenommen, dass sich dort eine autochthone Population bis ins Mittelalter halten konnte, die aber durch eine allmählich aufgebaute semidomestizierte Population verdrängt wurde (Birkhead & Perrins 1986). Diese Haltungsform diente nicht in erster Linie der Freude ihrer Eigentümer und der Bevölkerung. Vielmehr wurden die Höckerschwäne durch Coupieren (einseitige Amputation der Handknochen) flugunfähig gemacht, dann weitgehend sich selbst überlassen, um sie am Ende zu verzehren.

In Mitteleuropa fand der Höckerschwan zwar seinen Platz in der Naturschutz- oder Jagdgesetzgebung. Er gilt in der Bevölkerung aber nicht eigentlich als Wildvogel. Aus diesem Grund werden Eingriffe in Höckerschwanpopulationen meist abgelehnt.

Mit dieser ästhetisch schönen, mythologisch beladenen und leicht züchtbaren Art konnten «leere» Parkgewässer in Städten und herrschaftlichen Anlagen «bereichert» werden. Mehrere Faktoren begünstigten eine schnelle Bestandsentwicklung. Der Höckerschwan profitierte vom Futter reichenden Menschen, dem gegenüber er wenig Scheu zeigt. Für heimische Prädatoren sind adulte Höckerschwäne zu groß, am Nest sind sie sehr wehrhaft. Das natürliche Nahrungsangebot war durch die im letzten Jahrhundert verbreitete Eutrophierung der Gewässer tieferer Lagen fast unbegrenzt. Die Art zeigt in Mitteleuropa eine gute Winterverträglichkeit. Sie ist, zumindest in Mitteleuropa, jagdlich bedeutungslos. Diese Faktoren führten zur weitgehenden Nutzung der möglichen Nischen und zu einem relativ schnellen Populationswachstum. Deshalb belegt der Höckerschwan heute fast alle stehenden und langsam fließenden Gewässer bis in rund 600 m Höhe und kommt in einigen Fällen auch auf höher gelegenen Seen vor. Die Art ist sehr territorial, doch sind auch lockere Kleinkolonien bekannt, so am Genfersee (Maumary et al. 2007). Im Winter kann es an besonders günstigen Gewässern zu Konzentrationen kommen, wie etwa am Wohlensee, einem Aarestau bei Bern, oder am Flachsee, einem Stauabschnitt der Reuss.

In einzelnen Ländern, zum Beispiel in Deutschland, ist die Art jagdbar, in anderen wie der Schweiz ist sie gesetzlich geschützt. Probleme mit dem Höckerschwan entstehen dort, wo große Ansammlungen in Gewässernähe weiden und dabei Mähwiesen großflächig verkoten. In der Vegetationsperiode können Höckerschwäne durch ihre Nahrungsaufnahme zudem die Ufervegetation in einem Ausmaß schädigen, dass Schilffelder – im Zusammenwirken mit Gewässerbelastung und Wellenschlag – zurückgedrängt werden (Gayet et al. 2014).

Abb. 5.33: Der Höckerschwan verfügt über eine hohe Reproduktionsfähigkeit. Die Paare sind wehrhaft und verteidigen das Brutterritorium, das Gelege und die Küken vehement. Diese ausgeprägte Verteidigungsbereitschaft auch gegen Artgenossen führt zu einem erheblichen Anteil nicht brütender Vögel. Doch können Höckerschwäne auch lockere Kolonien bilden.

5.7.2 Zieldefinition

Der Höckerschwan wird heute zumindest in Mitteleuropa als heimische Vogelart akzeptiert. Er kommt in einer Dichte vor, die den natürlichen Ressourcen entspricht und keine untragbaren Schäden an der Ufervegetation, an Schilffeldern und landwirtschaftlichen Nutzflächen verursacht. Die Art überlebt ohne Fütterung.

5.7.3 Maßnahmen

Um diese Ziele zu erreichen, wurden und werden unterschiedliche Maßnahmen getroffen. Um die Population im waadtländischen Teil des Genfersees tief zu halten, wurden in den Jahren zwischen 1960 und 1984 rund 2000 Eier angestochen und damit aus der Reproduktionskette entfernt. In der Folge blieb die Dichte vorerst konstant und nahm später sogar ab, während sie am Neuenburgersee, wo keine solchen Maßnahmen ergriffen worden waren, stetig zunahm (Maumary et al. 2007). Das Anstechen von

Eiern ist unbeliebt, genauso wie der Abschuss. Beide Maßnahmen sind nur gestützt auf Sonderregelungen möglich. Bereits in den 1980er-Jahren kam es zu Reduktionsabschüssen am Wohlensee bei Bern (Lüps & Biber 1984), wo nicht die Einflussnahme auf das lokale Brutvorkommen im Vordergrund stand, sondern die Reduktion einer Winterkonzentration. Einen systematischen Weg beschritt der Kanton Aargau (Thiel 2009). Dort wurde am Flachsee, einem Stau des Flusses Reuss, ein Fünf-Punkte-Programm etabliert (Abb. 5.34).

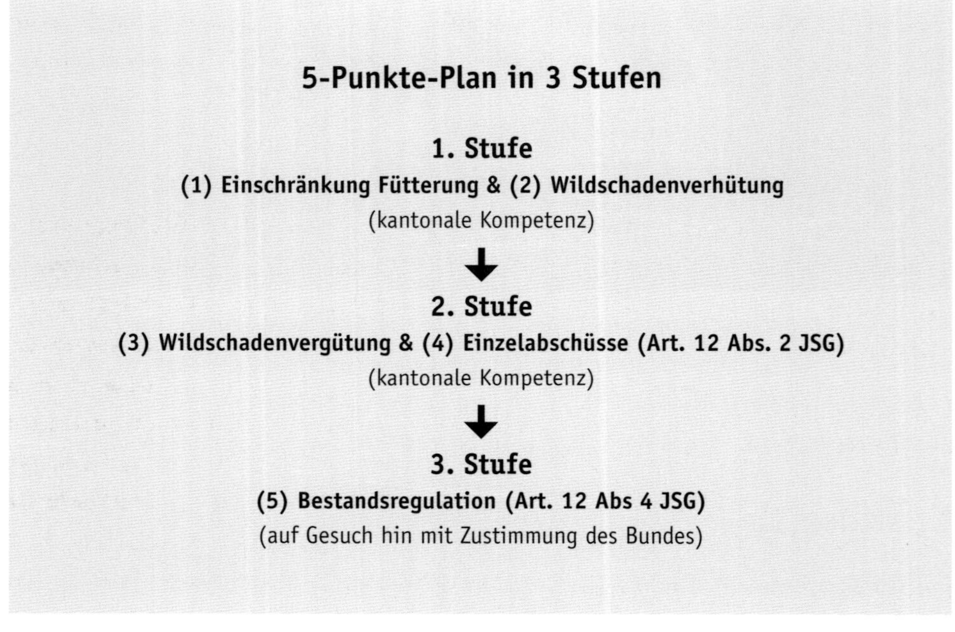

Abb. 5.34: Zum Umgang mit dem Höckerschwan hat der Kanton Aargau einen 5-Punkte-Plan eingeführt (Thiel 2009).

Dabei kommt die sogenannte Maßnahmenkaskade zum Tragen. Zuerst sollen präventive Maßnahmen wirken, später monetäre und Einzeleingriffe und erst zum Schluss soll eine eigentliche Bestandsregulation greifen. Im konkreten Fall wird zuerst die Fütterung durch den Menschen eingeschränkt beziehungsweise unterbunden. Bereits diese Maßnahme kann zu großem Unmut unter der Bevölkerung führen, wohl weil Generationen von Menschen, die in Gewässernähe leben, das Füttern von Höckerschwänen als eindrückliches und positives Erlebnis in Erinnerung behalten.

In einem weiteren Schritt werden Flächen, die Gefahr laufen, großflächig verkotet zu werden, mit Kleinviehzäunen eingezäunt oder mit Wällen aus aufgeschichtetem Astwerk unzugänglich gemacht (Kesseli 2013). Fallen Kosten an, kann der Bewirtschafter Wildschadenszahlungen für die Weideverschmutzung und für den Erwerb und das Stellen von Zäunen erhalten. In dieser Stufe erfolgen die ersten Einzelabschüsse an besonders hartnäckigen Höckerschwänen, die trotz Präventionsmaßnahmen die Weiden weiterhin unbeirrt nutzen und verschmutzen. Bis zu diesem Punkt liegt die Handlungskompetenz beim jeweiligen Kanton. Sollten alle diese Maßnahmen wirkungslos bleiben, ist ein Managementplan erforderlich, der den zuständigen Bundesbehörden zur Genehmigung vorgelegt werden muss. Erst dann können systematische Eingriffe in eine lokale oder regionale Population vorgenommen werden. Dazu zählen das Anstechen von Eiern zur Reduktion des Nachwuchses und Abschüsse in größeren Zahlen.

Eine weitere Maßnahme, welche den Einfluss des Höckerschwans auf die Ufervegetation einschränkt, sind Vergitterungen entlang von Schilfsäumen. Damit sollen der Wellenschlag, die mechanische Wirkung von Treibgut und der Fraß von Schilfsprossen durch den Höckerschwan verhindert werden.

5.7.4 Monitoring

Die Wirkungskontrolle muss über die langfristige Bestandserfassung erfolgen, und zwar sowohl großräumig, um den generellen Bestandstrend zu erfassen, als auch punktuell, um die Effekte der Präventionsmaßnahmen und Eingriffe zu dokumentieren. Die großräumigen Erhebungen laufen über nationale und internationale Wasservogelzählungen im Rahmen des Monitorings überwinternder Wasservögel. Die Effekte kleinräumiger Maßnahmen sind in konkreten Projekten festzustellen.

5.7.5 Perspektiven

Bereits heute gilt die Mortalität in kalten Wintern als wesentlicher Faktor in der Populationsdynamik des Höckerschwans. Das Füttern von Wildtieren in Wasser- und Zugvogelreservaten ist seit 2015 verboten (Verordnung über die Wasser- und Zugvogelreservate von internationaler und nationaler Bedeutung, WZVV, Art. 5, Absatz c). Dieses Verbot kann von den Kantonen auf weitere Flächen ausgedehnt werden (Abb. 5.34). Die Implementierung solcher Maßnahmen dürfte den Winterbestand des Höckerschwans mittelfristig reduzieren. Offen bleibt, ob die meist heftig durchgesetzte Territorialität der Art auf die Dichte an Brutpaaren weiterhin limitierend wirkt oder ob es vermehrt zur Bildung von Kleinkolonien kommt. Außerdem wird für den weiteren Umgang mit dem Höckerschwan in Winterkonzentrationen entscheidend sein, wie sich das Ausmaß der Verschmutzung der Mähwiesen künftig entwickelt und wie erfolgreich Präventionsmaßnahmen wirken. An verschiedenen Schweizer Seen hat ein Fütterungsverbot zur Reduktion der dortigen Konzentrationen geführt. Ob die Schwäne hin zu anderen Stellen ausgewichen sind oder ob sich der Bestand tatsächlich verringert hat, wird sich bei Auswertung großflächiger Erhebungen zeigen.

In der Schweiz haben die eidgenössischen Räte den Bundesrat beauftragt, die Bestandsregulierung beim Höckerschwan zu vereinfachen und in Zukunft als prophylaktische Maßnahme zur Schadenverhütung zuzulassen. Damit wird der «5-Punkte-Plan in 3 Stufen» (siehe S.224) eine Anpassung erfahren.

Zu viel?

6

6.1 Einführung

Abb. 6.1: Obwohl in diesem Lebensraum Landwirtschaft, Verkehr und Erholungsbetrieb aufeinandertreffen, findet sich das Wildschwein gut zurecht.

Was zu viel ist, ist zu viel! – so könnte der Ausruf von jemandem klingen, der in seinem Maisfeld steht, das in der Nacht zuvor von einer Wildschweinrotte aufgesucht wurde. Eine solche Position kann zwar objektiv zutreffend sein, in Schadenfällen dieser Art steht der Betroffene jedoch stets unter dem Eindruck seiner subjektiven Erwartungen und wertet das Ereignis sowohl unter ökonomischen wie auch emotionalen Aspekten. Es kommt Ärger auf, schnell ertönt der Ruf nach drastischen Eingriffen. Hier ist von einer subjektiven, auf einen Einzelfall bezogenen Betrachtung wegzukommen, um nicht auf der Meinungsebene steckenzubleiben. Zielführend ist nur, das aktuelle Schadenereignis objektiv auf Skalen einzuordnen.

Hier ist nun der vom Staat zuständige Wildtiermanager gefragt, der sich bei der Beurteilung des Schadenfalls auf objektive Kriterien und fachlich begründete Standardabläufe stützt. Zu diesen objektiven Kriterien zählen wir sowohl ökologische als auch anthropozentrisch-ökonomische. Die objektive Beurteilung, ob ein Bestand einer Wildtierart angemessen für den Lebensraum ist oder eine Überpopulation vorliegt, berücksichtigt sowohl den Zustand des Lebensraums als auch Parameter auf Individuenebene sowie der Populationsdynamik. Am Individuum selbst und auf der Populationsebene untersuchen wir deshalb Konstitution, Kondition, Eintritt der Geschlechtsreife, Fortpflanzungserfolg und das Vorkommen von Krankheiten und Parasitosen. Gehört die zu betrachtende Art zu den Herbivoren, ist ihr Einfluss auf die Vegetation näher zu betrachten. Ferner ist die Frage zu klären, ob interspezifische Konkurrenz vorliegt. Zählt unsere Fokusart zu den Karnivoren, sind die Beutetierpopulationen auf ihre Zahl und ihren Zustand zu überprüfen. An anthropozentrisch-ökonomischen Kriterien sind Ertragsausfälle, zeitliche und technische Mehraufwände für die Bewirtschaftung, der Aufwand für Präventionsmaßnahmen sowie zeitliche, quantitative und räumliche Nutzungsbeschränkungen zu berücksichtigen.

Doch wo liegen nun die Schwellenwerte, ab denen die Ampel auf Orange oder Rot umspringt? Je nach Problematik und Eskalationsstufe werden diese Schwellenwerte wissenschaftlich oder rechtlich begründet oder politisch ausgehandelt. Das kann dazu führen, dass Eingriffe sachlich begründet werden können. Es kann jedoch auch vorkommen, dass Eingriffe psychologisch motiviert sind, um den Geschädigten das Gefühl zu geben, sie könnten etwas unternehmen.

6.1.1 Eigentums- und Schadensbegriff

Wer sich mit Wildtieren und ihren Einflüssen beschäftigt, muss sich mit Eigentums- und Schadensbegriffen auskennen. Denn ein ökonomischer Schaden kann nur dort entstehen, wo ein menschlicher Nutzer in seinem rechtmäßigen Besitzanspruch beeinträchtigt wird. Bei der Beurteilung solcher Fragen muss die nationale Rechtslage berücksichtigt werden. So besteht nach Schweizer Recht kein Eigentumsanspruch auf Wildtiere, die sich in der Natur aufhalten. Ein Reh im Wald oder eine Seeforelle im Gewässer gehört somit weder dem Jäger noch dem Fischer. Ein Eigentumsanspruch entsteht erst nach der Behändigung eines Individuums durch Jagd oder Fischerei. Im Unterschied dazu gehören Pflanzen in Land- und Forstwirtschaft den Grundeigentümern oder Pächtern. In anderen mitteleuropäischen Staaten wie Österreich oder Deutschland ist das Jagdrecht an den Grundbesitz gebunden. Deshalb besteht ein Eigentumsrecht auf Wildtiere, solange sie sich auf dem eigenen Grund und Boden aufhalten.

Außer ökonomischen Schäden kommen auch ökologische Beeinträchtigungen vor. Durch Eingriffe oder Unterlassen von Eingriffen können Populationen zunehmen und andere Arten, Lebensräume und damit die Biodiversität gefährden.

6.1.2 Schädlingsdiskussion

Einerseits werden Tierarten durch eine andere Namensgebung nicht mehr mit einem Schädling assoziiert (Lämmergeier – Bartgeier, Fischreiher – Graureiher). Anderseits erhalten große Wirbeltierarten in Anbetracht ihrer starken Bestandszunahme das Etikett des Schädlings (Wildschwein, Rothirsch, Großraubtiere). Insbesondere im Umgang mit dem Wildschwein wird heute der Ruf nach drastischen Maßnahmen laut, die quantitativ und qualitativ einer Schädlingsbekämpfung nahekommen. Diese abwertende Terminologie birgt die Gefahr, dass die Hemmschwelle zum Einsatz diskutabler Methoden sinkt. Gleichzeitig wollen sich Jäger und Wildtiermanager nicht zu Schädlingsbekämpfern degradieren lassen. An dieser Stelle wären auch Begriffe wie «Raubzeug», «Raubwild» usw. zu überdenken.

Der Umstand, dass Tierarten aufgrund ihrer Anpassungsfähigkeit und Intelligenz in der Nutzung geeigneter Nischen erfolgreicher zurechtkommen als erwartet und in Konflikt mit menschlichen Ansprüchen geraten, macht sie nicht per se zu Schädlingen. Auch in diesem Fall gilt der Grundsatz: wo Lebensraum, da Lebensrecht. Bei sich abzeichnenden Konflikten sind deshalb rechtskonforme und ökologisch verträgliche Lösungen gefragt.

6.1.3 Maßnahmen

Wenn die Beteiligten in einem Schadenfall zu der Ansicht gelangen, dass das tragbare Maß überschritten ist oder eine Population einer Wildtierart zu zahlreich geworden ist, kommen unterschiedliche Ansätze der Problemlösung infrage. Allgemein sollte ein Wildtiermanager die Fähigkeit haben, alle gängigen Methoden zur Schadensverhinderung, -minderung und -kompensation zu kennen und die angemessene vorzuschlagen. Die Maßnahme der Tötung eines «störenden» Wildtiers respektive der Regulierung einer schadenstiftenden Population soll nicht erste und einzige Option sein, sondern die letzte. Generell gilt, zuerst die Möglichkeiten der Prävention auszuloten, dann Schäden zu vergüten und erst anschließend Interventionen in der Population einzuleiten (Grundsatz: Prävention vor Intervention). Ist eine Intervention zwingend, sind zu

Beginn sanftere und erst bei Nichterreichen der Ziele schwerwiegendere Maßnahmen anzuwenden (Schweregradkaskade, Abb. 2.13).

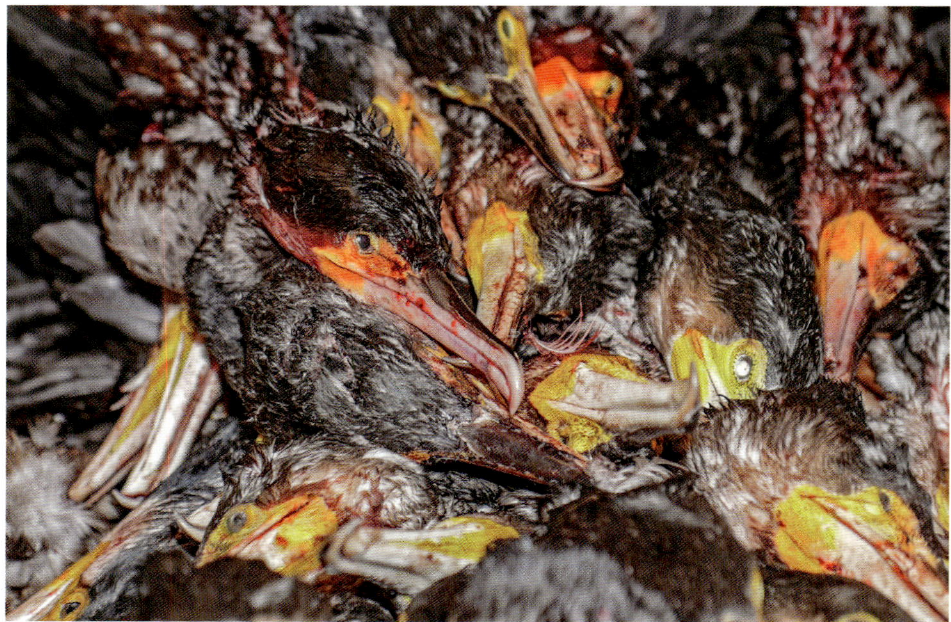

Abb. 6.2: Diese Kormorane wurden im Rahmen von Vergrämungsmaßnahmen entlang von Flüssen geschossen und zur Untersuchung des Mageninhalts gesammelt. Mit dem Abschuss einzelner Vögel wird beabsichtigt, die Gefährlichkeit eines Flussabschnitts für Kormorane zu erhöhen und eine Meidung herbeizuführen. Zwar reagieren Kormorane auf Abschüsse, indem sie Personen, die am Flussufer stehen und aus ihrer Perspektive «als Schützen infrage kommen», ausweichen. Inwieweit solche Eingriffe aber die Fischpopulationen unterstützen, ist bisher nicht eindeutig geklärt.

Maßnahmen zur direkten Schadensprävention:

- Einzelbaumschutzmaßnahmen (Gitter, mechanische und chemische Verbissabwehr) und Flächeneinzäunungen fördern die Waldverjüngung.
- Elektrozäune schützen landwirtschaftliche Kulturen.
- Herdenschutzmaßnahmen verhindern Angriffe auf Nutztiere durch Beutegreifer (Luchs, Wolf, Braunbär, Steinadler).

Maßnahmen zur indirekten Schadensprävention (Landschaftsplanung mit integraler Betrachtung):

- Im Wirkungsgefüge Wald – Wildhuftiere – Freizeitnutzung werden Wildruhezonen ausgeschieden mit dem Ziel, energiezehrende Fluchten und in der Folge eine gesteigerte Nahrungsaufnahme zu vermeiden, um die Einwirkungen auf die Waldverjüngung zu begrenzen.
- Über Lebensraumverbesserungen wird das Nahrungsangebot für Wildtiere erhöht, sodass Kulturen eher verschont bleiben.
- In Waldnähe wird auf attraktive Kulturen verzichtet, um Schäden durch Wildschweine vorzubeugen.

Direkte Eingriffe in Populationen:

- Über die Jagd werden gezielt Populationen dezimiert und dabei auch konkrete Ziele in der Alters- und Sozialstruktur anvisiert.
- Prinzip der Selbsthilfe: In gewissen Situationen ist es beispielsweise einem Landwirt gesetzlich erlaubt, selber gegen schadenstiftende Wildtiere vorzugehen. In der Schweiz ist dies bei Wühlmäusen oder Rabenvögeln möglich, als Absicherung der öffentlichen Hand gegen hohe Schadenersatzforderungen.
- Vertreibungsaktionen: Oft wird versucht, Wildtiere aus sensiblen Gebieten zu vertreiben. Dies kann jedoch zu einer räumlichen Verlagerung der Probleme führen.

6.2 Wildschwein – intelligenter Allrounder

6.2.1 Problematik und Hintergrund

Das Wildschwein (*Sus scrofa*) gehört zu den terrestrischen Säugetieren mit dem weltweit größten Verbreitungsareal. Die Art ist ursprünglich eine waldlebende, omnivore Pionierart mit einer ausgeprägten Anpassungsfähigkeit. Sie lebt in matriarchalen Strukturen, betreibt intensive Jungtierfürsorge und gibt eigene Erfahrungen in der Mutterfamilie und generationenübergreifend weiter. Sie ist früh geschlechtsreif und mit regelmäßigen Mehrlingsgeburten enorm produktiv. Das Wildschwein verfügt über die höchste Fortpflanzungsleistung aller Paarhufer weltweit (Bieber & Ruf 2005). Populationen können sich unter optimalen Umweltbedingungen in einem Jahr vervielfachen und sich zügig ausbreiten. Die Art verfügt somit über beste Voraussetzungen, um neue Lebensräume zu besiedeln und sich auch außerhalb größerer Waldregionen zu etablieren (Keuling 2010).

Abb. 6.3: Wildschweine haben sich in den vergangenen 50 Jahren in weiten Teilen Europas ausgebreitet. Sie sind sozial organisiert, verfügen über ein sehr hohes Fortpflanzungspotenzial, profitieren von der Landwirtschaft und passen sich saisonal wechselnden Angeboten an.

Ursprünglich kam das Wildschwein in den gemäßigten und subtropischen Zonen Eurasiens und Nordafrikas vor, wurde dann aber als Jagdwild in alle übrigen Kontinente mit Ausnahme der Antarktis eingeführt.

In Europa hat die Art trotz ihrer Anpassungsfähigkeit eine wechselvolle Geschichte. Bereits in prähistorischer Zeit und bis ins Spätmittelalter war das Wildschwein eine häufig gejagte Art. Doch mit der großflächigen Entwaldung und der Umwandlung der Landschaft in Weide- und Ackerland verschwand es aus weiten Teilen Mitteleuropas und kehrte erst im Zuge der Aufforstungen gegen Ende des 19. Jahrhunderts allmählich wieder zurück (Geisser & Bürgin 1998). Ein eigentlicher Wachstumsschub begann nach den Kriegsjahren Mitte des 20. Jahrhunderts. Bestandsfördernd wirkten mehrere Faktoren. Die Agrarproduktion erfuhr eine immer stärkere Intensivierung. Aus Sicht des Wildschweins stand damit zumindest saisonal Nahrung im Überfluss zur Verfügung (Neet 1995). Zeitgleich herrschte eine relativ geringe jagdliche Aktivität. Außerdem fehlte der Wolf als Prädator. Seit den 1980er-Jahren wiederholen sich Jahre mit milden Wintern, was vor allem das Überleben der kältesensiblen Jungtiere begünstigt. Ebenfalls fördernd wirken die vielen sogenannten Mastjahre, also Jahre, in denen die Baumarten Eiche, Buche und Edelkastanie (südlich der Alpen) besonders viele Früchte tragen, welche für die Wildschweine als Herbst- und Winternahrung von größter Bedeutung sind (Wotschikowsky 2010, Vetter et al. 2015). Die Klimaerwärmung bietet für diese Phänomene und das exponentielle Wachstum der Wildschweinpopulationen in vielen Teilen Europas die glaubwürdigste Erklärung; dennoch sind noch zahlreiche Fragen offen (Vetter et al. 2015).

Im Lauf der Jahrzehnte eignete sich die Art verschiedene Verhaltensweisen an, welche ihr Vorteile bei der Nutzung von Lebensräumen bringen. So verlassen Wildschweine in Ackerbaugebieten die Wälder zeitweilig und suchen deckungsreiche Mais- und Getreidefelder auf. Auch Naturschutzgebiete nehmen als Rückzugsorte eine wichtige Funktion ein. Außerdem haben Wildschweine seit rund 20 Jahren zum Beispiel in Deutschland gelernt, Großstädte mit ihren Park- und Sportanlagen, Schrebergärten und kleinen Schutzgebieten zu besiedeln, wo sie vom Menschen weitgehend unbehelligt leben können.

Südlich der Alpen hat der Mensch direkte Fördermaßnahmen ergriffen. In Oberitalien sind Wildschweine zu jagdlichen Zwecken in großem Stil freigesetzt worden. Ausbrüche (oder erleichtertes Entweichen) aus Gehegehaltungen kamen vielfach vor. Auch dort haben Wildschweine die sich bietenden Ressourcen schnell und effizient genutzt, sich sehr stark vermehrt und ihr Areal schnell ausgedehnt. So wird geschätzt, dass sich der Wildschweinbestand in Italien seit Beginn dieses Jahrtausends verdreifacht hat und inzwischen eine Million Tiere zählt, die Hälfte davon in Oberitalien.

Die Art war entwicklungsgeschichtlich früh domestiziert worden. Erste Nachweise stammen aus China. Die Domestikation erfolgte später wiederholt zu verschiedenen Zeiten an verschiedenen Orten (Larson et al. 2005). Früh hat auch die Verfrachtung von Hausschweinen begonnen; so nahm bereits Christoph Columbus 1493 auf seiner zweiten Reise nach Mittelamerika Hausschweine mit an Bord und brachte sie an Land. An zahlreichen Bestimmungsorten sind Hausschweine entkommen oder wurden als Fleischvorrat gezielt abgesetzt. In vielen Weltregionen entwickelten diese Schweine in der Natur sich selbst erhaltende Populationen. Dort gilt *Sus scrofa domestica* als Neozoon und invasive Art und wird vor allem auf Inseln bis zur Ausrottung bekämpft. Die dazu verwendeten Mittel sind teilweise überaus radikal.

Dank genetischer Untersuchungen ist klar geworden, dass es vielfach zu Paarungen zwischen Wild- und Hausschweinen gekommen war. In welchem Umfang Hausschweingene in Wildschweinpopulationen vertreten sind, ist regional unterschiedlich. Besonders häufig kommen sie in Italien und in England vor. Insbesondere in England, wo Wildschweine nach rund 700-jähriger Abwesenheit in den 1980er-Jahren durch ungeplante und geplante Aussetzungen wieder in die Natur gelangten und wo sich ab 1998 frei lebende Populationen gebildet haben, bestehen Zweifel, ob der Vorgang tatsächlich als Wiederansiedlung einer ehemals ausgerotteten Wildtierart gelten kann oder ob es sich um die Ansiedlung eines Hybrids handelt (Goulding 2011, Frantz et al. 2012). Häufige Kontakte zwischen Haus- und Wildschweinen in Mitteleuropa sind sowohl genetisch problematisch als auch relevant für die Übertragung von Krankheiten (unter anderem Schweinepest).

In der Schweiz besiedelt das Wildschwein weite Teile des Mittellands, den Jura und tiefer gelegene Bereiche des Wallis und des Tessins. Derzeit dehnt es sein Artareal entlang großer Flusstäler aus, erreicht die Voralpen der Ost- und Zentralschweiz und immigriert in mittlere Lagen des Wallis und des Tessins. Zudem wurden früher bestehende Ausbreitungshindernisse, zum Beispiel Zäune entlang von Hauptverkehrsachsen, durch Wildbrücken entschärft.

Wildschweine dringen in landwirtschaftliche Kulturen ein und können dort erhebliche Wirkung erzielen. Je nach Region und Jahreszeit werden frisch ausgebrachte Saat, milchreifes Getreide, unter anderem Mais, dann Zuckerrüben, Raps, Kartoffeln, Erbsen, Karotten und Weintrauben gefressen (Geisser & Bürgin 1998, Fischer 2010). Im Wald, auf Wiesen, Äckern und Weiden, auch auf Alpweiden, suchen Wildschweine nach tierischer und pflanzlicher Nahrung und können dabei große Flächen umpflügen. Im Wald werden solche Aktivitäten als natürlich definiert, jedoch unterschiedlich gewertet. Wirthner et al. (2012) warnen davor, die Einwirkungen des Wildschweins auf die Entwicklung des Bodens und der Waldvegetation als günstig oder schädlich zu pauschalisieren, sondern empfehlen eine differenzierte Betrachtung. Außerhalb des Waldes lösen die Fraßspuren des Wildschweins zumeist Ärger aus und ziehen Forderungen nach Wildschadenvergütungen nach sich. Gesamteuropäisch gehen diese Forderungen in die Millionen.

6.2.2 Zieldefinition

Das Wildschwein besiedelt die ihm zusagenden Lebensräume in arttypischer Sozialstruktur dauerhaft. Konflikte mit Landnutzungsinteressen des Menschen werden objektiv analysiert und nötigenfalls auf ein annehmbares Maß begrenzt. Erforderliche Managementmaßnahmen dienen dem Ziel, ein ökologisch und sozioökonomisch vertretbares Nebeneinander zu erreichen.

6.2.3 Maßnahmen

Maßnahmen im Umgang mit dem Wildschwein betreffen drei verschiedene Themenbereiche (Schnidrig-Petrig & Koller 2004):

- Mit wirksamen Schadenverhütungsmaßnahmen werden gefährdete Kulturen geschützt.
- Das implementierte Schadenvergütungssystem schafft Anreize für eine angepasste Landbewirtschaftung und eine effektive Bestandsregulierung.
- Die Bestände werden durch effiziente jagdliche Eingriffe reguliert.

Wie bei solchen Schäden vorgegangen werden muss, welcher Meldeweg einzuhalten ist, wie geschätzt und berechnet wird, kann heute in der Schweiz auf den Portalen des Bundes und der Kantone abgerufen werden. Zurzeit laufen Untersuchungen zu Drohnen- und GIS-gestützten Erhebungsmethoden zur Erfassung und digitalen Weiterverarbeitung von Wildschweinschäden in Kulturen (Suter & Stoller 2016).

Integraler Teil im Umgang mit dem Wildschwein ist der Schutz landwirtschaftlicher Kulturen. Soweit möglich und zumutbar sollen Bewirtschafter Wildschweine also davon abhalten, in ihre Äcker, Felder und Weinberge einzudringen. Dazu gibt es zahlreiche Anleitungen. Beispielsweise sollen besonders wertvolle landwirtschaftliche Kulturen nicht in unmittelbarer Nähe des Waldes angelegt werden, weil Wildschweine waldnahe Nahrungsquellen bevorzugen. Außerdem wird übereinstimmend empfohlen, zum Schutz von landwirtschaftlichern Spezialkulturen Elektrozäune einzusetzen. Um die gewünschte Wirkung zu erzielen, hält zum Beispiel Dalüge (2010) folgende Punkte für entscheidend:

- Verwendung schlagstarker, auf das Wildschwein ausgelegter Geräte (12-V- oder 230-V-Netzgerät)
- gesicherte Stromversorgung im 24-Stunden-Betrieb mittels zweier Batterien (zum Austausch während der Ladevorgänge)

- Verwendung hochwertiger Litzen und Einsatz von Litzenverbindern
- bewährt hat sich ein dreilitziger Aufbau mit Litzenhöhen von 25, 35 und 65 cm
- richtige Erdung mit drei Metallstäben (1 m lang) im Abstand von 3 m
- richtige Wartung und Kontrolle des Zauns

Es gibt auch Anordnungen mit zwei Litzen, geringfügig anderen Abständen vom Boden und einer weißen Ummantelung der oberen Litze zur besseren Sichtbarkeit (Fischer 2010). Das Aussperren von Wildschweinen muss aber mit Bedacht vorgenommen werden, denn durch jede eingezäunte Fläche verringert sich der Lebensraum nicht nur für das Wildschwein, sondern auch für andere im Agrarland lebende Wildtiere.

Ferner werden Klangattrappen, Geruchsvergrämungen, «Wildschwein-Radios» und weitere Methoden eingesetzt, von denen nicht alle zur erwünschten Lösung führen. Doch auch wirkungsvolle Methoden bieten keinen absoluten Schutz, denn selbst bei häufigen Kontrollen können technische Defekte zum Beispiel die Stromzufuhr lahmlegen. Zudem sind Wildschweine fähig, Zäune zu überspringen (Dalüge 2010).

Zurzeit laufen in der Schweiz unter dem Begriff «Wildschweinschreck» Untersuchungen zur Anwendung akustischer Signale mit Lautäußerungen aus dem natürlichen Verhaltensrepertoire des Wildschweins. Abschließende Ergebnisse liegen noch nicht vor (Suter & Stoller 2016).

Eine weitere Einflussgröße im Umgang mit dem Wildschwein ist die sogenannte Ablenkfütterung im Wald, mit deren Hilfe Wildschweine vom offenen Feld und den Kulturen weggelockt werden sollen. Selbstverständlich lernen Wildschweine schnell, solche Nahrungsquellen zu nutzen. So verschoben besenderte Wildschweine im Kanton Genf ihre Tageseinstände im Lauf von vier bis fünf Wochen in die Nähe des Weges, der als Teststrecke für die Ablenkfütterung gewählt worden war. Grundsätzlich besteht die Versuchung, «das Wildschweinproblem» mit möglichst viel Ablenkfütterung zu entschärfen. Doch besteht das Risiko, dass «die Fütterung» von Wildschweinen im Wald einen essenziellen Beitrag zur Populationszunahme leistet, sofern quantitativ keine Zurückhaltung geübt wird. Hinzu kommt, dass ausgebrachtes Futter ökonomisch deutlich günstiger ist als die Abgeltung von Wildschäden. Da dieses Problem nun bekannt ist, verboten einige Kantone die Ablenkfütterung (Thiel 2012, Fischer 2014).

Auch der als Kirrung bezeichnete Austrag geringer Mengen an Futter zur Anlockung von Wildschweinen, um sie dort zu bejagen, wird kritisch beurteilt. Jedenfalls raten Schnidrig-Petrig & Koller (2004) zur Zurückhaltung, weil in der Praxis bei übermäßiger Beschickung Kirrungen sehr schnell zu Fütterungen werden. Stets muss der Grundsatz gelten: Wo gekirrt wird, wird gleichzeitig gejagt – wo Ablenkfütterungen betrieben werden, wird nicht gejagt.

In der heutigen Kulturlandschaft ist die wohlüberlegte Bejagung des Wildschweins unumgänglich (u.a. Geisser & Reyer 2005). Wie sie vonstattengehen soll, wurde in der Strategie des Bundes erläutert (Details dazu siehe Schnidrig-Petrig & Koller 2004). Die wichtigsten Punkte hierzu sind: Wildschweine sind hoch mobil, deshalb sollten größere Raumeinheiten (Wildräume) definiert werden, in denen das Management unter Einbeziehung von Landwirten, Waldbewirtschaftern und Jägern organisiert wird. Für die Schadenverhütung und die Abläufe bei der Schadenvergütung sind orts- und zeitbezogene Ziele und Maßnahmen festgelegt, dazu gehören eine detaillierte Jagd- und Schadenstatistik, eine Erfolgskontrolle, zudem die interne Kommunikation und die Information der Öffentlichkeit. Für solche Wildräume werden Flächen zwischen 50 und 300 km^2 empfohlen, in denen sich mehrere Wildschweinrotten bewegen. In

Abb. 6.4: Wildschäden an landwirtschaftlichen Kulturen lassen sich nicht vollständig vermeiden. Um sie in Grenzen zu halten, ist eine geschickte Kombination aus Verhütungsmaßnahmen, Entschädigungszahlungen, Regulation durch die Jagd und einer offenen Kommunikation vielversprechend.

Reviersystemen sind grenzüberschreitende Managementeinheiten nur gemeinsam mit der Jägerschaft zu formen. Um solche Einheiten funktionsfähig zu halten, müssen Gremien aus allen beteiligten Gruppen gebildet werden, denen eine beauftragte Person vorsteht, welche die einzelnen Schritte koordiniert.

Aufgrund der enorm hohen Nachwuchsrate, die bis zu 300 % erreichen kann, sich in der Schweiz aber um ca. 150 % bewegt, muss der gesamte Zuwachs abgeschöpft werden, wenn der Bestand konstant gehalten werden soll. Zur Veranschaulichung: Wächst ein Ausgangsbestand von 100 Tieren im laufenden Jahr auf 250 Tiere an, müssen 150 Wildschweine erlegt werden, um am Ende wieder wie zum Jahresbeginn zu stehen. Für Details zu den technischen Methoden der Wildschweinjagd siehe Schnidrig-Petrig & Koller (2004), Jagd- und Fischereiverwalterkonferenz der Schweiz JFK-CSF-CCP (2014) oder Thiel (2012). Aufgrund der heute nachtaktiven Lebensweise des Wildschweins werden in einzelnen Regionen Nachtsichtgeräte und Nachtzielgeräte eingesetzt, die jedoch nicht überall zum Erfolg führen (Thiel-Egenter 2010). Ihre Verwendung ist umstritten. Hingegen bahnt sich eine Rückkehr der Jagd mit Hunden an (Gattlen 2016), eine früher vor allem in Deutschland verbreitete Jagdmethode (Raesfeld & Frevert 1942).

Trotz aller Anstrengungen seitens der Landwirtschaft zur Schadenverhütung und seitens der Jägerschaft zur Bestandsregulierung lassen sich Wildschäden nicht vollständig verhindern. Parallel zur Schadenverhütung ist deshalb ein Anreizsystem für den korrekten Umgang mit Landwirten und der Jägerschaft zu entwickeln mit dem Ziel, Schäden angemessen zu entschädigen, die Anwendung von Schadenverhütungsmaßnahmen zu fördern und eine wirksame Wildschweinregulierung durch die Jägerschaft zu belohnen. Allerdings sind Schäden nur zu entschädigen, wenn die zumutbaren Verhütungsmaßnahmen getroffen worden sind. In vielen Regionen hat die Jägerschaft für den Wildschaden ganz oder zum Teil aufzukommen. Dabei ist zu beachten, dass die Beteiligung der Jägerschaft an den Entschädigungszahlungen tragbar bleibt. Denn wird das wirtschaftliche Risiko zu groß, dürfte die Zahl der Jäger zurückgehen.

Entscheidend für die Bewältigung von Konflikten im Zusammenhang mit Wildschweinschäden ist eine offene und lösungsorientierte Kommunikation zwischen allen Beteiligten. In der Praxis bewährt sich ein proaktives Vorgehen der Jäger, indem sie auf die Bewirtschafter zugehen und draußen im Gelände gemeinsam nach geeigneten Lösungen suchen.

6.2.4 Monitoring

Im Umgang mit dem Wildschwein gibt es mehrere Ansätze, wie Bestandsgrößen und deren Veränderungen über die Zeit erfasst werden. Ein Weg führt vom Ausmaß der Schäden an landwirtschaftlichen Kulturen zu den möglichen Veränderungen in der Wildschweinpopulation. Hierbei dienen der Schaden in der Fläche und der Schweregrad als Indikatoren oder die geforderten Schadenersatzzahlungen werden als Parameter genutzt. Nehmen Fläche und Schweregrad und damit auch die Schadensumme zu, ist von einem Zuwachs auszugehen. Da sich in den Schadenersatzforderungen zahlreiche verschiedene Beeinträchtigungen einer Ernte aufsummieren können, handelt es sich bei solchen Bestandsschätzungen um grobe Annäherungen und um relative Veränderungen über die Zeit.

Als weitere Methode kann die Zahl erlegter Tiere als Indikator für die Entwicklung einer Population herangezogen werden. Nimmt bei gleich bleibendem Aufwand die Zahl erlegter Wildschweine zu, gilt dies als Indikator für eine steigende Bestandsgröße und umgekehrt. Auch hierbei handelt es sich um grobe Näherungswerte.

Um exaktere Werte zu bekommen, wurden zum Beispiel im Kanton Genf Fang-Wiederfang-Techniken eingesetzt. Dabei wurden Tiere gefangen, mit Ohrmarken und Telemetrie-Ohrsender versehen und überwacht (Hebeisen et al. 2008). Auch indirekte Nachweise wie Kot und Haare werden immer häufiger verwendet, um die relative Dichte zu erfassen oder einen Bestand über genetische Fang-Wiederfang-Methoden zu schätzen

Abb. 6.5: Flachmoore mit Schilf- und Binsenbeständen, die im Zuge der Besucherlenkung nicht betreten werden dürfen und somit ruhig bleiben, bilden häufig frequentierte Rückzugsräume für Wildschweine. Dort sind sie auch tagsüber aktiv.

(Ebert et al. 2010, Ebert et al. 2012). Solche Methoden sind zwar wissenschaftlich erprobt, jedoch sehr aufwendig sowie in der jagdplanerischen Praxis großflächig kaum anzuwenden.

6.2.5 Perspektiven

Es ist davon auszugehen, dass die Wildschweinpopulationen in Mitteleuropa weiter anwachsen werden. Entscheidend dürfte sein, wie sich das Klima künftig entwickelt und auch, welche Wirkung bisherige und allenfalls neue Methoden der Wildschadenverhütung erzielen. Im Weiteren muss sich zeigen, ob und inwieweit koordinierte Jagden im Winterhalbjahr im Wald und Einzeljagden während der Vegetationsperiode die geforderten Regulationsabschüsse erbringen können. Nicht zur Diskussion steht der Einsatz chemischer Mittel wie Gifte oder Kontrazeptiva oder tierethisch höchst bedenkliche Methoden wie der in Italien bereits geforderte Einsatz von Kriegswaffen.

Das Wildschwein ist ein äußerst erfolgreiches und intelligentes Wildtier und überrascht das Management immer wieder aufs Neue. Deshalb muss das Wildschweinmanagement der Zukunft sich von der einseitigen Betrachtung dieser Wildtierart als Schadenverursacher lösen und den Weg hin zu einem reflektierten Zusammenwirken von Schützen und Eingreifen finden, in Raum und Zeit differenziert.

6.3 Kormoran – zu erfolgreich als Fischer?

Abb. 6.6: Kormorane ernähren sich von Fischen und stehen somit in einer direkten Konkurrenz zu den Ansprüchen der Fischer. In Anbetracht der europaweiten Zunahme der Bestände sind immer wieder geforderte punktuelle Kolonie-Regulierungen wenig wirksam.

6.3.1 Problematik und Hintergrund

Der Festlandkormoran (*Phalacrocorax carbo sinensis*) hat in den letzten Jahrzehnten im Bestand stark zugelegt und sein Brutgebiet besonders im Binnenland ausgedehnt. Durch den Umstand, dass Kormorane Fische fressen – eine Ressource, die auch der Mensch nutzt – entsteht eine direkte Konkurrenz. Die Konkurrenzsituation zeigt in unterschiedlichen Habitaten verschieden scharfe Ausprägungen. Besonders ausgeprägt ist sie auf degradierten Flüssen und Kleingewässern sowie in Fischzuchtanlagen und in der Teichwirtschaft. Wesentlich weniger folgenschwer ist sie in größeren stehenden Gewässern.

Je nach persönlichem Zugang wird die Problematik sehr unterschiedlich bewertet. Während ein Naturschützer den Kormoran als faszinierendes, bereicherndes Element der Biodiversität sieht, ist der schwarze Vogel für den Berufsfischer in erster Linie ein Schädling und Konkurrent. An dieser Stelle müssen wir uns fragen, wann die Entnahme eines Fisches durch den Kormoran vom natürlichen Nahrungserwerb zu einem Schaden wird.

Die Fische im See gehören niemandem. Geht der Kormoran hier seinem natürlichen Nahrungserwerb nach, schädigt er folglich niemanden. Ein Schaden entsteht erst dann, wenn der Kormoran einen Fisch aus der Fangeinrichtung eines Fischers (zum Beispiel Netz oder Reuse) entnimmt oder dabei die Fangeinrichtung beschädigt. Anders verhält es sich in einer Fischzucht oder in der Teichwirtschaft, wo jede Entnahme eines Fisches als schadenrelevant gilt.

Um den Einfluss des Kormorans auf den Fischbestand zu bestimmen, müsste der Fischbestand eines Gewässers bekannt sein. Dieser mag in Flüssen und Kleingewässern zu eruieren sein, kaum jedoch in größeren Seen. Weil man diese Größe nicht kennt, werden oft Mengen verglichen und Rechnungen angestellt, die nicht zulässig sind. Zum Beispiel: Der Kormoran entnimmt pro Jahr eine bestimmte Menge Fisch aus einem Gewässer – entsprechend entgeht der Berufsfischerei ein Ertrag von ebenso vielen Tonnen Fisch. In dieser Diskussion stützt man sich oft auf Meinungen, die nicht verifiziert werden können. Das kann zu Missverständnissen führen.

Rechtliche Rahmenbedingungen

Der Kormoran ist in der Schweiz eine jagdbare Tierart mit einer Schonzeit zwischen April und Oktober. Er wird allerdings nur in kleiner Zahl geschossen, weil die Jagd

Abb. 6.7: Entlang von Meeresküsten und auf flachen Inseln brüten Kormorane auf dem Boden, wie hier auf einer künstlichen Insel im Neuenburgersee. Die Nester reihen sich dicht aneinander.

schwierig und die Verwertung erlegter Tiere wenig interessant ist. Zusätzlich teilte der Kormoranmanagementplan (Rippmann et al. 2005) die Gewässer in Eingriffsgebiete (Fließgewässer, Flussstaustrecken und Seen bis 50 ha Wasserfläche) und Nichteingriffsgebiete (größere Seen ab einer Fläche von 50 ha) ein. Eine Vollzugshilfe des Bundes soll in Zukunft den Umgang mit dem Kormoran neu regeln. Im EU-Raum ist der Kormoran grundsätzlich in der EU-Vogelschutzrichtlinie geschützt. Die Richtlinie enthält jedoch Ausnahmeregelungen, unter denen Eingriffe möglich sind. Bis 2009 machten 22 EU-Staaten von diesen Ausnahmeregelungen Gebrauch (Great Cormorant; Applying derogations under Article 9 of the Birds Directive 2009/147/EC).

Abb. 6.8: Liegen reiche Fischgründe in gut erreichbarer Distanz, bringen Kormorane mehrere Junge pro Jahr hoch. Bei der Fütterung steckt das Junge seinen Kopf in den Schlund des Elternteils, um an die herbeigeschaffte Nahrung zu gelangen.

Spezielle Situation in Schutzgebieten

In der Schweiz stieg mit der Neugründung und dem Wachstum der Brutkolonien der Druck, den Kormoran auch in Schutzgebieten (speziell den Wasservogelreservaten nach der WZVV) und während der Brutzeit regulieren zu können. Eine entsprechende Sonderbewilligung für einen Bestandsregulationsversuch im Schutzgebiet Fanel am

Neuenburgersee des Bundesamtes für Umwelt (BAFU) wurde jedoch vom Bundesverwaltungsgericht aufgehoben (BVG-Urteil A-2030/2010, 14.4.2011). Zwar könne man bei Vorhandensein von übermäßigen und trotz Schadenverhütungsmaßnahmen entstandenen Schäden – als Schäden können Löcher in den Netzen der Berufsfischer und verletzte Fische in den Netzen gelten – grundsätzlich in den Vogelreservaten bestandsregulierende Maßnahmen vornehmen, doch reichten die Schäden, die den Berufsfischern durch die Kormorane entstanden sind, im konkreten Fall nicht aus, um Regulierungsmaßnahmen zu rechtfertigen. Zudem seien nicht alle zumutbaren Präventionsmaßnahmen ergriffen worden, zum Beispiel das Verhindern der freien Entsorgung von Fischabfällen im See. Denn diese Praxis der Berufsfischer kann das Bestandswachstum des Kormorans ankurbeln. Steigt das Schadensausmaß auf dem Neuenburgersee in Zukunft aber an und ist die Schadenprävention ausreichend verbessert, wären solche Maßnahmen zur Regulation der Brutkolonie im Schutzgebiet jedoch grundsätzlich möglich.

Auch in Natura-2000-Gebieten wurden Maßnahmen gegen den Kormoran erwogen. Diese sind grundsätzlich nur dann zulässig, wenn sie zu keiner erheblichen Beeinträchtigung eines Natura-2000-Gebiets in seinen für die Erhaltungsziele oder den Schutzzweck maßgeblichen Bestandteilen führen können (§ 33 Abs. 1 Satz 1 BNatSchG).

6.3.2 Zieldefinition

Im Umgang mit dem Kormoran sind verschiedene Ziele definiert, die sich in die Bereiche Biodiversität in Gewässern, Management der Kormoranpopulation und fischereiliche Nutzung einteilen lassen:

- Fischerei- und Naturschutzkreise sind sich in der groben Zielsetzung einig, die Biodiversität der Gewässer zu erhalten und zu fördern.
- An degradierten Fließgewässern werden gefährdete Fischpopulationen (zum Beispiel Äsche) mittels Vergrämungseingriffen vor der Prädation durch den Kormoran geschützt.
- Gleichzeitig wird die Gewässermorphologie soweit aufgewertet, dass unter Prädationsdruck stehende Arten geeignete Lebensräume und Deckung finden.

Langfristig wird ein Management der Kormoranpopulationen etabliert, das ohne bestandsregulierende Eingriffe auskommt. Denn die bisherigen Erfahrungen zeigen, dass auf gesamteuropäischem Niveau lediglich Verlagerungen, aber keine nachhaltige Wirkung auf den Bestand erzielt werden. Diese Haltung wird jedoch kontrovers diskutiert.

Eine fischereiliche Nutzung bleibt in ökonomisch sinnvollem Umfang bestehen und erfolgt mit Methoden, welche die Fischerträge nachhaltig sichern. Durch Kormorane verursachte Schäden an gefangenen Fischen und Gerätschaften überschreiten ein definiertes tragbares Maß nicht. Falls notwendig, werden zumutbare Präventionsmaßnahmen getroffen.

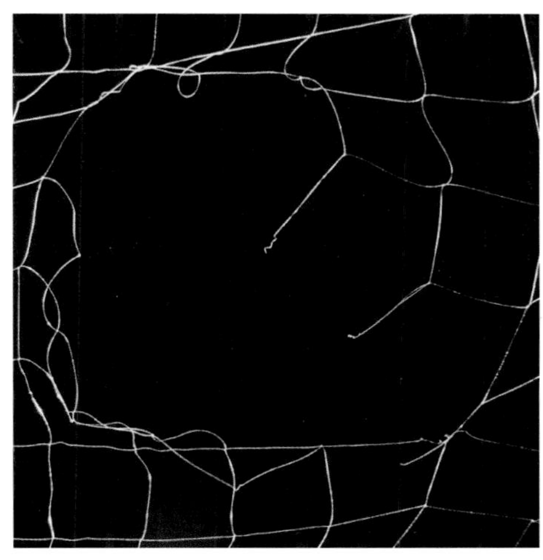

***Abb. 6.9:** Kormorane fangen Fische im freien Wasser. Sie können sich aber auch über Netze hermachen und darin gefangene Fische aus den Maschen klauben. Dabei bleiben verletzte Fische zurück oder es entstehen solche Löcher, die als «Schäden an Fanggeräten» bezeichnet werden.*

6.3.3 Maßnahmen

Ausgangszustand erfassen

Als erster Schritt in einem Regelablauf sind der Ausgangszustand respektive das Schadensausmaß zuverlässig zu erheben. Methoden zur Erfassung und Abschätzung der verletzten Fische und Fischentnahmen aus Netzen und Reusen wurden am Neuenburgersee entwickelt (Robin et al. 2012). Taugliche Messmethoden zur Abschätzung der Einflüsse des Kormorans auf die Fischfauna in größeren Gewässern sind dagegen noch nicht verfügbar.

Präventivmaßnahmen bei geringem Schadensniveau

Ist das Schadensniveau gering, besteht kein akuter Handlungsbedarf. Gleichwohl sind fischereiliche Maßnahmen zur Prävention künftiger Schäden angebracht, zum Beispiel die korrekte Entsorgung der Fischabfälle. Zudem sollten die Schäden laufend und ganzjährig erhoben werden.

Prävention vor Intervention bei untragbaren Schäden

Entstehen untragbare Schäden an gefährdeten Fischbeständen oder in der Berufsfischerei, sind zuerst die Möglichkeiten der Prävention auszuschöpfen. So können bereits technische Einrichtungen und kleine Anpassungen der fischereilichen Praxis (Hebezeiten, Hebefrequenzen) zu Verbesserungen führen. Speziell an Flüssen können Maßnahmen wie Aufweitungen, Raubäume im Wasser oder das Entfernen potenzieller Schlafbäume die Prädation gefährdeter Fischarten durch den Kormoran vermindern. Letztere Maßnahme löst möglicherweise einen Konflikt aus, indem anderen Nutzern solcher Schlafbäume wie Reihern oder Fledermäusen ein für sie wichtiges Infrastrukturelement (Sitzbaum, Übertagungsort) entzogen wird.

Greifen die Präventivmaßnahmen nicht, sind zuerst Interventionen am Schadensort zu erwägen (zum Beispiel Einzelabschüsse an Fischfangvorrichtungen). Invasivere Methoden umfassen das Entfernen der Brutbäume, das Einölen der Eier oder Störaktionen an Brutplätzen während der Nacht. Letztere Methode wurde vom Landesgericht Baden-Württemberg allerdings für unzulässig erklärt. Nach Erfahrungen aus nördlichen Gebieten der Kormoranverbreitung erzielen Eingriffe in die Populationen kaum eine nachhaltige Wirkung. Einerseits sind Kormorane in der Lage, Ausfälle durch höhere Überlebenswahrscheinlichkeit und erhöhten Bruterfolg wieder wettzumachen. Andererseits müsste eine Populationsregulierung auf europäischer Ebene vorgenommen werden, da andernfalls lokale Bestandsreduktionen durch Immigration aus anderen Gebieten kompensiert würden.

***Abb. 6.10:** In der Dämmerung fahren diese Berufsfischer auf den See, um ihre Netze möglichst vor Aktivitätsbeginn der Kormorane zu heben. Durch solche Maßnahmen können Schäden an Netzen eingegrenzt werden.*

6.3.4 Monitoring

Als Koloniebrüter lassen sich Kormorane verhältnismäßig zuverlässig zählen respektive schätzen. Als Voraussetzung dafür gilt, dass die Brutkolonien bekannt sind und neu entstehende verlässlich entdeckt werden (Keller & Müller 2015). Um die Maßnahmen zu verbessern, ist deren Wirkung laufend zu erfassen. Schäden in Form verletzter Fische können in der normalen Fischereipraxis erhoben werden. Verhaltensänderungen des Kormorans sind dagegen nur mit zusätzlichem und erheblichem Beobachtungsaufwand zu erkennen.

Abb. 6.11: Einige Jahre nach der Koloniegründung auf den aufgeschütteten Inseln im Schutzgebiet Fanel im Neuenburgersee begannen die Kormorane, die Inseln zu meiden. Sie verlegten ihr Brutgeschäft in benachbarte Bäume, wo sie zahlreiche Nester erbauten.

6.3.5 Perspektiven

Im Hinblick auf eine Objektivierung der Problemwahrnehmung gibt es eine Schlüsselfrage, die bis heute nicht gelöst ist: Wie groß ist der Einfluss des Kormorans auf den Fischbestand in einem größeren Gewässer? Um diese Frage zu beantworten, sind realistische Modelle zur Abschätzung der verfügbaren Fischbiomasse nötig, damit zuverlässige Abschöpfungsraten berechnet werden können. Solche Modelle müssen auch die weiteren Haupteinflüsse auf die Fischfauna und die Erträge der Berufsfischerei abbilden.

Mit verstärkten Anstrengungen zur Revitalisierung von Gewässern sollte im Optimalfall erreicht werden, dass der Einfluss des Kormorans auf gefährdete Fischarten auf ein verträgliches Niveau gesenkt wird und die Biodiversitätsziele ohne Maßnahmen gegen den Kormoran erreicht werden. Denn gute Gewässerlebensräume bedeuten eine verbesserte Fortpflanzung der Fische und dank genügend Deckungsstrukturen eine geringere Prädation. Auch ohne regulierende Maßnahmen werden die Kormoranbestände nicht ins Unendliche anwachsen, da dichteabhängige Mechanismen dem Wachstum Grenzen setzen.

6.4 Schermaus – Schädling oder Schlüsselart für artenreiche Grünflächen?

6.4.1 Problematik und Hintergrund

Es ist noch kein halbes Jahrhundert her, da verdienten sich viele Kinder ihr Taschengeld, indem sie die Schwänze von Wühlmäusen auf der Gemeinde abgaben. Zudem waren vielerorts professionelle Mäusefänger unterwegs, um die Wühlmauspopulationen im Agrarland zu reduzieren.

Prämien für Mäuseschwänze existieren heute noch und Wühlmäuse wie die Schermaus (*Arvicola terrestris*) sind hauptsächlich dann ein Thema, wenn sie Schäden in der Land- oder Forstwirtschaft anrichten. Durch Wurzelfraß und ausgeworfene Erdhaufen verursachen sie Schäden in Wiesen, Äckern, Feldern, Obstanlagen oder auch in der Waldverjüngung. Wie bei anderen Wühlmäusen werden bei der Schermaus zyklische Massenvermehrungen beobachtet (Fichet-Calvet et al. 2000). In solchen Jahren nehmen nicht nur die Bestände, sondern auch die Schäden markant zu.

Schermäuse erfüllen zudem eine wichtige ökologische Funktion. Als häufige Beutetiere ermöglichen sie kleinen und mittelgroßen bis großen Beutegreifern ein Auskommen (Weber et al. 2002). So profitieren Hermelin, Mauswiesel und Iltis stark von Wühlmausvorkommen. Auch Greifvögel wie Rotmilan und Mäusebussard, aber auch Graureiher und Störche ernähren sich zeitweise vorwiegend von Wühlmäusen. Zudem schaffen Schermäuse durch Wurzelfraß und ausgeworfene Erdhaufen Lücken in Wiesen,

Abb. 6.12: Die Schermaus richtet durch Wurzelfraß und ausgeworfene Erdhaufen Schäden in Wiesen, Äckern, Feldern, Obstanlagen oder in der Waldverjüngung an. Sie wird mit unterschiedlichen Mitteln bekämpft.

welche die Pflanzendiversität, Insekten und wiesenbewohnende Vögel fördern dürften (Questad & Foster 2007).

6.4.2 Zieldefinition

Schermäuse kommen dort vor, wo Lebensraum für sie vorhanden ist; sie spielen innerhalb des ökologischen Wirkungsgefüges eine wichtige Rolle als Beutetiere und Schaffer heterogener, lückig bewachsener Grünflächen. Ihre Populationen werden gleichzeitig dort reguliert, wo landwirtschaftliche Kulturen gefährdet sind und unzumutbare Schäden entstehen – sofern Maßnahmen zur Schadensprävention und lokalen Vergrämung keine Lösungen darstellen.

6.4.3 Maßnahmen

In Privatgärten wird oft versucht, die Wühlmäuse zu vertreiben. Bei Schäden in größeren landwirtschaftlichen Kulturen ist meist das Ziel, die Populationsdichte der Schermäuse zu reduzieren, die Populationen lokal und temporär zu eliminieren beziehungsweise auf einem tiefen Niveau zu halten. Eine Vielzahl von Methoden kommt hier zum Einsatz:

- Vertreiben der Wühlmäuse mit Geruchsstoffen (zum Beispiel Knoblauchlösung, Buttersäure, Gas, Geruch von Prädatoren) oder mit akustischen Mitteln
- Anlocken von Prädatoren auf heikle Flächen (zum Beispiel Sitzstangen für Greifvögel, Leitstrukturen für Bodenprädatoren)
- Lebendfallen: Die gefangenen Mäuse werden dann entfernt vom Schadensort wieder freigelassen. Als Alternative wurden Lebendfallen entwickelt, die von Prädatoren geleert werden.
- Totschlagfallen (Röhrenfalle, Zangenfalle, Drahtfalle)
- Einsatz von Giftstoffen: Früher wurden oft Rodentizide wie Bromadiolon eingesetzt, welche auch andere Arten und insbesondere die Beutegreifer gefährdeten (Sage et al. 2008). Bromadiolon wird unter bestimmten Auflagen auch heute noch eingesetzt. Weitere Wirkstoffe sind Zinkphosphid oder Wafarin. Auch giftige Gase wie Phosphorwasserstoff werden ins Gangsystem eingebracht.

Im Unterschied zur Bejagung von Wildschweinen kann der Landwirt selber regulierend gegen Schermauspopulationen vorgehen. Die Schermaus untersteht in der Schweiz weder dem Jagd- und Wildtierschutzgesetz, noch profitiert sie von der Sonderbehandlung einer geschützten Art. Entsprechend existieren für Schermäuse und andere Wühlmäuse keine Schonzeiten oder Einschränkungen der zulässigen Bekämpfungsmethoden. Im Natur- und Heimatschutzgesetz ist jedoch festgelegt, dass bei Schädlingsbekämpfung darauf zu achten ist, keine geschützten Arten zu beeinträchtigen.

Schermäuse dürfen demnach das ganze Jahr über in Selbsthilfe «gejagt» werden, unabhängig davon, ob sie Jungtiere aufziehen oder nicht. Sind Schäden unzumutbar und eine Populationsregulierung unausweichlich, sind Schermäuse nach Möglichkeit vor dem Start der Fortpflanzungsperiode, also zwischen November und Februar zu dezimieren oder lokal zu eliminieren. Den größten Zuwachs haben Schermäuse zwischen April und Juni (Jenrich et al. 2010).

Abb. 6.13: Im Kampf gegen die Schermaus kommen noch heute Mittel zum Einsatz, die es aus tierethischer Sicht zu überdenken gilt. Insbesondere bei der Anwendung giftiger Substanzen sind Fragen zur Tierschutzverträglichkeit zu beantworten. Mechanische Tötungsfallen (Bild) sind weniger umstritten.

6.4.4 Monitoring

Zu manchen Zeiten im Jahr kann die Anwesenheit der Schermaus über das Zählen der Erdhaufen quantifiziert werden.

6.4.5 Perspektiven

Bisher war unser Umgang mit Wühlmäusen wenig zimperlich, was sich auch im Begriff «Schädlingsbekämpfung» äußert. Mit steigender Aufmerksamkeit der Gesellschaft für tierethische Belange dürften sanftere Methoden zur Konfliktlösung an Bedeutung gewinnen. In Experimenten konnte nachgewiesen werden, dass Wühlmäuse auf Raubtiergeruch mit reduzierter Fortpflanzung reagieren (Bolbroe et al. 2000,

Fuelling & Halle 2004). Künstlich ausgebrachte Geruchsmarkierungen einheimischer Wühlmausprädatoren könnten also eine vielversprechende, wenig invasive Maßnahme sein. Hier besteht jedoch weiterer Entwicklungsbedarf.

Schreitet die Intensivierung der Landwirtschaft weiter voran, wird die Schermaus im Mittelland seltener werden. Denn mit zunehmender Beweidungsintensität beziehungsweise Häufigkeit der Grasschnitte auf Grünland oder größerer Bodenbearbeitungshäufigkeit und -tiefe auf Ackerland nimmt die Populationsdichte der landlebenden Schermaus ab (Jenrich et al. 2010).

Wenig ist bislang über die ökologische Funktion der Schermaus bekannt. Da sie eine sehr weite Verbreitung hat und schon sehr lange vorkommt, dürften viele Arten von Strukturen profitieren, welche die Schermaus mit ihrer Grabtätigkeit schafft (Questad & Foster 2007). Die zyklischen Massenvermehrungen führen auch bei spezialisierten Prädatoren zu Populationsmaxima (Weber et al. 2002, Litvinov et al. 2013). Die Rolle solcher Maxima für den genetischen Austausch und die Besiedlung verwaister Habitate ist noch nicht im Detail untersucht.

Abb. 6.14: Hohe Schermausdichten begünstigen die Populationsentwicklung mäusejagender Prädatoren, während Bestandseinbrüche bei der Schermaus zwangsläufig zu geringeren Prädatorendichten führen.

Neu

7

Abb. 7.1: Durch unterschiedliche Prozesse haben sich in den letzten 100 Jahren neue Wildtierarten in Mitteleuropa festgesetzt. Unter ihnen findet sich auch der aus Amerika stammende Waschbär.

7.1 Einführung

Was heißt «neu»? Wildtierarten können ihr Verbreitungsgebiet ausdehnen und ohne aktive menschliche Unterstützung in früher besiedelte oder bisher nicht bewohnte Areale immigrieren. Diesen natürlichen Prozessen stehen bewusst oder unbewusst anthropogen verursachte Neuansiedlungen in historisch nicht besiedelten Lebensräumen gegenüber (Neozoenthematik).

Ursachen können sein:

- Eine Wildtierart immigriert, nachdem sich die Lebensbedingungen als Folge globaler oder regionaler Prozesse wie Landnutzungsänderungen oder Klimawandel verändert haben und neue Habitate zur Verfügung stehen. Erst kürzlich wurde die eigentlich mediterrane Etruskerspitzmaus in der Südschweiz erstmals nachgewiesen. Vergleichbare Arealverschiebungen sind aus der Pflanzenwelt und bei zahlreichen Wirbellosen und Wirbeltieren bekannt, zum Beispiel Mittelmeermöwe, Kormoran, Türkentaube und Goldschakal.
- Unabsichtlich transportiert der Mensch Wildtierarten aus ihrem autochthonen Verbreitungsgebiet in unbesiedelte Lebensräume. Zentraler Mechanismus ist der großräumige Waren- und Personentransport mit allen eingesetzten Transportmitteln wie Schifffahrt, Luftfahrt und Landverkehr. Beispiele sind die Wanderratte und der Asiatische Laubholzbockkäfer.
- Absichtliche Neuansiedlungen haben zumeist als Motiv, die einheimische Fauna zu «verbessern» oder «aufzuwerten», um sie attraktiver zu gestalten oder einen Nutzen daraus zu ziehen. Im Vordergrund stehen die jagdliche und fischereiliche Nutzung. Beispiele sind die Regenbogenforelle (siehe Kapitel 7.2), das Mufflon und der Damhirsch.
- Wildtiere und Nutztiere können aus Gehegen und Tierhaltungen entweichen, verwildern und menschenunabhängige Populationen bilden. Beispiele sind Waschbär und Marderhund in Europa, der Mustang in Nordamerika sowie Wildkaninchen und Kamele in Australien.
- Als Folge der Wertung aller fleisch- und fischfressenden Arten als Schädlinge in der Vergangenheit wurden zahlreiche mittlere und größere Prädatoren ausgerottet. Das gleiche Schicksal ereilte auch große Herbivoren. Im 20. Jahrhundert führten tierethische und ökologische Motive zur aktiven Wiederansiedlung ehemals ausgerotteter Arten. Beispiele sind Bartgeier (siehe Kapitel 4.2), Wisent und Luchs in Mitteleuropa.

Neubesiedlungen beeinflussen potenziell das Habitat, die Artenzusammensetzung und den Gesundheitszustand autochthoner Mitbewohner eines Ökosystems. Solche Einflüsse nachzuweisen ist methodisch schwierig. Unabhängig davon können die Einflüsse vernachlässigbar, geringfügig oder schwerwiegend sein.

Besiedelt ein koevoluierter Prädator eine temporär nicht besetzte Region, braucht es eine gewisse Zeit, bis Beutetiere sich an die neue Situation angepasst haben. Im

Anschluss an diese Anpassungsphase pendelt sich das Räuber-Beute-Verhältnis auf dem Niveau ein, wie es vor der Ausrottung dieses Prädators bestanden hat. So stellte sich bei Rehen das arttypische Feindvermeidungsverhalten nach der Rückkehr des Luchses wieder ein (Heurich et al. 2012).

Bei Arten, die neu in ein Ökosystem eintreten (keine Koevolution, Neozoen), kann eine Anpassung über natürliche Selektion nicht oder nicht genügend schnell stattfinden. So haben aus Europa eingeführte Beutegreifer in Australien viele autochthone Beuteltierarten und in Neuseeland zahlreiche Vogelarten ausgerottet. Ähnliche Folgen beobachten wir in mitteleuropäischen Gewässern, wo aus Nordamerika eingeführte Krebsarten die einheimischen Arten durch Konkurrenz und Infektion mit Krankheiten hochgradig gefährden. Ohnehin sind aquatische Lebensräume am stärksten von Neozoen betroffen. Doch fügen sich viele Neozoen in heimische Ökosysteme ein, ohne die darin lebenden Organismen nachweislich zu beeinflussen (Nentwig 2011).

Die für den Umgang mit gebietsfremden Arten geltenden rechtlichen Grundlagen sind den Regelwerken der einzelnen Staaten und der EU zu entnehmen. Der Grundtenor lautet, Neozoen soweit wie möglich zu entfernen oder mindestens eine weitere Ausbreitung zu verhindern. Diese Vorgehensweise ruft jedoch den Widerspruch von NGOs tierschützerischer Ausrichtung hervor (Bertolino et al. 2014). So besteht eine Kontroverse darüber, ob das Lebensrecht des einzelnen Neozoons gleich zu werten ist wie jenes einheimischer Arten. Hat ein evolutiv gewachsenes Ökosystem jedoch erste Priorität, ist die Begrenzung von Neozoen Pflicht. Die Erfolgsaussichten bei Radikalmaßnahmen sind zu Beginn einer Neubesiedlung relativ gut, nehmen mit zunehmender Etabliertheit des Neozoons jedoch ab.

Nationale und internationale Abkommen verhindern präventiv die aktive Ansiedlung von Neozoen (Biodiversitätsabkommen 1992, Jagd- und Naturschutzgesetzgebung). Unbeabsichtigte Verschleppung ist mit gesetzlichen Regelungen jedoch kaum zu unterbinden (Beispiel: Ballastwasser in der Frachtschifffahrt).

7.2 Regenbogenforelle – ein Fehler der Vergangenheit

Abb. 7.2: Zur «Anreicherung» europäischer Gewässer wurden im 19. Jahrhundert mehrere Fischarten aus Nordamerika eingeführt und freigesetzt. Zu den konkurrenzstärksten gehört die Regenbogenforelle.

7.2.1 Problematik und Hintergrund

Über viele Jahrzehnte galt der Besatz mit allochthonen Arten als geeignete Maßnahme zur Aufwertung von Gewässern. Am Beispiel der Regenbogenforelle (*Oncorhynchus mykiss*) soll darauf eingegangen werden, wie der Mensch zur Steigerung des Fischertrags und zur Intensivierung des Fangerlebnisses in die Natur eingegriffen hat.

Die Regenbogenforelle gehört zur Familie der Lachsfische (Salmonidae). Früher der Gattung *Salmo* (Lachse) zugeordnet, zählt sie heute zu den Pazifiklachsen (*Oncorhynchus*). Das ursprüngliche Verbreitungsgebiet der Art liegt in Nordamerika und Kamtschatka. Es gibt Wildformen, die ganzjährig im Süßwasser leben und innerhalb dieser Gewässer wandern (potamodrome Wanderfische), und andere, die zeitweilig im Meer leben und zum Ablaichen in Süßwasserflüsse hochsteigen (anadrome Wanderfische).

Die Regenbogenforelle ist eine von mehreren nordamerikanischen Fischarten, die im 19. Jahrhundert zur Anreicherung der Fischfauna nach Europa gebracht worden sind, meist zuerst nach England, dann nach Deutschland und weitere Länder. 1887 wurde die Regenbogenforelle in die Schweiz importiert und zuerst in Fischzuchtanlagen gehalten, bevor sie fast 100 Jahre lang in natürliche Gewässer freigesetzt wurde (u. a. Zaugg et al. 2003, Durand 2010, GREN 2010). Einen ähnlichen Verlauf schildern Wiesner et al. (2010) für Deutschland und Österreich. Die Ziele dabei waren stets, den umweltbedingten Rückgang der Bachforelle zu kompensieren und für die Sportfischerei gute Angelchancen aufzubauen beziehungsweise zu halten.

Im globalen Kontext gilt die Regenbogenforelle mit ihren verschiedenen Unterarten, Unterartkreuzungen, Zuchtformen und genetischen Sonderformen (Triploidie) heute als eine durch den Menschen am weitesten verbreitete Fischart. Mit ihr wird in großem Stil Fischzucht betrieben, im Binnenland wie in marinen Käfiganlagen. Sie ist in vielen Ländern der bevorzugte Besatzfisch in klaren, eher kühlen und schnell fließenden Gewässern.

Die Regenbogenforelle gilt im Vergleich mit der autochthonen Bachforelle (*Salmo trutta*) als robuster. Die heimische Art leidet unter den Folgen mannigfacher technischer Verbauungen an Fließgewässern. So bieten begradigte Gewässer zu wenige Strukturen als Rückzugsgebiete. Überdies setzen ihr meteorologisch bedingter und durch Schwall-Sunk-Systeme verursachter temporärer Wassermangel und steigende Wassertemperaturen als Folge der Klimaerwärmung zu. Die Regenbogenforelle schreitet nur in wenigen Gewässern zur Fortpflanzung, so zum Beispiel im Rheintal. Wie in der Vergangenheit vielfach belegt, kann sie in den übrigen Gewässern mittelfristig nur durch fortlaufenden Neubesatz gehalten werden. Auch in den Nachbarstaaten Österreich und Deutschland liegen vergleichbare Verhältnisse vor (Wiesner et al. 2010).

Die Art ist gemäß aktueller Definition ein Neozoon (nach 1492, dem Beginn der verkehrstechnischen Erschließung der neuen Welt, in ein bestehendes Ökosystem eingebracht) und darf deswegen grundsätzlich nicht gefördert werden. In der Schweiz zum Beispiel ist der Einsatz von Regenbogenforellen in offene hydrologische Gewässer seit 1991 vom Bund bewilligungspflichtig (Dönni et al. 2002). Die Bewilligung wird nur erteilt, wenn die einheimischen Tiere und Pflanzen nicht gefährdet werden und wenn keine unerwünschte Veränderung der Fauna erfolgen kann. Diese restriktive Praxis wurde mit der aktualisierten Fischereigesetzgebung von 1994 bestärkt und 1999 durch das zuständige Bundesamt ein weiteres Mal bestätigt. An dieser Position hielt 2011 auch das Schweizerische Bundesverwaltungsgericht fest, als es ein Projekt zur Freisetzung von Regenbogenforellen im Kanton Genf zurückwies.

Von der generellen Bewilligungspflicht des Bundes ausgenommen ist der Besatz geschlossener Systeme, zum Beispiel Bergseen, Stauseen und Anglerteiche. Im Zusammenhang mit der Bedeutung solcher Gewässer für Amphibien und spezialisierte Wirbellose muss auch diese Praxis hinterfragt werden.

Mehrfach fanden experimentelle Besätze in offenen Fließgewässern statt, unter anderem im Rheintal. Der Synthesebericht (Ackermann et al. 2014) zeigt nun auf, dass die Besätze zu keiner Erhöhung der Fangzahlen im System geführt haben und dass eine Standortreue der Besatzfische nicht nachzuweisen war. Zudem konnten negative Effekte auf andere heimische Fischarten nicht eindeutig ausgeschlossen werden. Trotz der aktuellen Sachlage wird noch immer versucht, das generelle «Besatzverbot» aufzuheben.

Abb. 7.3: Nicht die «Anreicherung» der Fischfauna mit Arten aus anderen Kontinenten oder Gewässersystemen, sondern die Revitalisierung der Gewässer nach integralen ökologischen Kriterien ist die Methode, um die Gewässerbiodiversität zu erhalten und, wo immer möglich, zu steigern. Im Bild: Revitalisierter Flussabschnitt «Chli Gäsitschachen» am Escherkanal, Kt. Glarus.

7.2.2 Perspektiven

Fließgewässer, die eigentlichen Hotspots der Artenvielfalt, verloren durch zahlreiche Einflüsse an Biodiversität. Nun sieht die Biodiversitätsstrategie des Bundes in aquatischen Lebensräumen als wichtigstes Ziel vor, die natürliche Artenvielfalt durch Gewässerrevitalisierungen zu fördern. Das revidierte Gewässerschutzgesetz stellt hierfür zusätzliche Mittel bereit. Damit soll sich die Lebensqualität für die Bachforelle – und für zahlreiche weitere Arten der Forellenregion – deutlich verbessern. In diesem Zusammenhang interessant ist die Feststellung von Wiesner et al. (2010), dass nach gezielten Verbesserungen der Gewässerstrukturen für die Bachforelle die Zielart zu- und die Regenbogenforelle abnahm.

Gegen eine Wiederaufnahme des Besatzes mit Regenbogenforellen sprechen die Risiken, mit ihnen Krankheiten, Parasiten und ihre Zwischenwirte einzuschleppen, autochthonen Arten Konkurrenz zu machen und Störungen im ganzen Ökosystem auszulösen, die heute möglicherweise noch nicht zu erkennen sind.

Deshalb empfehlen zum Beispiel Rey (2002) und Ackermann et al. (2014), die Anstrengungen der Verwaltungen und der NGOs auf die ökomorphologische Aufwertung der Gewässer zu fokussieren und damit die Biodiversität der autochthonen Fischfauna zu fördern.

7.3 Mittelmeermöwe – ein konkurrenzstarker Gewinner

Abb. 7.4: Vor rund 50 Jahren brütete die Mittelmeermöwe erstmals in der Schweiz. Inzwischen besiedelt sie weite Teile des Mittellands.

7.3.1 Problematik und Hintergrund

Durch eine rasante Bestandsentwicklung im Mittelmeerraum hat sich die Mittelmeermöwe (*Larus michahellis*) Mitte des letzten Jahrhunderts entlang der Rhone in Richtung Norden ausgebreitet. Nach ersten Brutversuchen 1963 am französischen Ufer des Genfersees (Géroudet 1968) erfolgte 1968 eine erste erfolgreiche Brut am Neuenburgersee (Roux & Thönen 1968). Damit war die Mittelmeermöwe ab 1968 Brutvogel in der Schweiz. Nach anfänglich langsamer Entwicklung wuchs der Brutbestand am Neuenburgersee schnell an (Keller & Zbinden 1998). Dazu beigetragen haben die «Übernahme» zweier künstlich aufgeschütteter Inseln als Brutbasis und vermutlich auch ein unnatürlich hohes Nahrungsangebot durch die Entsorgung großer Mengen an Fischabfällen und Beifang aus der Berufsfischerei (Robin et al. 2010b). Entlang der größeren Flüsse und Mittellandseen hat die Mittelmeermöwe ihr Brutareal in den letzten Jahrzehnten von der Westschweiz in Richtung Osten ausgebreitet. Die Entwicklung des Brutbestands verläuft auf schweizerischem Niveau inzwischen schnell. 2015 brüteten in der Schweiz 1424 Paare an 58 Orten (Müller 2016).

Die Zunahme der Brutpaare hat zu Naturschutzkonflikten geführt. Die Mittelmeermöwe ist gegenüber anderen Arten mit ähnlichen Nistplatzpräferenzen dominant und wirkt des Weiteren als Prädator. Auch die Kombination beider Einflüsse kommt vor. So wird die Mittelmeermöwe im Raum Flachsee (künstlich gestauter See im Kanton Aargau), wo sie seit 1997 brütet (Knaus et al. 2011), als Ursache für den Rückgang des Kiebitzes (*Vanellus vanellus*) genannt. In einem weiteren Fall fanden sich auf einer künstlich geschütteten Kiesinsel am Seedamm in Rapperswil SG sofort Lachmöwen (*Larus ridibundus*) ein und schritten zur Brut (Anderegg & Walser 2007). Die Population wuchs schnell. Auch die Schwarzkopfmöwe (*Larus melanocephalus*) brütete mehrfach. Nachdem die Mittelmeermöwe während vieler Jahre als Ganzjahresgast aufgetreten war, schritt sie 2011 am Rand der Lachmöwenkolonie erstmals zur Brut. 2014 brüteten bereits vier Paare, was die Lachmöwe zur Aufgabe der Insel als Brutplatz veranlasste.

Solche und ähnliche Verläufe sind aus zahlreichen Kolonien bekannt. Zunächst werden zur Förderung der Flussseeschwalbe (*Sterna hirundo*) Brutplattformen, -flöße oder Kiesinseln angeboten. Sie sind als Bruthilfen attraktiv und werden von Lachmöwen und Flussseeschwalben bereitwillig angenommen. Wenig später entdecken

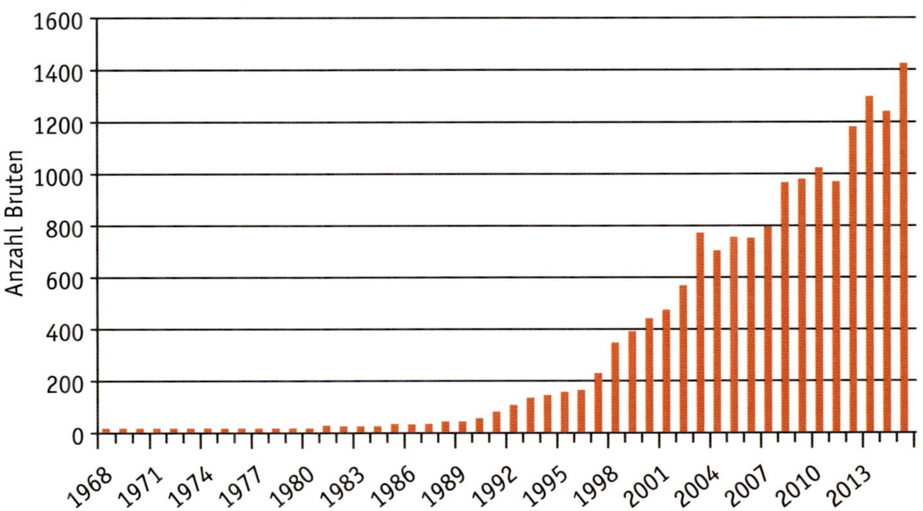

Abb. 7.5: Entwicklung des Brutbestands der Mittelmeermöwe in der Schweiz zwischen 1968 und 2015 (©Schweizerische Vogelwarte Sempach)

adulte Mittelmeermöwen diese Gelegenheiten und schreiten zur Brut. Oft gesellen sich weitere Mittelmeermöwenpaare dazu, allmählich entstehen Kleinkolonien und später Großkolonien. Den kleineren Arten bleibt nur der Rückzug oder der Umzug zu anderen Kolonien, die ebenfalls zumeist auf Nisthilfen brüten.

Flussseeschwalbe und Lachmöwe gehören zu den national prioritären Vogelarten für die Artenförderung in der Schweiz (Keller et al. 2010) und sind damit besonders förderwürdig. Für Fördermaßnahmen wie den Bau von Plattformen, Flößen und Inseln werden große Investitionen getätigt. Mit der Übernahme solcher Nisthilfen durch die

Abb. 7.6: Fünf Jahre nach der Schüttung dieser Insel im Zürcher Obersee kam es am Rand der Lachmöwenkolonie zu einer ersten erfolgreichen Mittelmeermöwenbrut.

Abb. 7.7: Waren die Lachmöwen zu Beginn noch in der Lage, die Mittelmeermöwen in Schach zu halten, brach ihr Widerstand wenige Jahre später ein, als sich eine kleine Mittelmeermöwenkolonie gebildet hatte. Die Lachmöwen gaben die Insel als Brutplatz auf.

Mittelmeermöwe verlieren sie ihren Zweck und werden zu Fördermaßnahmen für die Mittelmeermöwe. Im Management der drei Arten entsteht somit ein Konflikt.

Im Mittelmeerraum werden zur Bekämpfung der Mittelmeermöwe umfangreiche Eingriffe in die Brutkolonien vorgenommen, deren Wirkung umstritten ist. Außer der Beeinträchtigung der Zwergseeschwalbe (*Sternula albifrons*), die zum Verschwinden dieser Art führen kann, konnten Oro & Martinez-Abraìn (2007) keine nennenswerten Einflüsse der Mittelmeermöwe auf andere ausgewählte Wasservogelarten finden. Auch bewirkten die Reduktionseingriffe in die Mittelmeermöwenkolonien keine Zunahme der anderen Arten. Ob und wie diese Ergebnisse auf Binnenlandkolonien zu übertragen sind, ist ebenfalls umstritten. Die grundsätzlichen Unterschiede zwischen den Situationen im mediterranen Raum und in Mitteleuropa bestehen darin, dass im Mittelmeerraum mehr Nahrung zugänglich ist und von ihren Brutplätzen verdrängte kleinere Lariden beziehungsweise Sterniden leichter ausweichen können, während in Mitteleuropa die Nahrung knapp und die Ausweichmöglichkeiten beschränkt sind. So kann das Verlassen einer Kolonie beispielsweise der Lachmöwe bereits zu einem regionalen Populationseinbruch in der Schweiz führen.

7.3.2 Zieldefinition

Die mit der Mittelmeermöwe konkurrierenden Arten Flussseeschwalbe und Lachmöwe werden im Rahmen der Förderung prioritärer Arten weiterhin durch den Bau von Nisthilfen unterstützt.

7.3.3 Maßnahmen

Die aktuelle Rechtslage erlaubt in der Schweiz keine Eingriffe an Gelegen und Einzeltieren. Lösungsansätze müssen im Rahmen einer Revision des Jagdgesetzes diskutiert werden. Mit technischen Maßnahmen soll verhindert werden, dass die Mittelmeermöwe zur Brut schreitet, während die Nisthilfen für die beiden Förderarten zugänglich bleiben. Zurzeit laufen an mehreren Stellen der Schweiz Versuche, die technischen Maßnahmen weiterzuentwickeln. In ihrer Anpassungsfähigkeit nutzt die Mittelmeermöwe zunehmend auch Gebäude als Neststandort. So betrug die Zahl der Gebäudebruten im Jahr 2014 bereits 47 auf 31 Gebäuden an 13 Orten (Müller & Keller 2015).

Abb. 7.8: Eine hohe Anpassungsfähigkeit bei der Brutplatzwahl, ihre ausgeprägte Aggressivität gegen Nistplatzkonkurrenten und ein reiches Futterangebot entlang der Gewässer begünstigen die weitere Zunahme der Mittelmeermöwe. Bild: Ein für die Mittelmeermöwe typisches Dreiergelege.

7.3.4 Monitoring

Das Monitoring der Mittelmeermöwe erfolgt im Rahmen der Überwachung der Vogelwelt mittels Erhebungen während der Brutzeit und in den nationalen und internationalen Wasservogelzählungen.

7.3.5 Perspektiven

Es ist anzunehmen, dass die Mittelmeermöwe sowohl in der Schweiz als auch entlang der grenzüberschreitenden Gewässer ihr Areal weiter ausdehnen und die Population zunehmen wird. Außerdem dürfte die Art die bereits heute erkennbare Tendenz fortsetzen, urbane Lebensräume zu erobern. Damit dürfte auch die Zahl der Gebäudebruten weiterhin anwachsen. Inwieweit sich durch technische Maßnahmen Nisthilfen ausschließlich für Förderarten sichern lassen, wird sich zeigen müssen.

7.4 Rostgans – ein Neozoon mit Fragezeichen

7.4.1 Problematik und Hintergrund

Das ursprüngliche Verbreitungsgebiet der Rostgans (*Tadorna ferruginea*) liegt in Asien und Nordafrika. Im eurasischen Raum reicht es im Westen bis zu den Anrainerstaaten des Schwarzen und des Kaspischen Meers sowie nach Griechenland und in die Türkei. Die Art besiedelt im Herkunftsgebiet semiaride Zonen mit flachen Steppenseen, migriert zur Überwinterung meist nach Süden und lebt im Winterhalbjahr an Inlandseen und großen Flusssystemen. Außerhalb des riesigen Verbreitungsareals kommt die Rostgans auch in Mitteleuropa vor. Bis vor wenigen Jahren galt die Hypothese als gesichert, dass diese Vorkommen auf Tiere zurückgehen, die als sogenanntes Ziergeflügel gehalten worden waren und aus den Tierhaltungen entwichen sind (Kestenholz et al. 2005, Stucki 2005, Maumary et al. 2007). Denn die Rostgans gilt als genügsam und schreitet auch unter einfachen Haltungsbedingungen leicht zur Brut. Ob Nachwuchs aus solchen Tierhaltungen absichtlich oder zufällig entkam, ist nicht mehr zu überprüfen. Die Art hat sich gut an die mitteleuropäischen Klimabedingungen angepasst und vermehrt sich in der Natur erfolgreich. In den letzten Jahren haben sich in Mitteleuropa verschiedene größere Mauserkonzentrationen entwickelt, so am Klingnauer Stausee (Schweiz), am Bodensee, in Holland und weiteren Gebieten. Insgesamt werden heute für Mitteleuropa vierstellige Bestandszahlen genannt.

Seit Kurzem liegt eine genetische Analyse zur Rostgans vor (Segelbacher 2013). Untersucht wurden Proben frei lebender Tiere aus Asien, Russland, Deutschland, der Schweiz sowie aus Zootierhaltungen in Russland und der Schweiz. Die Ergebnisse zeigen, dass Schweizer Individuen aus der Natur eine ähnlich hohe genetische Diversität aufweisen wie Vergleichspopulationen aus den asiatischen wild lebenden Vorkommen. Überdies konnten keine Inzuchteffekte oder Hinweise auf Foundereffekte festgestellt werden. Hingegen weisen Vögel aus Gehegen Russlands und der Schweiz eine auffällig geringe genetische Vielfalt auf. Aufgrund seiner Ergebnisse hält Segelbacher (2013) es deshalb für unwahrscheinlich, dass die Schweizer Vögel auf wenige Zuchtvögel zurückgehen, und folgert daraus, dass eine Beteiligung von Wildvögeln an der Schweizer Population nicht auszuschließen ist. Er stützt seine Interpretation durch den Hinweis auf mehrfache Einflüge der Rostgans nach Westeuropa. Folgt man diesen Schlussfolgerungen, muss die These, es handle sich bei den in Mitteleuropa auftretenden Rostgänsen um ein Neozoon, abgeschwächt oder ganz infrage gestellt werden.

Abb. 7.9: Die aus Asien stammende Rostgans gilt in Europa als Inbegriff eines Neozoons aus der Vogelwelt. Ob diese Wertung einer kritischen Analyse standhält, ist noch nicht abschließend geklärt.

Weitere Aspekte, die im Umgang mit der Rostgans diskutiert werden, sind die Nistplatzkonkurrenz und ihr aggressives Verhalten bei der Jungenaufzucht. Als Höhlen- oder Halbhöhlenbrüterin sucht die Rostgans in Mitteleuropa in Scheunen, Fabrikgebäuden und Nistkästen für Turmfalke, Schleiereule und Waldkauz nach geeigneten Niststandorten. Dabei ist sie konkurrenzstark und vertreibt bisherige Nutzer meist mit Erfolg. Nach erfolgreicher Brut sucht das Paar mit seinen Jungen flache Gewässer und ihre Ränder auf und verteidigt auch dort seinen Nachwuchs mit Verve. Dieses Verhalten, einerseits Nistgelegenheiten, die für Förderarten gebaut und montiert worden sind, zu übernehmen, andererseits am Aufzuchtgewässer aggressiv gegen andere Anatiden vorzugehen, hat der Art eine negative Wahrnehmung eingebracht.

7.4.2 Zieldefinition

Unter der Voraussetzung, dass die in Mitteleuropa vorkommenden Rostgänse ausschließlich von entwichenen Gehegevögeln abstammen, hat die Art als Neozoon zu gelten und muss gemäß Biodiversitätskonvention aus der Natur entfernt werden. Bereits an dieser Ausgangslage bestehen Zweifel. Überdies ist nicht klar, wie die großen Mauseransammlungen am Klingnauer Stausee, am Bodensee sowie in Holland und Nordwestdeutschland zu interpretieren sind. Deshalb soll die Diskussion über die Zieldefinition offen bleiben und laufend an realistische Maßstäbe angepasst werden.

7.4.3 Maßnahmen

Außer dem Abschuss und der Zerstörung von Gelegen stehen keine weiteren Eingriffsmöglichkeiten zur Verfügung.

7.4.4 Monitoring

Das Monitoring erfolgt über nationale und internationale Wasservogelzählungen.

7.4.5 Perspektiven

War man anfänglich davon ausgegangen, die Rostgans hätte sich fast ausschließlich in der Schweiz festgesetzt und ausgebreitet, stellte sich inzwischen heraus, dass die Art unter anderem auch in Deutschland, England und Holland brütet. Die Zahl der erfassten Brutpaare pro Land bewegt sich im tiefen zweistelligen Bereich. Ungeklärt ist, woher die großen Mengen mausernder Rostgänse stammen, die sich an Mauserplätzen in Holland, Deutschland, Österreich und der Schweiz einfinden. Dabei geht es aufsummiert um vierstellige Zahlen. Offensichtlich bestehen Kenntnislücken.

Trotz lokaler beziehungsweise regionaler Eingriffe nehmen die Bestände zu. Nach derzeitiger Einschätzung ist davon auszugehen, dass sich die Art in Mitteleuropa etabliert und auch nicht mehr durch rigorose Maßnahmen aus der Biozönose entfernen lässt. Welche Wirkung sie auf die mitteleuropäische Lebensgemeinschaft tatsächlich hat, welchen Einfluss sie beispielsweise auf die weitere Entwicklung ihrer Nistplatzkonkurrenten (zum Beispiel Turmfalke, Waldkauz und Schleiereule) oder der am Aufzuchtort verdrängten anderen Anatidenarten ausübt, muss untersucht werden. Ferner ist die Frage, ob die Art auch weiterhin als Neozoon zu gelten hat, abschließend zu klären.

7.5 Goldschakal – Ausbreitung auf leisen Sohlen

7.5.1 Problematik und Hintergrund

Als jüngster Immigrant unter den größeren Säugetierarten wurde der Goldschakal (*Canus aureus*) erstmals im November 2011 in der Schweiz festgestellt (KORA), als im Westen des Landes automatische Kameras ein Exemplar mehrfach erfassten. Am 08.01.2016 kam es im Kanton Graubünden durch die Verwechslung mit einem Fuchs zu einem irrtümlichen Abschuss eines jungen männlichen Goldschakals und damit zum ersten physischen Nachweis dieser Art (Amt für Jagd und Fischerei Graubünden, Medienmitteilung 13.01.2016). Kurze Zeit später, am 23.03.2016, musste ein staatlicher Wildhüter im Kanton Schwyz einen geschwächten Goldschakal erlegen (Amt für Natur, Jagd und Fischerei, Kanton Schwyz, Medienmitteilung 23.03.2016).

In Größe und Körperbau liegt der Goldschakal zwischen Wolf und Fuchs. Er lebt paarweise. Wie der Fuchs ist auch der Goldschakal ein Allesfresser. Die beiden Arten stehen in Konkurrenz. Durch kooperative Jagd sind Goldschakale erfolgreiche Prädatoren. Die Art kollidiert mit den Nutzungsinteressen des Menschen dort, wo sie Kleinvieh erbeutet, in Ungarn zum Beispiel junge Zackelschafe (*Ovis aries strepsiceros Hungaricus*) (Kurt Kirchberger, briefl.). Goldschakale gehören ins Beutespektrum des Wolfs.

Als Lebensraum werden halboffene Landschaften mit deckungsreichen Arealen bevorzugt (Hatlauf 2015). Da sich die Art unauffällig verhält, gibt es selbst in dauerhaft besiedelten Habitaten nur wenige Sichtbeobachtungen. Bei geringer Dichte kommt es zwischen Goldschakal-Familien nur selten zu akustischer Fernkommunikation durch Heulen und Kläffen. Deshalb sind bei geringer Populationsdichte Bestandserhebungen durch Beschallung wenig zielführend. Hingegen wird diese Methode bei flächiger Verbreitung erfolgreich eingesetzt, um die Zahl der Familien zu erfassen (Lapini 2012).

Das Verbreitungsgebiet der Art umfasste Indien und den Mittleren und Nahen Osten und erreichte im Westen die Türkei. Bis vor Kurzem ging man davon aus, der Goldschakal besiedele auch weite Teile des nördlichen und östlichen Afrika (Jhala & Moehlmann 2008). Doch wurde im Jahr 2015 mittels genanalytischer Methoden festgestellt, dass afrikanische Individuen sich stark von eurasischen Exemplaren unterscheiden und einer neuen Art, dem Afrikanischen Goldwolf (*Canis anthus*) zuzuordnen sind (Koepfli et al. 2015). Er soll sich vor rund einer Million Jahren aus dem Canidenstamm heraus entwickelt haben und steht genetisch dem Wolf (*Canis lupus*) näher als dem Goldschakal.

Abb. 7.10: Das frühere Verbreitungsgebiet des Goldschakals umfasste Indien und den Mittleren und Nahen Osten und war im Westen begrenzt durch die Türkei. Seit einigen Jahren verschiebt die Art ihre Arealgrenze weiter nach Westen und erreicht inzwischen mehrere europäische Länder. Das Bild zeigt einen Goldschakal aus Indien.

Im letzten Jahrhundert stieß der Goldschakal nach Westen vor und erreichte zuerst Südosteuropa. Hier erfuhr die Art eine wechselvolle Geschichte. Nach dramatischen Bestandseinbrüchen bis in die 1960er-Jahre erholte sie sich in den 1960er- und 1970er-Jahren und expandierte ab den 1980er-Jahren in mehreren Wellen nach Westen (Arnold et al. 2012). Aus Ostmitteleuropa ist Reproduktion vielfach belegt. Als eigentliche Quellpopulation gilt jene in Bulgarien (Arnold et al. 2012). Über Ungarn, Kroatien und Slowenien erreichte der Goldschakal 1987 Österreich und Italien (Hoi-Leitner & Kraus 1989). In den Folgejahren sind aus Österreich und Italien mehrere Fortpflanzungsnachweise bekannt geworden (Herzig-Straschil 2008, Lapini 2012). Immer wieder kommt es zu Entdeckungen weitab vom aktuell bekannten Verbreitungsgebiet. So wurden Einzeltiere in den 1990er-Jahren in Brandenburg, 2012 im Bayerischen Wald und 2015 in Hessen festgestellt.

Beim Goldschakal handelt es sich nicht um eine vom Menschen absichtlich oder unabsichtlich verfrachtete Art. Vielmehr breitet er sich selbstständig aus. Noch ist nicht abschließend geklärt, welches die Gründe für die Arealausweitung nach Westen sind. Genannt werden das Fehlen des Prädators Wolf, Veränderungen in der Landwirtschaft oder die vermehrte Ausweisung von Schutzgebieten. In Betracht kommt auch ein Rückgang des Gifteinsatzes gegen Carnivoren, welcher für die dramatischen Bestandseinbrüche bis in die 1960er-Jahre verantwortlich gemacht wird.

Abb. 7.11: Am 27.12.2015 ging im Kanton Graubünden dieser Goldschakal in die Fotofalle.

7.5.2 Perspektiven

Es ist zu erwarten, dass der Goldschakal sein Areal im Lauf der kommenden Jahre weiter nach Westen und Nordwesten ausdehnen wird (Arnold et al. 2012).

Zukunft des Wildtiermanagements 8

8.1 Wie entwickelt sich der Zeitgeist im Umgang mit Wildtieren?

Das Nützlings-Schädlings-Denken hielt sich bis Mitte des 20. Jahrhunderts. Ab den 1960er- und 1970er- Jahren änderte sich die Haltung des Menschen gegenüber der Tierwelt. Es war die Zeit, als die Umweltverschmutzung in Form von stinkender Luft und schäumenden Gewässern wahrnehmbar geworden war und der Naturschutzgedanke an Bedeutung gewann. In dieser Zeit löste sich auch die starre Einteilung der Fauna in nützliche und schädliche Arten weitgehend auf. Trotzdem ist auch unser aktueller Umgang mit Wildtieren geprägt von einer anthropozentrischen Betrachtungsweise, bei der menschliche Interessen in der Regel höher gewichtet werden als die Ansprüche der Wildtiere. Selbst die Erhaltung und Förderung der Biodiversität wird begründet mit dem Nutzen für den Menschen. Die Artenvielfalt ist unsere Lebensgrundlage, sie dient uns als Quelle für Nahrungs- und Heilmittel, sie erfreut den Betrachter und steigert damit das Wohlbefinden. Die Lebensräume und die darin lebenden Wildtiere sind langfristig zu erhalten, weil dies für uns von Nutzen ist und, im Umkehrschluss, uns schadet, wenn wir dabei erfolglos sind. Der heute vielfach verwendete Begriff der Ökosystemleistungen verdeutlicht diese ethische Haltung.

Biozentrische Argumente haben es in der christlich-westlichen Welt dagegen schwer. Im Biozentrismus besitzen Wildtiere einen Eigenwert, den wir achten und nach Möglichkeit nicht einschränken sollen. Demnach müsste unser Handeln die Erhaltung der Wildtiere und ihrer Lebensräume einschließen, unabhängig davon, ob wir einen konkreten Nutzen davon hätten – ein respektvoller Umgang mit der Natur.

Leichter scheinen es Wertungen zu haben, die auf das Leid und den Schmerz des einzelnen Tiers beziehungsweise deren Verhinderung fokussieren (pathozentrische Betrachtung). Wir beobachten eine zunehmende Aufmerksamkeit für Leid, das einzelnen Tierindividuen zugefügt wird. Eine Erklärung dafür könnte sein, dass die städtische Bevölkerung im Vergleich zur Landbevölkerung zunimmt und immer weniger Menschen mit einem starken Bezug zum Landleben aufwachsen. Tierschutzüberlegungen dürften unseren zukünftigen Umgang mit Wildtieren stärker beeinflussen und die künftige Entwicklung von Jagd und Fischerei mitprägen.

Diese einleitenden ethischen Überlegungen spiegeln sich in den nachfolgenden Unterkapiteln, welche den Zeitgeist im Umgang mit Wildtieren anhand ausgewählter Themen beleuchten.

8.1.1 Wildtiere unter uns – Bereicherung oder Last?

Gerade größere und auffällige Wildtiere besiedeln heute wieder weite Teile ihres früheren Artareals in Mitteleuropa. So hat der Rothirsch fast den ganzen Alpenraum zurückerobert und dringt mittlerweile weit ins Tiefland vor. An vielen Gewässern zeugen gefällte Bäume, Nagespuren und Dämme von der Präsenz des Bibers. Menschliche Siedlungen wurden zum Lebensraum von Fuchs und Dachs, teilweise sogar des Wildschweins. Diese Entwicklungen erhöhen die Zahl der Berührungspunkte zwischen Wildtieren und menschlichen Interessen.

Ob ein Wildtier zur Last fällt oder als Bereicherung wahrgenommen wird, hängt wesentlich von der persönlichen Perspektive und Betroffenheit ab. Während Personen, die durch natürliche Aktivitäten eines Wildtiers direkt und handfest betroffen sind, eine Wildtierart schnell als lästig oder untragbar betrachten, werten Personen mit Interesse an der Natur, aber ohne direkten Bezug zur Primärproduktion – also zur Land- und Forstwirtschaft, zu Jagd und Fischerei – Wildtiere als Bereicherung.

Abb. 8.1: Der Biber vermag mit seiner Gestaltungskraft ganze Landschaften umzubauen. Dieses Wirken löst bei den einen Menschen große Faszination aus und bei anderen Ängste vor den Folgen für Infrastruktur, Wald- und Landwirtschaft.

8.1.2 Graben der Betroffenheit

Die mitteleuropäische Bevölkerung lässt sich stark vereinfacht in einen ländlichen und einen städtischen Teil trennen. Die ländliche Bevölkerung ist noch wesentlich in der Primärproduktion tätig oder eng mit ihr verknüpft und ist oder fühlt sich vom Wirken der Wildtiere unmittelbar betroffen. Sie pflegt einen hautnahen, pragmatischen Umgang mit Nutz- und Wildtieren. Dass Nutztiere geschlachtet oder Wildtiere gejagt werden, ist für sie normal. Der städtische Teil unserer Bevölkerung ist dagegen kaum mehr den Launen der Natur ausgesetzt, und ein großer Anteil interessiert sich nur am Rande für Wildtierbelange. Information über Wildtiere holt sich der Städter mehrheitlich aus Bildungsangeboten, im Fernsehen oder auf Urlaubsreisen. Der Umgang mit Katze und Hund prägt sein Tierbild. In diesem Umfeld gedeihen Werte des Tierschutzes stark, bei besonders radikaler Ausprägung lässt sich ein überhöhter Schutz des Einzeltiers feststellen.

Hinzu kommt, dass in digital überall zur Verfügung stehenden Informationen zur Natur zumeist Sensationen und Superlative aneinandergereiht werden, welche die Realität nur ausschnittweise darstellen und zu einem verzerrten Naturbild führen. Deshalb ist fundierte, kritische Berichterstattung, wie sie beispielsweise die Fernsehsendung NETZ NATUR (SRF) bietet und dabei ökologische, ethologische und soziologische Elemente darstellt, von größter Bedeutung für das Naturverständnis der städtischen wie der ländlichen Bevölkerung.

8.1.3 Akzeptanz der Jagd in der Gesellschaft – nur mit Fortschritten

Jagd ist heute einerseits klar freizeit- und erlebnisorientiert, anderseits ist die Ideologie noch weitgehend ertragsorientiert. Dies zeigt sich zum Beispiel in der verbreiteten Wahrnehmung der großen Beutegreifer Luchs und Wolf als Beutekonkurrenten. Nur eine Minderheit der jagenden Bevölkerung dürfte die Rückkehr dieser beiden Arten als Bereicherung sehen.

Die Jagd als Lobby für Wildtiere? In Jagdkreisen wird oft argumentiert, dass eine jagdliche Nutzung die Erhaltung einer Tierart garantiere. Nur so würde sich die Jägerschaft um diese Arten kümmern, deren Bestände überwachen, Proben für die Naturschutzforschung liefern und Maßnahmen zur Artenförderung umsetzen. Dank Jagdpatenten oder Pachtzinsen würden zudem Finanzen für Monitoring und Artenförderung generiert. Für bestimmte Regionen dürfte diese Argumentation gerechtfertigt sein. Allerdings gibt es andere Regionen, in denen kurzfristige jagdliche Interessen immer noch höher gewichtet werden als der Einsatz für langfristig gesicherte Populationen verletzlicher oder gefährdeter Arten.

Verschiedene Aspekte oder Formen der Jagd stehen in der Bevölkerung unter kritischer Beobachtung, so etwa laute Gesellschaftsjagden, die Baujagd auf Fuchs und Dachs, die Bejagung regional gefährdeter Raufußhühner oder angeordnete Regulationsjagden auf den Rothirsch im späten Herbst respektive frühen Winter. Auch die Nutzung bleihaltiger Munition kommt zunehmend unter Druck. Damit die Jagd gesellschaftlich langfristig getragen wird, dürften Anpassungen oder überzeugende Argumente in diesen Bereichen unabdingbar sein. Andernfalls werden weitere Initiativen aus Natur- und Tierschutzkreisen früher oder später Änderungen in der Jagdpraxis erzwingen.

Doch auch biologisch normale Entwicklungen finden in der Bevölkerung wenig Akzeptanz. So sind im Umgang mit dem Rothirsch Wintersterben nicht akzeptiert. Sie werden als Managementfehler interpretiert, den Behörden wird Versagen vorgeworfen. Doch sind Wintersterben als natürliche Regulationsmechanismen von großer Bedeutung, denn die natürliche Selektion folgt der Regel des Überlebens des Stärksten (engl. *survival of the fittest*). Dies bedeutet, dass unter harschen Winterbedingungen viele der schwächeren Mitglieder einer Population – Jungtiere und alte Individuen – sterben und damit den Lebensraum entlasten. Solche Ausschläge in der Populationsgröße werden heute korrigiert, indem möglichst viele Tiere, die später unter schwierigen klimatischen Bedingungen eventuell zu Tode kämen und im natürlichen Kreislauf von Fleisch- und Aasfressern genutzt würden, durch die Jagd abgeschöpft werden. Dieses Vorgehen hat weniger biologische als vielmehr historische, ökonomische und politische Gründe.

Meinungsverschiedenheiten gibt es auch in der Frage des sogenannten Jagdregals. Jagdliche Kreise pochen im Sinn der Primärproduktion auf das «Recht auf Beute» und akzeptieren eine Reduktion des Jagdertrags als Folge der Prädation durch Luchs und Wolf nur bedingt. Sie fordern dort, wo der Jagdertrag zurückgeht, eine Regulation der Beutegreifer und/oder eine Reduktion der Kosten für die Jagd. Nicht ertragsorientierte Ökologen folgen diesem Handlungsstrang nicht und führen ins Feld, dass Raubtiere sich selbst regulieren und es zu Abwanderungen, zur Vergrößerung des Territoriums oder zu einem Rückgang der Reproduktion kommt, wenn der Rückgang von Beutetieren existenzbedrohend ist. Noch ausgeprägter verläuft diese Diskussion dort, wo die Jagd grundeigentumsbasiert ist und Veränderungen im Jagdertrag die ökonomischen Verhältnisse des Grundeigentümers direkt beeinflussen.

Abb. 8.2: Seit 1971 die ersten Luchsaussetzungen in der Schweiz stattgefunden haben und Luchse später auch aktiv umgesiedelt worden sind, hat sich die Art im Alpenraum und im Jura langsam ausgebreitet und Populationen gebildet.

Abb. 8.3: In den vergangenen Jahrzehnten hat der Wolf vom Südwesten her den Alpenraum wieder besiedelt. Seit einigen Jahren bilden sich auch in den Zentralalpen Rudel, wie am Calanda bei Chur.

8.1.4 Luchs, Wolf und Braunbär: wo und weshalb schützen oder schießen?

Anfänglich waren die Gesellschaft wie auch die Behörden schlecht auf die Rückkehr der Großraubtiere vorbereitet. Der Herdenschutz musste aufgebaut werden, die Abfallthematik wurde erst mit dem Auftreten der ersten Bären ein Thema und der Populationsdruck des Wolfs wurde ignoriert. Im Rahmen der ersten Konzepte für die drei Arten Luchs, Wolf und Bär wurden in der Schweiz jedoch rasch fachlich abgestützte und pragmatische Lösungen gesucht.

Weiterhin liegen jedoch die Meinungspole im Umgang mit Luchs, Wolf und Braunbär sehr weit auseinander zwischen totalem Schutz dieser Arten und der Forderung nach Ausrottung in gewissen Gebieten. Letzteres wird damit begründet, dass die großen Beutegreifer mit der aktuellen Landnutzung unvereinbar seien. Die fachliche Ebene wird in den Diskussionen oft verlassen und man begibt sich schnell auf die emotionale oder politische Ebene. Mit illegalen Abschüssen verschaffen sich vermeintlich direkt Betroffene Luft. Für den künftigen Umgang mit den drei Arten wird entscheidend sein, wie stark der politische Druck wirken und die Diskussion dominieren wird.

***Abb. 8.4:** Im Zug der Wiederansiedlung des Braunbären in Norditalien machen sich dort geborene Jungbären auf Wanderschaft und erreichen inzwischen die Schweiz, Bayern und Vorarlberg.*

Gelingt eine Rückkehr auf die sachlich-pragmatische Ebene, müsste es für Luchs, Wolf und Braunbär gut aussehen. Die Verbreitung des Luchses könnte sich auf den ganzen Alpenraum und angrenzende Gebiete ausdehnen, sodass eine langfristig überlebensfähige Population entsteht. Auch die Wölfe sollten sich weiter ausbreiten und weitere Rudel bilden können, solange sie ihre Scheu bewahren und sich dem Menschen nicht zu sehr nähern. Andernfalls wäre der Druck groß, die Scheu des Wolfs mit einzelnen Abschüssen wiederherzustellen. Und auch die Präsenz des Bären müsste gesellschaftlich tragbar sein, wenn sich die Neuankömmlinge natürlich verhalten und sich nicht auf die Nahrungssuche im menschlichen Siedlungsraum spezialisieren.

In der Frage, ob die drei Arten dauerhaft streng geschützt bleiben sollen, herrscht ein heftiger Diskurs. Die Politik und die für das Wildtiermanagement zuständigen Behörden halten den Totalschutz für undurchführbar und plädieren für eine pragmatische Schutzstrategie mit Verbreitung in der Fläche, aber auch mit Möglichkeiten des Eingriffs in die Zahl. Naturschutzorganisationen sehen darin eine Aushöhlung des Schutzstatus, Ökologen erkennen keine fachliche Notwendigkeit der Regulation. Ein Konsens zwischen den unterschiedlichen Positionen ist zurzeit nicht abzusehen. Wird ein politisch austarierter Kompromiss die Lösung bringen?

8.2 Wie entwickeln sich ausgewählte Konfliktfelder?

8.2.1 Wachstum bei Tourismus und Freizeitsport, Einschränkung des freien Zugangs

Die Bevölkerung nimmt zu, hat immer mehr Freizeit und gleichzeitig besteht ein Trend, sich in der Natur zu erholen. Mit dem Aufkommen von Schneeschuhwandern, Skitouren und Mountainbikefahren gibt es immer weniger ruhige Räume. Die Agglomerationen und damit ihre Naherholungszonen mit nahezu 24 Stunden Betrieb dehnen sich immer stärker in den ländlichen Raum aus. Für störungsanfällige Wildtiere ist es zunehmend schwierig, ruhige Rückzugsräume im dichten Netz der Erschließung mit Straßen und Wegen zu finden.

In der multifunktionalen Landschaft Mitteleuropas überlagert sich eine Vielzahl von Interessen, Nutzungen und Ansprüchen – im Wald können das beispielsweise die Produktion von Holz, der Grundwasserschutz, diverse Arten der Freizeitnutzung, die Jagd sowie Lebensraum für gefährdete und störungsanfällige Wildtiere sein. Durch Nutzungsentflechtungen sind die Aktivitäten des Menschen so zu lenken, dass auch für die Natur genügend Raum bleibt. Der Mensch kann sich nicht herausnehmen, auf der ganzen Fläche jederzeit alles und ohne Rücksicht auf die natürlichen Bewohner zu machen. Solche Einschränkungen bedeuten nicht nur Verzicht, sondern bieten auch Vorteile. Sind die Aktivitäten der Menschen kanalisiert und vorhersehbar, werden Wildtiere ruhiger, vertrauter und lassen sich besser beobachten – ein Vorteil natürlich auch für die Jagd.

Abb. 8.5: Falls bei der Planung von Schneewanderrouten wichtige Areale für die Wildtiere berücksichtigt werden und sich Schneeschuhwanderer an die festgelegten Routen halten, kann ein konfliktarmes Nebeneinander entstehen.

8.2.2 Aufgabe traditioneller Nutzungen im Alpenraum

Die landwirtschaftliche Nutzung im Berggebiet läuft aktuell zum Nachteil vieler Wildtierarten, die auf extensiv genutzte Wiesen und Weiden als Lebensraum angewiesen sind. Auf der einen Seite werden gut erreichbare Flächen intensiviert, stärker gedüngt, in höherem Rhythmus gemäht und eventuell sogar bewässert. Lückige, magere Wiesen werden dichter, hochwüchsiger und beherbergen weniger Insekten, die für wiesenbewohnende Vögel zudem schlechter erreichbar sind. Auf der anderen Seite wachsen große Flächen mit Grünerlen, Adlerfarn und Birken zu und typische Pflanzen- und Wildtierarten wertvoller Trockenwiesen und -weiden verschwinden.

In dieser Situation stehen sich die Interessen der Landwirtschaft, möglichst effizient Nahrungsmittel zu produzieren, und die Interessen des Naturschutzes gegenüber. Die Konflikte werden regional erbittert ausgetragen, wobei es auch um Nutzungsformen geht, die sich ökonomisch kaum oder nicht mehr rentieren, jedoch aus kulturellen Gründen und zur Erhaltung alter Kulturlandschaften aufrechterhalten werden. Hier dürfte in den nächsten Jahrzehnten ein gesellschaftlicher Prozess stattfinden.

Abb. 8.6: Die Beweidung von Alpen durch Nutztiere hat im Alpenraum eine lange Tradition. Viele Pflanzen- und Tierarten profitieren von der Offenhaltung solcher Flächen im ehemaligen Waldgürtel. Doch sind die Intensivierung der Alpwirtschaft in verkehrstechnisch gut erreichbaren Bereichen, die Verschmutzung und der Vertritt im Umfeld von Ställen und Gewässern sowie die Bestoßung mit Kleinvieh bis hinauf in die Grat- und Kuppenlagen kritisch zu hinterfragen.

Wenn die Gesamtgesellschaft die aktuelle Subventionspolitik stützt, werden diese traditionellen Nutzungen und auch die Konflikte erhalten bleiben. Entzieht die Gesellschaft ihre Unterstützung, werden weite Gebiete in unseren Alpen nicht mehr genutzt, wodurch einerseits die alte Kulturlandschaft mit typischen Arten regional verschwinden wird und andererseits Arten der ungenutzten Natur profitieren werden.

8.2.3 Stopp des Naturverlusts im Mittelland

Der Naturverlust ist im Tiefland eine ungebremste, tägliche Realität (Ewald & Klaus 2009). Pro Tag geht in der Schweiz für Straßen, Bahnen und Gebäude Kulturland einer Fläche von rund elf Fußballfeldern verloren. Die übrige Fläche wird größtenteils und bis an die Ränder intensivst genutzt. Ausnahmen bilden einzelne Regionen, wo ein wertvolles Nebeneinander von Äckern und Wiesen, Rebbergen, Obstgärten, Brachen, Ackerrandstreifen und Hecken entstanden ist. Hier sind Arten wie Feldhase, Feldlerche, Grauammer oder Wiedehopf anzutreffen. Im übrigen Mittelland haben es solche Arten schwer – ihr Fehlen zeigt den hohen Grad der Nutzungsintensität deutlich an.

In dieser Situation wären eindeutig mehr extensive Flächen und mehr Brachen gefordert. Allerdings gibt es in der Schweiz politische Bestrebungen, die Ökologie in der Landwirtschaft eher zurückzufahren und die Nahrungsmittelproduktion weiter zu intensivieren.

Abb. 8.7: Die Bereitstellung von Nistgelegenheiten und die Pflege der Landschaft nach ökologischen Kriterien haben den Wiedehopf vor dem Aussterben gerettet.

Auch im Siedlungsraum fand eine Monotonisierung statt. In der Gartengestaltung dominieren sehr oft die gleichen, meist exotischen Pflanzen (Lebensbaum/Thuja, Kirschlorbeer, Zwergmispel/Cotoneaster), die wenig Nutzen für unsere einheimische Fauna haben. Mit einheimischen Sträuchern und Bäumen sowie einem Netz ungepflegter, verwilderter oder nur extensiv unterhaltener Flächen sollte eine Ökologisierung auch im Siedlungsraum erreicht werden (Ineichen et al. 2012, Stocker & Meyer 2012).

Die «Strategie Biodiversität Schweiz SBS» strebt sowohl im ländlichen als auch im Siedlungsraum mehr und bessere ökologische Infrastruktur an. Hierzu braucht es extensiv genutzte Flächen, zusätzliche Kleinstrukturen und etwas mehr Unordnung in unserer aufgeräumten Landschaft (integrativer Ansatz).

Abb. 8.8: Trotz aller Bestrebungen nach Verdichtung werden in der Agglomeration laufend weitere Grünflächen durch neue Wohn-, Industrie- und Gewerbebauten sowie durch Verkehrsinfrastruktur überbaut.

Fallen in der Schweiz wertvolle Naturflächen einem Bauwerk zum Opfer, sollten Ersatzmaßnahmen die Zerstörung kompensieren. Solche Ausgleichsmaßnahmen müssten eine größere Bedeutung erlangen, an ökologisch sinnvollen Orten erfolgen und mehr Wirkung für die Natur erzielen als bisher.

8.2.4 Verantwortung der Schutzgebiete und Parks

Der segregative Ansatz ist eine wichtige Stütze im Naturschutz, um ein Netz wertvoller Lebensräume mit reduziertem Einfluss des Menschen zu erhalten. Damit sollen insbesondere noch vorhandene Spezialbiotope wie Moore, Feuchtgebiete, Auen und Trockenhabitate langfristig gesichert werden. Dazu zählen die internationalen und nationalen Wasser- und Zugvogelreservate, die für zumeist sehr selten gewordene Brutvogelarten Möglichkeiten zur Fortpflanzung und für migrierende Arten Trittsteinbiotope oder Überwinterungsziele bieten. Die Eidgenössischen Wildtierschutzgebiete (früher als Eidgenössische Jagdbanngebiete bezeichnet) in Berggebieten dienten bisher vor allem dem Wildhuftierschutz, erhalten aber neuerdings auch weitergehende Schutzfunktionen.

Die kürzlich geschaffenen regionalen Naturparks in der Schweiz umfassen meist einen großen Anteil bewohnter und genutzter Gebiete, in denen die Vermarktung der

Natur und die Regionalentwicklung die dominierenden Zielsetzungen sind. Dennoch können auch solche Landschaftsschutzgebiete eine Chance für die Natur darstellen und als Plattform dienen, über die das Bewusstsein für ökologisch hochwertige Flächen gestärkt und die Biodiversität gefördert wird. Ein Beispiel ist die Wiesenmeisterschaft, in der ökologisch besonders wertvolle Wiesen beziehungsweise deren Bewirtschafter prämiert werden.

Der Schutzcharakter in neuen Großschutzgebieten ist oft gering, weil die Eigentumssicherheit ein sehr starkes Prinzip darstellt. Großschutzgebiete brauchen deshalb eine gewisse finanzielle Ausstattung, Kompetenzen und eine strategische Führung, damit sie den Kräften von außen nicht hilflos ausgeliefert sind. Nur so können sie langfristig existieren und eine Wirkung für die Natur und für Wildtieranliegen entfalten.

Abb. 8.9: Obwohl integrale Großschutzgebiete wie der Schweizerische Nationalpark (Bild: Val Trupchun) für zahlreiche Arten Refugien und Ausbreitungszentren sein können, haben sie für Arten mit noch größeren Raumansprüchen lediglich die Funktion von Teillebensräumen. Um solche Arten wie Rothirsch oder Bartgeier zu regulieren, zu schützen oder zu fördern, müssen weit größere Landschaftsausschnitte in die Überlegungen einbezogen werden und mit ihnen auch die Flächenverantwortlichen außerhalb von Schutzgebieten.

Abb. 8.10: Kernzonen dienen u. a. der Störungsverminderung in Schutzgebieten. Sie unterliegen zwar den gleichen Immissionen aus der Luft. Der direkte Einfluss des Menschen durch die wirtschaftliche Nutzung und den Freizeittourismus wird aber stark eingeschränkt oder ganz verhindert. Damit eröffnen sich Entwicklungsmöglichkeiten für einen Wald, der ohne Gefährdung des Menschen auch eine Zerfallsphase durchlaufen kann. (Bild: Wildnispark Zürich)

8.2.5 Revitalisierung der Gewässer

Bis in die 1980er-Jahre wurden Gewässer verbaut, eingedolt und begradigt. Danach wurden viele Gewässer wieder revitalisiert, allerdings auf begrenztem Raum. Die Qualität der Revitalisierung hängt jedoch stark mit dem zur Verfügung stehenden Raum zusammen.

Gestützt auf flächendeckende Erhebungen haben die Bundesbehörden sanierungspflichtige Anlagen identifizieren lassen. Für diese Anlagen planen Kantone und Anlagenbesitzer seit dem Jahr 2015 Maßnahmen, welche die Fischgängigkeit, die Abflussschwankungen und das Geschiebe betreffen. Sie sollen bis spätestens 2030 umgesetzt werden. Die Revitalisierung der verbauten und eingeengten Gewässer ist eine Mehrgenerationenaufgabe. Die darin vorgesehenen Maßnahmen sollen bis 2090 implementiert sein (Bammatter et al. 2015). Im Zug dieser Um- und Rückbauten wird der Gewässerraum massiv vergrößert werden. Die Gewässerraumausscheidung ist jedoch ein zäher Kampf. Erhalten die Gewässer mehr Raum, bedeutet dies für Wildtiere einen klaren Gewinn sowohl als Lebensraum als auch als Verbindungskorridore in der Landschaft. Ein Partner bei der Gewässerrevitalisierung ist der sich ausbreitende Biber, der mit seiner Bautätigkeit eine hohe Strukturvielfalt und Dynamik erzeugt und damit die Biodiversität fördert.

Abb. 8.11: Am Hauptgerinne des Linthkanal-Unterlaufs wurden nur wenige ökologische Aufwertungsmaßnahmen realisiert (Bild: Blickrichtung von der Grynau im Vordergrund Richtung Westen zur Mündung des Linthkanals in den Zürcher Obersee).

Abb. 8.12: Hingegen konnte z. B. ein weitgehend verlandeter alter Linthlauf revitalisiert werden, der durch den Bau des Linthkanals im 19. Jahrhundert vom Hauptgewässer abgeschnitten worden war (Bild: Heuli/Tuggen SZ).

8

8.2.6 Zusammenarbeit von Förster und Jäger

Ein natürliches Waldökosystem in Mitteleuropa beherbergt selbstverständlich auch Wildhuftiere. Indem sie Jungbäume abfressen, mit ihrem Geweih traktieren, die Böden umackern oder die Rinde größerer Bäume schälen, beeinflussen Wildhuftiere die Waldentwicklung. Je nach Standort, Waldfunktion und lokalen Bestandsverhältnissen werden dadurch die waldbaulichen Ziele des Försters beeinträchtigt. Nicht jede verbissene Weißtanne oder Eiche bedeutet jedoch einen Schaden. An manchen Orten kann ausfallende Verjüngung aber durchaus existenzielle Interessen des Menschen gefährden.

Die Problemwahrnehmung dürfte einen wesentlichen Teil des Konfliktpotenzials ausmachen. Die Lösung eines Konflikts im Wald-Wild-Bereich beginnt deshalb meist mit dem Gespräch zwischen den involvierten Stakeholdern, in den meisten Fällen dem zuständigen Förster und einer Vertretung der Jagdgesellschaft oder der Wildhut (BAFU 2010b).

Abb. 8.13: An dieser Begehung nahmen Vertreter aus den Bereichen Wildtiere, Wald, Naturschutz sowie eine ansehnliche Zahl von Studierenden teil, um sich über die Besonderheiten eines stadtnahen Waldes zu informieren.

8.2.7 Auswirkungen der Klimaerwärmung puffern

Die menschenbedingte Erwärmung der Erde ist mittlerweile ein Fakt, der sich statistisch klar belegen lässt (IPCC 2014). Alles andere als klar sind jedoch die konkreten Folgen für die einzelnen Lebensräume und die darin vorkommenden Wildtierarten. Generalisten wie der Rotfuchs dürften im Vorteil sein gegenüber Spezialisten für kalte Klimate, beispielsweise das Schneehuhn.

Da Veränderungen relativ rasch ablaufen, dürften sich viele Arten evolutiv nur schwer an veränderte Bedingungen anpassen können. Über gezielte Maßnahmen in der Landnutzung ließen sich hingegen bestimmte, für die einheimische Fauna nachteilige Veränderungen wenigstens teilweise kompensieren (Braunisch et al. 2014).

In der Forstwirtschaft bestehen Ideen, dem Klimawandel mit gezielter Baumartenwahl – auch nicht autochthoner Arten wie der Douglasie – entgegenzuwirken. Das Ausbringen beziehungsweise Pflanzen solcher Neophyten ist sehr kritisch zu hinterfragen. Wildtiere haben sich gemeinsam mit der einheimischen Vegetation entwickelt, weshalb für sie eine Strategie mit einheimischen Baumarten zu bevorzugen ist. Wo der Mensch Möglichkeiten sieht, helfend einzugreifen, sollte er sich dafür einsetzen. Doch eine «Gestaltung» der Biodiversität mit gezielter Artenauswahl ist aus unserer Sicht kein gangbarer Weg. Vielmehr sollten sich einheimische und evolutionär gewachsene Artengemeinschaften zum Beispiel entlang des Höhengradienten verschieben können.

8.3 Maßnahmen von heute für Lösungen von morgen

8.3.1 Managementeinheiten definieren und großräumig koordinieren

Wildtiere halten sich nicht an politisch definierte Grenzen, seien das Jagdreviere, Kantons- oder Landesgrenzen. Dies erschwert das Management mobiler Arten oder solcher mit großem Raumanspruch, die sich zwischen administrativen Einheiten hin und her bewegen.

Während früher deutlich kleinräumiger geplant wurde, nicht zuletzt aufgrund beschränkter kartografischer und kommunikativer Instrumente, erleichtern moderne technische Möglichkeiten heute die großräumige, grenzübergreifende Planung. Welche guten Beispiele gibt es? Im Umgang mit Luchs, Wolf und Braunbär haben sich Kooperationen auf verschiedenen Ebenen entwickelt (Large Carnivore Initiative for Europe

LCIE, Plattform WISO der Alpenländer, interkantonale Kommissionen gemäß den BAFU-Konzepten Luchs und Wolf). Die Wiederansiedlung mehrerer emblematischer Arten war nur dank internationaler Kooperation möglich (siehe Kapitel 4.1). Schon früh fanden sich mehrere Länder zusammen, um migrierende Fischarten und Wasservögel unter einer gemeinsamen Strategie zu fördern (zum Beispiel Bodenseeforelle, Lachs, Interreg-IV-Programm Alpenrhein-Bodensee-Hochrhein). Auch entstanden Schutzgebietsnetzwerke (RAMSAR, Alparc, Smaragd).

In der Realisierung einer großräumigen Zusammenarbeit existieren mehrere Herausforderungen: Einerseits können rechtliche Grundlagen fehlen (zum Beispiel Auftrag zur interkantonalen und internationalen Zusammenarbeit der Behörden), andererseits bestehen eigentumsähnliche Vorstellungen im Umgang mit Raum und Wildtieren. Der Faktor Mensch (Human Dimensions), also Beziehungen, Persönlichkeiten usw., spielt eine große Rolle, wenn es darum geht, ob grenzüberschreitende Kooperationen zustande kommen oder nicht.

8.3.2 Rechtsgrundlagen durchsetzen

Erforderlich ist, dass der Staat die gesetzlichen Grundlagen bis auf die Verordnungsstufe durchsetzt. Dies umfasst die aktive Planung und Implementierung raumplanerischer Maßnahmen (zum Beispiel Wildruhezonen) und die Sanktionierung von Verstößen gegen wildtierbezogene Vorgaben. Aufgabe des Staats beziehungsweise der Verwaltung ist es, dem Druck, der nach Ablehnung seitens nicht korrekt handelnder Naturnutzer erzeugt wird, standzuhalten und sich nicht zu scheuen, kritische Fälle durch die Justiz beurteilen zu lassen. Naturnutzer müssen Kenntnis des Interpretationsspielraums der gesetzlichen Vorgaben haben. Zum Beispiel muss einem Landwirt klar sein, welche Konsequenzen das Gewässerschutzgesetz auf den Jaucheaustrag in Gewässernähe mit sich bringt. Grundsätzlich ist die Einzelperson oder das Unternehmen dafür verantwortlich, sich auf den neusten Stand der Rechtslage zu bringen. Diese Kenntnisse sollten aber zusätzlich durch den Staat zugänglich gemacht und gefördert werden.

Den für die Umsetzung verantwortlichen Ebenen muss klar sein, welche Verstöße zur Anzeige führen und welche als Bagatellfälle eingestuft und mit Verwarnungen abgehandelt werden können. Damit soll einer Überlastung der Justiz vorgebeugt werden.

8.3.3 Managemententscheide fachlich fundieren

Die Behörden kennen durch ihre Funktion die praxisrelevanten Fragestellungen. Liegen ungenügende oder keine Fakten vor, besteht die Gefahr, dass sich die Beantwortung dieser Fragen auf subjektive Meinungen abstützt und somit nicht fachlich untermauert ist. Im Idealfall geht einem gewichtigen Managemententscheid aber eine fundierte Situationsanalyse voraus. Diese kann verwaltungsintern oder -extern erfolgen. Den Behörden muss es möglich sein, sich bei Bedarf fachliche Unterstützung zu holen, sei dies von einem spezialisierten Beratungsbüro oder im Hochschulbereich.

***Abb. 8.14:** In ihrer Ausbildung sollen Umweltingenieure und Biologen, die sich mit Wildtiermanagement befassen wollen, lernen, Wirbeltiere sicher zu identifizieren und z. B. bei Wildhuftieren Alter, Geschlecht und Gesundheitszustand zu erkennen. Dazu braucht es viel Übung. Solche Kenntnisse kann man sich selbstständig oder in speziellen Lehrgängen aneignen.*

Dabei besteht eine gegenseitige Abhängigkeit zwischen Wildtierbiologe und Praktiker. Wissenschaftliche Ergebnisse sollen gemeinsam mit den Praktikern auf ihre Plausibilität geprüft werden und Praktiker sollen dabei helfen, die Ergebnisse in konkrete Maßnahmen zu übersetzen. Im Monitoring können Reaktionen auf Maßnahmen mit Wissenschaftlern und Praktikern erhoben und bewertet werden.

8.3.4 Akteure aus- und weiterbilden

Flächenverantwortliche Personen haben oft zu wenig Knowhow über die Ansprüche der Wildtiere und über die Verbindlichkeit rechtlicher Vorgaben. Wie weit müsste also ein Landwirt auch Naturschutzfachperson sein, wenn er wertvolle Flächen bewirtschaftet und dafür abgegolten wird? Fließt das Wissen der Naturschutztheorie genügend in die Praxis der Landwirtschaft ein? Welche Rolle spielen dabei Landwirtschaftsberater, die doch stark ökonomisch orientiert sind? Auch Manager von Meliorationen sollten besser ausgebildet sein im Bereich Ökologie und Naturerhaltung, damit die gesetzlichen Vorgaben zum Schutz der Wildtiere eingehalten werden.

***Abb. 8.15:** Ein Aus- und Weiterbildungsanlass mit Experten aus Praxis, Verwaltung und Lehre, bei dem es um Holzschläge geht, die den Lebensraum des Auerhuhns aufwerten sollen.*

Im Rahmen von Jagdvorbereitungskursen und in der Grundausbildung zum Forstwart, Förster, Landwirt oder Agronom erreichen flächenverantwortliche Personen einen gewissen Kenntnisstand über Wildtiere und ihre Lebensräume. Im Anschluss an die Grundausbildung sollte jedoch eine permanente Weiterbildung auch im Wissen über Wildtiere Pflicht sein. Während Angebote über Vögel, Amphibien, Reptilien, Tagfalter und andere Insekten heute selbstverständlich sind, existieren nur wenige Angebote der Weiterbildung über Säugetiere. Hier besteht ein Defizit.

Im Tierschutzrecht werden Voraussetzungen definiert, um mit Wildtieren zu experimentieren, und es wird darin eine permanente Fortbildung gefordert. Im Jagd- und Wildschutzgesetz gibt es keine entsprechenden Vorgaben. Immerhin gilt heute vielerorts die Pflicht, dass Jäger ihre Schießfertigkeit regelmäßig unter Beweis stellen.

8.3.5 Bürger am Umgang mit Wildtieren beteiligen

Anders als in England oder Frankreich existiert in deutschsprachigen Ländern keine Tradition, dass sich nicht jagende Bevölkerungsteile für jagdbare Wildtiere interessieren und bei Fragen zum Umgang mit diesen Arten mitreden. Den Typ «Naturaliste» gibt es in Deutschland, Österreich und der Schweiz nur vereinzelt. Deshalb müssen sich Behörden teilweise stark auf Jägerkreise stützen, welche jedoch oft nutzerspezifische Interessen vertreten. Es besteht deshalb die Gefahr, dass der Eigennutzen über die objektive Beurteilung eines Sachverhalts gestellt wird.

Der Umgang mit einheimischen Wildtieren sollte stärker an die Öffentlichkeit gebracht werden. Mit Citizen Science lassen sich breite Bevölkerungskreise in die Erarbeitung von Naturwissen einbeziehen und für Wildtieranliegen sensibilisieren (Taucher & Gloor 2015). Aus solchen Initiativen, aber auch über gezielte Aus- und Weiterbildungsangebote, regionale Arbeitsgruppen oder andere Aktivitäten kann ein Kreis von Wildtierinteressierten entstehen, der sich in die Diskussion über Wildtierfragen einbringt und die Diskussion als Multiplikator in breite Bevölkerungskreise hineinträgt.

8.3.6 Neue Rolle für Naturschutzorganisationen etablieren

Menschliche Nutzungsinteressen werden von ihren Vertretern vehement verteidigt. Wildtiere können ihre Ansprüche dagegen nicht selber einbringen. Sie sind darauf angewiesen, dass menschliche Vertreter diese Rolle übernehmen. Zum einen haben

die Behörden einen gesetzlich verankerten Auftrag, die existenziellen Ansprüche der Wildtiere zu gewährleisten. Dass die Behörden heute diesen Auftrag ernst nehmen (zum Beispiel über die WZVV), haben unter anderem die Naturschutzorganisationen in jahrzehntelangem Einsatz erkämpft. Über das Beschwerderecht besitzen sie zudem die Möglichkeit, Entscheide der Behörden anzufechten.

In Zukunft sind neue Strategien für die Naturschutzorganisationen gefordert, die eventuell weniger Kampf, dafür mehr partnerschaftliches Zusammenarbeiten beinhalten. Es braucht eine neue grüne Allianz, die sich für Wildtiere und die Natur einsetzt. Dazu könnte etwa die wachsende Gruppe der Städter mit dem Bedürfnis nach Natur und Wildnis zählen. Aber auch aus der Wirtschaft sind Impulse zu erwarten, zum Beispiel für die ressourcen- und wildtierschonende landwirtschaftliche Produktion (beispielsweise Lebensmittel-Großverteiler).

8.3.7 Nutzungen lenken und Betroffene einbeziehen

Der Druck auf die Landschaft und damit auf die Lebensräume der Wildtiere wird voraussichtlich weiter zunehmen. Es sind deshalb proaktive Maßnahmen erforderlich, um gegenwärtig noch ruhige Gebiete vor häufigen und flächigen Aktivitäten zu bewahren und wertvolle Flächen langfristig zu sichern.

Die dabei involvierten Interessensgruppen sind frühzeitig in die Prozesse zu integrieren, damit sie sich nicht übergangen fühlen und prinzipiell Widerstand leisten. Wildtiermanagement beschäftigt sich selten allein mit Wildtieraspekten, sondern gestaltet sich meist als Aushandlungsprozess zwischen Menschen über wildtierrelevante Ziele. Der Faktor Mensch (Human Dimensions) muss deshalb ausreichend berücksichtigt werden.

8.3.8 Zusammenarbeit von Behörden weiterentwickeln

Um solche Verwaltungsprozesse in Gang zu setzen beziehungsweise am Laufen zu halten, ist es unabdingbar, dass die beteiligten administrativen Ebenen sich eng miteinander verzahnen. Dazu muss geklärt sein, auf welcher Ebene die administrative und operative Verantwortung angesiedelt und wie die Finanzierung sichergestellt ist. Denn in vielen Bereichen sind mehrere administrative Abteilungen zuständig, wenn beispielsweise Gewässer, Feuchtgebiete und angrenzende Wälder oder Agrarland betroffen sind.

8.3.9 Forschung und Entwicklung in den Hochschulen auf Praxisprobleme ausrichten

In der aktuellen Hochschullandschaft spielen Themen wie Wildtierbiologie, -ökologie und -management meist nur eine untergeordnete Rolle. Wissenschaftliche Meriten sind hauptsächlich mit der Forschung an Lebewesen zu erhalten, die eine schnelle Generationenfolge aufweisen. Größere Wildtiere wie Vögel und Säugetiere stehen für Experimente meist nicht in ausreichender Zahl zur Verfügung und es bräuchte mehrere Generationen von Forschenden, um evolutionäre Prozesse zu ergründen. Deshalb werden wild lebende, größere Organismen in der Hochschulforschung mehr und mehr durch kleine Wirbellose oder sogar Mikroorganismen ersetzt.

Die Wissenschaft muss jedoch unbedingt auch auf praxisrelevante Fragen eingehen, gemeinsam mit Praktikern zu Antworten kommen und den Erfolg von Lösungsvorschlägen in der Praxis testen. Die Fachhochschulen übernehmen diese Funktion teilweise bereits heute.

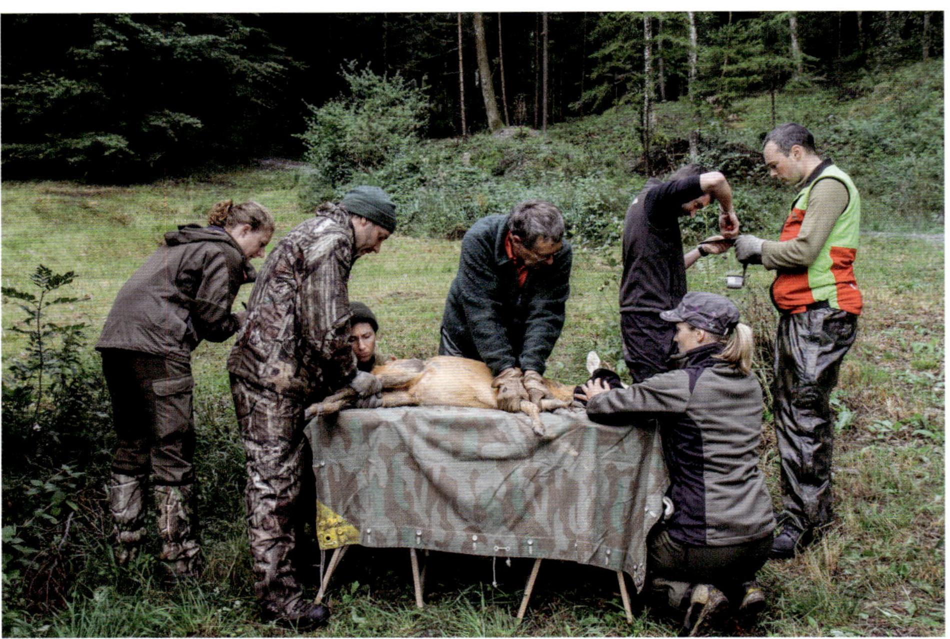

Abb. 8.16: Mit größter Sorgfalt wird hier ein gefangenes Reh mit einem Sender versehen. Gleichzeitig werden morphologische und physiologische Daten erhoben sowie Blut- und Kotproben genommen.

Abb. 8.17: Dem jungen Braunbär M13 wird nach seiner Einwanderung nach Graubünden ein Halsband montiert, um seine Bewegungen im Raum zu überwachen.

8.4 Respekt vor der Mitwelt

Am Ende dieses Buches ist es uns ein Anliegen, Ihnen als Leserin oder Leser noch einige Punkte mit auf den Weg zu geben.

Wir haben versucht, Einblicke in die Bandbreite der Fragestellungen und Herangehensweisen, der Entscheidungsfindungen, der Umsetzung und des Monitorings aufzuzeigen. Ohne Anspruch auf Vollständigkeit haben wir eine Auswahl getroffen. Laufend werden neue Erkenntnisse aus Forschung und Praxis im nationalen und internationalen Kontext zugänglich gemacht. Was hier nun vorliegt, ist ein Zwischenstand. In der Vorbereitung von Managemententscheiden ist es heute Pflicht, stets die aktuelle Faktenlage, neue Erkenntnisse und den gewachsenen Erfahrungsschatz zu berücksichtigen. Wertehaltungen wandeln sich. Sie nehmen bedeutenden Einfluss auf Managemententscheide. Deshalb ist der Faktor Mensch (Human Dimensions) in solchen Steuerungsprozessen von größter Bedeutung. Bei aller Gegensätzlichkeit der Meinungen und Positionen muss aber unmissverständlich klar sein, dass alle involvierten Amtsstellen, Organisationen und Personen in sämtlichen Phasen des Wildtiermanagements stets die aktuelle Rechtslage einhalten. Auch wenn in der Umsetzung von Maßnahmen nicht immer zimperlich vorgegangen werden kann, muss unser Handeln stets geprägt sein von Respekt gegenüber unserer Mitwelt. Der Umgang mit Wildtieren ist Ausdruck des Entwicklungsstands der Gesellschaft.

Abb. 8.18: Die Rückkehr und die Etablierung des Fischotters in Europa hängt von der Akzeptanz des Menschen und auch davon ab, in welchem Umfang und wie schnell wir die ökologischen Defizite in den Gewässern und in ihrem Umfeld beseitigen.

Die Autoren

Prof. Dr. Klaus Robin (1947) ist Diplombiologe mit Schwerpunkt Zoologie der Universität Zürich. Nach seiner Diplomarbeit zum Raumverhalten des Rehs promovierte er 1979 an der UZH zum Verhalten des Kleinkantschils. Nach beruflichen Stationen als Fachlehrer für Naturwissenschaften in Lachen, als Wissenschaftlicher Mitarbeiter am Tierpark Dählhölzli in Bern, als Direktor des Schweizerischen Nationalparks in Zernez und dem Aufbau seines Umweltberatungsbüros in Uznach gründete er 2005 an der Zürcher Hochschule für Angewandte Wissenschaften ZHAW in Wädenswil die damalige Fachstelle für Wildtier- und Landschaftsmanagement, heute Forschungsgruppe Wildtiermanagement WILMA. 2008 ernannte ihn die Bildungsdirektion des Kantons Zürich zum Prof. FH. 2012 ging er in den Ruhestand, befasst sich im Rahmen der Robin Habitat AG aber weiterhin mit ökologischen Analysen und Publizistik.

Prof. Dr. Roland F. Graf (1972) ist diplomierter Umweltnaturwissenschaftler ETH Zürich mit Schwerpunkt Terrestrische Biologie. 2005 promovierte er an der ETHZ zur Ökologie des Auerhuhns und trat nach einem PostDoc am Helmholtz-Zentrum für Umweltforschung UFZ in Leipzig als wissenschaftlicher Mitarbeiter in die Zürcher Hochschule für Angewandte Wissenschaften ZHAW in Wädenswil ein. Seit 2012 leitet er hier die Forschungsgruppe Wildtiermanagement WILMA. 2013 hat ihn die Bildungsdirektion des Kantons Zürich zum Prof. FH ernannt. Sein besonderes Interesse gilt den Mensch-Wildtier-Interaktionen an der Schnittstelle zwischen den vielfältigen Ansprüchen des Menschen an die Natur und den existenziellen Bedürfnissen der Tierwelt.

Dr. Reinhard Schnidrig (1960) hat an der Universität Bern Zoologie studiert, mit dem Schwerpunkt Verhaltensbiologie. In seiner Dissertation befasste er sich mit den Auswirkungen des Freizeitbetriebs in den Alpen auf Gämsen. 1996 gründete er den Wildtierbiologischen Arbeitskreis Wild-ARK. Von 2000 bis 2002 war er beim Schweizer Fernsehen als Redaktor und Tierfilmer für die Sendung Netz-Natur tätig. Seit 2003 arbeitet er beim Bundesamt für Umwelt BAFU, seit 2005 als Leiter der Sektion Wildtiere & Waldbiodiversität. Dort befasst er sich schwerpunktmäßig mit der Weiterentwicklung der rechtlichen Grundlagen für den Wildtierschutz und die Jagd sowie dem Entwerfen und Umsetzen von Konzeptionen für den Umgang mit Konflikte verursachenden Wildtieren.

Dank

Dieses Buch hat eine lange Entstehungsgeschichte hinter sich. Dass es realisiert wurde, verdanken wir einerseits den auf Seite 4 genannten Unternehmen, Stiftungen, Verwaltungseinheiten und Gesellschaften, andererseits zahlreichen Personen, die uns in verschiedenen Belangen unterstützt und geholfen haben.

An der **Zürcher Hochschule für Angewandte Wissenschaften ZHAW** haben uns von Anfang an unterstützt:

Prof. Dr. Urs Hilber, Direktor des Departements *Life Sciences and Facility Management;*

Prof. Jean-Bernard Bächtiger, Institutsleiter *Umwelt und Natürliche Ressourcen;*

Prof. Dr. Reto Rupf, Leiter des *Forschungsbereichs Integrative Ökologie*.

Ihnen sei bestens gedankt!

Ein ganz besonderer Dank geht an unsere **Interviewpartner,** die uns über die Interviews hinaus mit ihrem Wissen und ihrer Erfahrung unterstützt haben. Es sind dies:

Prof. Dr. Raphaël Arlettaz, Institute of Ecology and Evolution, Universität Bern, Leiter der Division of Conservation Biology

Dr. Urs Breitenmoser, Leiter KORA – Raubtierökologie und Wildtiermanagement

Dr. Georg Jürg Brosi, Leiter Amt für Jagd und Fischerei Graubünden

Prof. Dr. Heinrich Haller, Direktor des Schweizerischen Nationalparks

Nicole Imesch, Inhaberin des Umweltberatungsbüros Wildkosmos

PD Dr. Marie-Pierre Ryser-Degiorgis, Leiterin der Abteilung für Fisch- und Wildtiermedizin FIWI der Vetsuisse-Fakultät Bern

Prof. Dr. Ilse Storch, Leiterin der Professur für Wildtierökologie und Wildtiermanagement, Universität Freiburg i. Br.

Rolf Wildhaber, Wildhüter, Amt für Natur, Jagd und Fischerei St. Gallen

Dem aktuellen Team der **Forschungsgruppe Wildtiermanagement WILMA** sowie früheren Mitarbeitern, die heute in zielverwandten Funktionen tätig sind, danken wir für fachliche Unterstützung, für Bildmaterial, für die Hilfe bei der Bearbeitung von Literatur und für das Verständnis einer beschränkten Verfügbarkeit unsererseits während intensiver Schreibphasen am Buchprojekt. Unser herzlicher Dank geht namentlich an Martina Reifler-Bächtiger, Thomas Rempfler, Dr. Claudio Signer, Sandro

Stoller, Dr. Stefan Suter, Michael Vogel, Sascha Wellig, Lisa Wirthner sowie an Stefan Ineichen, Manuel Kuhn, Simon Meierhans und Patrik Wiedemeier.
Für fachliche Ratschläge, das Gegenlesen von Einzelkapiteln, Hinweise auf Quellen, für Literaturrecherchen, Hilfe bei der Bildbeschaffung und für Bildnutzungsrechte danken wir folgenden Personen sehr herzlich:
Christof Angst, Michel Antoniazza, Anna Baumann, PD Dr. Janine Bolliger, Dr. Thomas Briner, Diego Dagani, Christoph Flory, Martin Frick, Dr. Martin Grüebler, René Güttinger, Beat Gruber, Dr. Ruedi Haller, Dr. Daniel Hegglin, Dr. Andreas Hertig, Dr. John Hesselschwerdt, Ueli Iff, Hannes Jenny, Markus Jenny, Benedikt Jöhl, Silvia Jost, Kurt Kirchberger, Roman Kistler, Dr. Andreas Knutti, Dr. Erhard Kraus, Rainer Kühnis, PD. Dr. Patrick Laube, Franziska Lörcher, Dr. Bänz Lundsgaard-Hansen, Dr. Claudia Müller, Dr. Jürg-Paul Müller, Dr. Beat Näf-Daenzer, Thomas Pachlatko, Nils Ratnaweera, Dr. Ueli Rehsteiner, Peter Rey, Dr. Antonio Righetti, Mathieu Robin, Christian Rossi, Dr. Manuel Ruedi, Prof. Dr. Ole Seehausen, Max Stacher, Markus P. Stähli, Dr. Erich Steiner, Annette Stephani, Dr. Dominik Thiel, Vinzenz Waba, Dr. Darius Weber, Hansruedi Weyrich, Ulrich Wotschikowsky.
Die Biberfachstelle (Schweiz), die Fischereiberatungsstelle FIBER, der Schweizerische Nationalpark, die Schweizerische Vogelwarte Sempach, die Sektionen *Wildtiere und Waldbiodiversität* sowie *Lebensraum Gewässer* des Bundesamts für Umwelt BAFU haben uns mit Informationen und Abbildungen unterstützt. Das Amt für Jagd und Fischerei Graubünden, das Amt für Natur, Jagd und Fischerei St. Gallen, das Amt für Jagd und Fischerei Thurgau und die Wildhüter und Mitarbeiter dieser Ämter haben uns Bildmaterial aus dem beruflichen Alltag überlassen. Auch dafür unser bester Dank!

Dann danken wir dem **Verlag Haupt AG, Bern,** für die Veröffentlichung dieses Buchs, insbesondere Regine Balmer und Dr. Martin Lind, außerdem der Lektorin Manuela Kupfer sowie der Grafikerin Doris Wiese für ihre Geduld, für die zielführende Betreuung und die geschickte Gestaltung.
Schließlich danken wir unseren **Familien**, die während der mehrjährigen Entwicklung dieses Buchs oft auf die physische oder mentale Präsenz der Autoren verzichtet haben.

Verzeichnis der Bildautoren

BILDAUTOR	ABBILDUNGS-NR.
Angst, Christof	4.40; 5.27
Anonymus	Porträt Raphaël Arlettaz; 2.21; Porträt Georg Jürg Brosi; Porträt Heinrich Haller; Porträt Urs Breitenmoser; Porträt Nicole Imesch; Porträt Marie-Pierre Ryser-Degiorgis; Porträt Reinhard Schnidrig
Amt für Natur, Jagd und Fischerei St. Gallen	2.8; 3.5; 5.14
Amt für Jagd und Fischerei Graubünden/ Wildhüter Bundi, Daniel	7.11
Amt für Jagd und Fischerei Graubünden/ Wildhüter Engler, Ricardo	8.17
Amt für Jagd und Fischerei Graubünden/ Wildhüter Gadient, René	5.15
Amt für Jagd und Fischerei Graubünden/ Wildhüter Spadin, Claudio	8.3
Amt für Jagd und Fischerei Thurgau/ Vogel, Michael	5.25
BAFU	3.17
Burkhardt, Marcel	7.9
Frick, Martin/Tiefbauamt Kanton Bern	3.40
Graf, Roland F.	2.5; Porträt Ilse Storch; 3.4; 3.35; 4.17; 4.18; 4.19; 4.23; 5.10; 6.13; 8.5; 8.6; 8.16
Grüebler, Martin	3.26
Güttinger, René	6.12
Iff, Ueli	3.9
Jenny, Markus	4.30
Kühnis, Rainer	4.41; 5.19; 7.2; 8.1; 8.7
Natur- und Tierpark Goldau	5.4

BILDAUTOR	ABBILDUNGS-NR.
Rey, Peter	4.42; 4.44
Robin, Klaus	Umschlagfotos Front- und Rückseite; 2.2; 2.3; 2.4; 2.6; 2.12; Porträt Rolf Wildhaber; 2.16; 2.17; 2.18; 3.2; 3.6; 3.7; 3.8; 3.9; 3.10; 3.11; 3.12; 3.13; 3.14; 3.15; 3.16; 3.22; 3.24; 3.25; 3.27; 3.31; 3.33; 3.34; 3.36; 3.37; 3.39; 4.1; 4.3; 4.4; 4.5; 4.6; 4.7; 4.8; 4.9; 4.13; 4.14; 4.15; 4.20; 4.25; 4.26; 4.27; 4.28; 4.29; 4.31; 4.32; 4.33; 4.34; 4.35; 4.36; 4.37; 4.43; 4.45; 4.46; 4.48; 4.49; 4.50; 5.1; 5.2; 5.7; 5.8; 5.9; 5.17; 5.18; 5.20; 5.21; 5.22; 5.23; 5.24; 5.26; 5.28; 5.29; 5.30; 5.31; 5.32; 5.33; 6.2; 6.3; 6.6; 6.7; 6.8; 6.9; 6.10; 6.11; 6.14; 7.1; 7.3; 7.4; 7.6; 7.7; 7.8; 8.2; 8.4; 8.8; 8.9; 8.10; 8.11; 8.12; 8.13; 8.14; 8.15; 8.18; Porträt Roland Graf
Robin, Mathieu	4.2
Ruedi, Manuel	6.1; 6.5
Schmid, Kurt	2.14
Sliwa, Alexander	7.10
Stähli, Markus P.	2.15; 3.23; 3.32; 5.11; 5.12; 5.13; Porträt Klaus Robin
Tschudi, Friedrich von	2.20
Weber, Darius	3.3
WILMA / ZHAW	3.18; 3.19; 3.20; 5.16
WILMA / ZHAW / Stephani, Annette	2.7; 4.21; 4.22
WILMA / ZHAW / Suter, Stefan	2.10; 6.4
WILMA / ZHAW / Vogel, Michael	2.9

Literaturverzeichnis

Ackermann G., Kugler M., Rey P., Riederer R., Thiel D. (2014): Abschlussbericht zum Aktionsplan Alpenrheintal 2004 – 2011. Verbesserung der Fischbestände und Fangmöglichkeiten in den Binnenkanälen des Rheintals. Amt für Natur, Jagd und Fischerei, Volkswirtschaftsdepartement St. Gallen (Hrsg.), St. Gallen, 50 S.

Allgöwer B., Filli F., Haller R., Naef-Daenzer B., Robin K. (1995): Wo stehen wir im Schweizerischen Bartgeier-Monitoring? Cratschla, Mitteilungen aus dem Schweizerischen Nationalpark, Zernez 3(2): 34–42.

Altweg R., Reyer H. U. (2003): Patterns of natural selection on size at metamorphosis in water frogs. Evolution 57: 872–882.

Anderegg K., Walser B. (2007): Sesshafte und Weltenbummler – Gefiederte am Zürichsee. Projektgruppe www.wasservoegel.ch, Rapperswil, 192 S.

Andersen J. (1953): Analysis of a Danish Roe-deer Population (*Capreolus Capreolus* (L.)): Based Upon the Extermination of the Total Stock. Danish Review of Game Biology 2: 131–155.

Angelone S., Flory C., Cigler C., Rieder-Schmid J., Wyss A., Kienast F., Holderegger R. (2010): Erfolgreiche Habitatvernetzung für Laubfrösche. Vierteljahrsschrift der Naturforschenden Gesellschaft in Zürich 155(3/4): 43–50.

Angelone S., Holderegger R. (2009): Population genetics suggests effectiveness of habitat connectivity measures for the European tree frog in Switzerland. Journal of Applied Ecology 46(4): 879–887.

Angelone S., Kienast F., Holderegger R., Flory C., Cigler C., Rieder-Schmid J., Wyss A. (2009): Laubfrosch und Vernetzungsprojekte: Eine Erfolgsgeschichte. KBNL Inside 04/09: 31–34.

Angst C. (2013): Biber in der Schweiz. Der Biber als wichtiger Partner für künftige Revitalisierungsprogramme. Natur & Land 99(3): 22–25.

Araki H., Berejikian B. A., Ford M. J., Blouin M. S. (2008): Fitness of hatchery-reared salmonids in the wild. Evolutionary Applications 1(2): 342–355.

Araki H., Schmid C. (2010): Is hatchery stocking a help or harm? Evidence, limitations and future directions in ecological and genetic surveys. Aquaculture 308: 2–11.

Arlettaz R., Patthey P., Baltic M., Leu T., Schaub M., Palme R., Jenni-Eiermann S. (2007): Spreading free-riding snow sports represent a novel serious threat for wildlife. Proceedings of the Royal Society B – Biological Sciences 274: 1219–1224.

Arlettaz R., Schaub M., Fournier J., Reichlin T. S., Sierro A., Watson J. E. M., Braunisch V. (2010): From Publications to Public Actions: When Conservation Biologists Bridge the Gap between Research and Implementation. Bioscience 60(10): 835–842.

Arnold J., Humer A., Heltai M., Murariu D., Spassov N., Hackländer K. (2012): Current status and distribution of golden jackals *Canis aureus* in Europe. Mammal Review 42(1): 1–11.

Arnold W., Ruf T., Reimoser S., Tataruch F., Onderscheka K., Schober F. (2004): Nocturnal hypometabolism as an overwintering strategy of red deer (*Cervus elaphus*). American Journal of Physiology – Regulatory Integrative and Comparative Physiology 286(1): 174–181.

Atlegrim O. (1991): The interaction between the bilberry (*Vaccinium myrtillus*) and a guild of insect larvae in a boreal coniferous forest. Dissertation, Swedish University of Agricultural Sciences, Umea, Schweden, 26 S.

BAFU (2009): Konzept Bär – Managementplan für den Braunbären in der Schweiz. Bundesamt für Umwelt BAFU, Abteilung Artenmanagement, Bern, 23 S.

BAFU (2010a): Vollzugshilfe Wald und Wild. Das integrale Management von Reh, Gämse, Rothirsch und ihrem Lebensraum. Umwelt-Vollzug, Bundesamt für Umwelt BAFU, Abteilung Artenmanagement, Bern, 24 S.

BAFU (2010b): Wald und Wild – Grundlagen für die Praxis. Wissenschaftliche und methodische Grundlagen zum integralen Management von Reh, Gämse, Rothirsch und ihrem Lebensraum. Umwelt-Wissen, Bern, 232 S.

BAFU (2016a): Konzept Luchs Schweiz – Vollzugshilfe zum Luchsmanagement in der Schweiz. Bundesamt für Umwelt BAFU, Abteilung Artenmanagement, Bern, 22 S.

BAFU (2016b): Konzept Biber Schweiz. Vollzugshilfe des BAFU zum Bibermanagement in der Schweiz. Bundesamt für Umwelt BAFU, Abteilung Artenmanagement, Bern, 41 S.

BAFU (2016c): Konzept Wolf Schweiz – Vollzugshilfe zum Wolfsmanagement in der Schweiz. Bundesamt für Umwelt BAFU, Abteilung Artenmanagement, Bern, 26 S.

BAFU/BLW (2008): Umweltziele Landwirtschaft. Hergeleitet aus bestehenden rechtlichen Grundlagen. Umwelt-Wissen Nr. 0820., Bundesamt für Umwelt, Bern, 221 S.

Bammatter L. (2008): Habitatspräferenzen bei der Reproduktion von Seeforellen (*Salmo trutta lacustris*) in kleinen Fliessgewässern. Masterarbeit, Universität Zürich, Zürich, 146 S.

Bammatter L., Baumgartner M., Greuter L., Haertel-Borer S., Huber Gysi M., Nitsche M., Thomas G. (2015): Renaturierung der Schweizer Gewässer: Die Sanierungspläne der Kantone ab 2015. Eidgenössisches Departement für Umwelt, Verkehr, Energie und Kommunikation UVEK. Bundesamt für Umwelt BAFU, Abteilung Wasser, Bern, 13 S.

Barkhausen A. (2012): Der Biber im Dienste der Revitalisierung von Gewässern. Wildtier Schweiz, Wildbiologie 10/10: 16.

Baumgartner H., Gloor S., Weber J.-M., Dettling P. A. (2008): Der Wolf – ein Raubtier in unserer Nähe. Haupt, Bern, 216 S.

Beck A., Hohler P. (2000): Einsatz von künstlichen Biberbauten. Ingenieurbiologie 1/00: 3.

Begon M., Townsend C. R., Harper J. L. (2006): Ecology – From Individuals to Ecosystems. Blackwell Publishing, Malden, MA, USA, 738 S.

Beissinger S. R. (2002): Population viability analysis: past, present, future. S. 5–17 in Beissinger S. R. (Hrsg.). Population viability analysis. University of Chicago Press, Chicago.

Bertolino S., di Montezemolo N. C., Preatoni D. G., Wauters L. A., Martinoli A. (2014): A grey future for Europe: *Sciurus carolinensis* is replacing native red squirrels in Italy. Biological Invasions 16(1): 53–62.

Bibby C. J., Burgess N. D., Hill D., Mustoe S. (2000): Bird census techniques. Academic Press, San Diego, CA, USA, 302 S.

Bieber C., Ruf T. (2005): Population dynamics in wild boar *Sus scrofa*: ecology, elasticity of growth rate and implications for the management of pulsed resource consumers. Journal of Applied Ecology 42(6): 1203–1213.

BirdLife International (2016): Ardea cinerea. The IUCN Red List of Threaten Species 2016. e. T22696993A86464489.

Birkhead M., Perrins C. (1986): The Mute Swan. Croom Helm, London., 157 S.

Blankenhorn H. J., Buchli C., Voser P., Berger C. (1979): Proget d' ecologia. Bericht zum Hirschproblem im Engadin und im Münstertal, Bern / Chur, 160 S.

Bolbroe T., Jeppesen L. L., Leirs H. (2000): Behavioural response of field voles under mustelid predation risk in the laboratory: more than neophobia. Annales Zoologici Fennici 37(3): 169–178.

Boldt A. (2009): Ruhe ist überlebenswichtig – Wildruhezonen als Instrument des Artenschutzes. Wildbiologie Nr. 4/36, Wildtier Schweiz, Zürich, 16 S.

Boldt A., Willisch C. (2011): Wildtier-Telemetrie. Ein Standardwerkzeug in der heutigen Wildtierforschung. Wildbiologie: 3/21, Wildtier Schweiz, Zürich, 16 S.

Bolen E. G., Robinson W. L. (2003): Wildlife Ecology and Management. Pearson Education, Inc., New Jersey, USA, 634 S.

Bolliger J. (2012): Nützen Trittsteingewässer Laubfröschen? Umwelt Aargau 56: 25–26.

Bollmann K., Braunisch V. (2013): Integration oder Segregation: der Spagat zwischen der Produktion von Rohstoffen und dem Schutz der Biodiversität in europäischen Wäldern. S. 18–32 in Kraus D., Krumm F. (Hrsg.). Integrative Ansätze als Chance für die Erhaltung der Artenvielfalt in Wäldern. European Forest Institute, Freiburg.

Bollmann K., Mollet P., Ehrbar R. (2013): Das Auerhuhn *Tetrao urogallus* im Alpinen Lebensraum: Verbreitung, Bestand, Lebensraumansprüche und Förderung. Vogelwelt 134: 19–28.

Boyce M. S., McDonald L. L. (1999): Relating populations to habitats using resource selection functions. Trends in Ecology & Evolution 14(7): 268–272.

Braunisch V., Coppes J., Arlettaz R., Suchant R., Zellweger F., Bollmann K. (2014): Temperate Mountain Forest Biodiversity under Climate Change: Compensating Negative Effects by Increasing Structural Complexity. Plos One 9(5).

Braunisch V., Patthey P., Arlettaz R. L. (2011): Spatially explicit modeling of conflict zones between wildlife and snow sports: prioritizing areas for winter refuges. Ecological Applications 21(3): 955–967.

Breitenmoser-Würsten C., Robin K., Landry J. M., Gloor S., Olsson P., Breitenmoser U. (2001): Die Geschichte von Fuchs, Luchs, Bartgeier, Wolf und Braunbär in der Schweiz – ein kurzer Überblick. Forest Snow and Landscape Research 76: 9–21.

Breitenmoser U., Breitenmoser-Würsten C., Carbyn L. N., Funk S. M., Gittleman J. L., Funk S. M., MacDonald D. W., Wayne R. K. (2001): Assessment of carnivore reintroductions. S. 539–657 in Gittleman J. L., Funk D., Macdonald D., Wayne R. K. (Hrsg.). Carnivore Conservation – Conservation Biology 5. Cambridge University Press, Cambridge.

Breitenmoser U., Breitenmoser-Würsten C. (2001): Die ökologischen und anthropogenen Voraussetzungen für die Existenz grosser Beutegreifer in der Kulturlandschaft. Forest Snow and Landscape Research 76: 23–39.

Breitenmoser U., Breitenmoser-Würsten C. (2008): Der Luchs – Ein Grossraubtier in der Kulturlandschaft. Salm Verlag, Wohlen / Bern, 537 S.

Breitenmoser U., Bürki R., Lanz T., Pittet M., von Arx M., Breitenmoser-Würsten C. (2016): The recovery of wolf *Canis lupus* and lynx *Lynx lynx* in the Alps: Biological and ecological parameters and wildlife management systems. RowAlps Report Objective 1. KORA Bericht Nr. 70. KORA Muri bei Bern, Schweiz. 276 S.

Breitenmoser U., Müller U., Kappeler A., Zanoni R. G. (2000): The final phase of the rabies epizootic in Switzerland. Schweizer Archiv für Tierheilkunde 147: 447–453.

Bridge E. S., Kelly J. F., Contina A., Gabrielson R. M., MacCurdy R. B., Winkler D. W. (2013): Advances in tracking small migratory birds: a technical review of light-level geolocation. Journal of Field Ornithology 84(2): 121–137.

Buckland S. T., Anderson D. R., Burnham K. P., Laake J. L., Borchers D. L., Thomas L. J. (2001): Introduction to distance sampling: estimating abundance of biological populations. Oxford University Press, Oxford, England, UK, 432 S.

Bundesrat der Schweiz (2016): Natürliche Lebensgrundlagen und ressourceneffiziente Produktion. Aktualisierung der Ziele. Bericht in Erfüllung des Postulats 13.4284 Bertschy vom 13. Dezember 2013. 42 S. Campbell D., Swanson G. M., Sales J. (2004): Comparing the precision and cost-effectiveness of faecal pellet group count methods. Journal of Applied Ecology 41(6): 1185–1196.

Capt S. (2012): Rote Liste Kleinsäuger – Memorandum für den Fang von Kleinsäugern zuhanden der Projektmitarbeiter und -mitarbeiterinnen CSCF, Neuchâtel.

Chapron G., Kaczensky P., Linnell J. D. C. et al. (2014): Recovery of large carnivores in Europe's modern human-dominated landscapes. Science 346(6216): 1517–1519. http://dx.doi.org/10.1126/science.1257553

Clutton-Brock T. H., Guinnes F. E., Albon S. D. (1982): Red Deer. Behaviour and Ecology of Two Sexes. The University of Chicago Press/Edinburgh University Press, 378 S.

Cordillot F., Klaus G. (2011): Gefährdete Arten in der Schweiz. Synthese Rote Listen, Stand 2010. Umwelt-Zustand Nr. 1120, Bundesamt für Umwelt, Bern, 111 S.

Coton C. (2001): Radiographie d'une réintroduction. S. 179–199 in Terrasse J. F. (Hrsg.). Le Gypaète barbu- Corcelle-le Jorat. Delachaux et Niestlé, Lausanne/Paris.

Cramp S., Simmons K. E. L. (1977): Handbook of the Birds of Europe, the Middle East and North Africa. Oxford University Press, 722 S.

Csencsics D. (2013): Der Laubfrosch erobert neue Biotope. Umwelt Aargau 59: 37–38.

Dalüge G. (2010): Wirksamkeit von Abwehrmaßnahmen zur Verhütung von Schwarzwildschäden. Tagungsbericht zum Schwarzwildseminar in der Schwäbischen Bauernschule Bad Waldsee 5: 44–47.

Deplazes P., Hegglin D. (2007): Fuchsbandwurm: In der Schweiz erkranken deutlich mehr Menschen an Alveolärer Echinococcose. Bvet-Magazin 3: 2–4.

Di Giulio M., Holderegger R., Bernhardt M., Tobias S. (2008): Zerschneidung der Landschaft in dicht besiedelten Gebieten. Eine Literaturstudie zu den Wirkungen auf Natur und Mensch und Lösungsansätze für die Praxis. Bristol-Stiftung, Haupt, Bern, 90 S.

Dietrich A. (2011): Auswertung von Scheinwerferzählungen mit Binomial mixture Modellen am Beispiel der Feldhasenzählungen *Lepus europaeus* in der Schweiz. Masterarbeit, BOKU-Universität für Bodenkultur, Wien, 44 S.

Doak D. F., Gross K., Morris W. F. (2005): Understanding and predicting the effects of sparse data on demographic analyses. Ecology 86: 1154–1163.

Dönni W., Freyhof J., Friedl C. (2002): Einwanderung von Fischarten in die Schweiz; Rheineinzugsgebiet. Mitteilungen zur Fischerei Nr. 72; Vollzug Umwelt, Bundesamt für Umwelt, Wald und Landschaft BUWAL, Bern, 88 S.

Durand P. (2010): Biologie de la truite arc-en-ciel (*Oncorhynchus mykiss*) dans le Rhône genevois et le Léman. Repeuplement, captures, reproduction. Expertise. République et Canton de Genève, Service de la faune et de la pêche, Département de l'intérieur et de la mobilité, Direction générale de la nature et du paysage, Genève, 27 S.

Ebert C., Huckschlag D., Schulz H. K., Hohmann U. (2010): Can hair traps sample wild boar (*Sus scrofa*) randomly for the purpose of non-invasive population estimation? European Journal of Wildlife Research 56(4): 583–590.

Ebert C., Knauer F., Spielberger B., Thiele B., Hohmann U. (2012): Estimating wild boar *Sus scrofa* population size using faecal DNA and capture-recapture modelling. Wildlife Biology 18(2): 142–152.

Ehrbar R., Bollmann K., Mollet P. (2015): Die Förderung des Auerhuhns im Waldreservat Amden. Berichte der St. Gallischen Naturwissenschaftlichen Gesellschaft 92: 53–78.

Eisinger D., Thulke H. H. (2008): Spatial pattern formation facilitates eradication of infectious diseases. Journal of Applied Ecology 45(2): 415–423.

Elith J., Graham C. H., Anderson R. P., Dudik M., Ferrier S., Guisan A., Hijmans R. J., Huettmann F., Leathwick J. R., Lehmann A., Li J., Lohmann L. G., Loiselle B. A., Manion G., Moritz C., Nakamura M., Nakazawa Y., Overton J. M., Peterson A. T., Phillips S. J., Richardson K., Scachetti-Pereira R., Schapire R. E., Soberon J., Williams S., Wisz M. S., Zimmermann N. E. (2006): Novel methods improve prediction of species' distributions from occurrence data. Ecography 29(2): 129–151.

Ewald K. C., Klaus G. (2009): Die ausgewechselte Landschaft. Vom Umgang der Schweiz mit ihrer wichtigsten natürlichen Ressource. Haupt, Bern, 752 S.

Fernex A. (2010): Ein Attrappenexperiment zur Prädation von Junghasen. Bachelorarbeit, Universität Basel, 33 S.

Fichet-Calvet E., Pradier B., Quere J. P., Giraudoux P., Delattre P. (2000): Landscape composition and vole outbreaks: evidence from an eight year study of *Arvicola terrestris*. Ecography 23(6): 659–668.

Fischer C. (2010): Wildschweine im Kanton Genf: Raumverhalten und Umgang mit den Schäden. Tagungsbericht zum Schwarzwildseminar in der Schwäbischen Bauernschule Bad Waldsee 5: 38–43.

Fischer R. (2014): Was bekommt den Wildschweinen im Aargau so gut? Umwelt Aargau 63: 37–40.

Flory C. (2015): Laubfrosch im Kanton Aargau. Erfolgskontrolle / Dauerbeobachtung. Jahresbericht 2014 (Bestandeskontrolle seit 1994; 21. Untersuchungsjahr). CreaNatira. Typoskript, im Auftrag von Pro Natura Aargau und Departement Bau, Verkehr und Umwelt Aargau, Abt. Landschaft und Gewässer, 11 S.

Flowerdew J. R., Shore R. F., Poulton S. M. C., Sparks T. H. (2004): Live trapping to monitor small mammals in Britain. Mammal Review 34(1–2): 31–50.

Franke U., Goll B., Hohmann U., Heurich M. (2012): Aerial ungulate surveys with a combination of infrared and high-resolution natural colour images. Animal Biodiversity and Conservation 35(2): 285–293.

Frantz A. C., Massei G., Burke T. (2012): Genetic evidence for past hybridisation between domestic pigs and English wild boars. Conservation Genetics 13(5): 1355–1364.

Fremuth W., Frey H., Walter W. (2008): Der Bartgeier in den Alpen zurück. 30 Jahre Zucht und Wiederansiedlung. Naturschutz und Landschaftsplanung 40(4): 121–127.

Frevert W. (2007): Jagdliches Brauchtum und Jägersprache. Kosmos, Stuttgart, 262 S.

Friedman G., Himmelstein J. (2015): Konflikte fordern uns heraus – Mediation als Brücke zur Verständigung. Wolfgang Metzner Verlag GmbH, Frankfurt am Main, 346 S.

Fuelling O., Halle S. (2004): Breeding supression in free-ranging grey sided voles under the influence of predator odour. Oecologia 138: 151–159.

Garel M., Bonenfant C., Hamann J.-L., Klein F., Gaillard J.-M. (2010): Are abundance indices derived from spotlight counts reliable to monitor red deer *Cervus elaphus* populations? Wildlife Biology 16(1): 77–84.

Gattlen N. (2016): Gefragter Hundetrainer. Umwelt 1: 14–17.

Gautschi B., Müller J. P., Schmid B., Shykoff J. A. (2003): Effective number of breeders and maintenance of genetic diversity in the captive bearded vulture population. Heredity 91(1): 9–16.

Gayet G., Guillemain M., Defos du Rau P., Grillas P. (2014): Effects of mute swans on wetlands: a synthesis. Hydrobiologia 723: 195–204.

Geiger C. (1984a): Bestand und Verbreitung des Graureihers *Ardea cinerea* in der Schweiz. Der Ornithologische Beobachter 81: 85–97.

Geiger C. (1984b): Jagdaktivität und Tagesperiodik des Graureihers an kleineren Gewässern im Sommer- und Winterhalbjahr. Der Ornithologische Beobachter 81: 99–110.

Geiger C. (1984c): Graureiher und Fischbestand in Fliessgewässern. Der Ornithologische Beobachter 81: 111–131.

Geisser H., Bürgin T. (1998): Das Wildschwein. Desertina, Chur. 62 S.

Geisser H., Reyer H. U. (2005): The influence of food and temperature on population density of wild boar *Sus scrofa* in the Thurgau (Switzerland). Journal of Zoology 267: 89–96.

Gemsch J. (2015a): Eiablageplätze für die Ringelnatter. Merkblatt des Kantons Luzern. Bau-, Umwelt- und Wirtschaftsdepartement, Landwirtschaft und Wald (lawa), Luzern, 2 S.

Gemsch J. (2015b): Lebensraumaufwertungen für die Ringelnatter. Merkblatt des Kantons Luzern. Bau-, Umwelt- und Wirtschaftsdepartement Luzern. Landwirtschaft und Wald (lawa), 4 S.

Géroudet P. (1968): L'expansion du Goéland argenté *Larus argentatus michahellis* dans le bassin du Rhône et en Suisse. Nos Oiseaux 29: 313–335.

Gessner C. (1557): Vogelbuch. Durch Rudolf Heusslin (Hrsg.) aus dem Lateinischen ins Deutsch gebracht; Christoph Froschauer, Zürich, 263 S.

Gillies C. S., Hebblewhite M., Nielsen S. E., Krawchuk M. A., Aldridge C. L., Frair J. L., Saher D. J., Stevens C. E., Jerde C. L. (2006): Application of random effects to the study of resource selection by animals. Journal of Animal Ecology 75(4): 887–898.

Gloor S., Bontadina F., Hegglin D. (2006): Stadtfüchse – Ein Wildtier erobert den Siedlungsraum. Haupt, Bern, 189 S.

Gonseth Y., Angst C., Baumann M., Capt S., Hefti D., Jenny D., Meister H. A., Zbinden N. (2010): Jagd und Fischerei. S. 164–194 in Lachat T., Pauli D., Gonseth Y., Klaus G., Scheidegger C., Vittoz P., Walther T. (Hrsg.). Wandel der Biodiversität in der Schweiz seit 1990. Haupt, Bern.

Gossow H. (1988): Fütterungsstandorte und Rotwildschäden. Österreichische Forstzeitung 99: 53–54.

Gossow H. (1999): Wildökologie. Kessel, Remagen-Oberwinter, Deutschland, 320 S.

Goulding M. (2011): Native or alien? The case of the wild boar in Britain. S. 289–300 in Rotherham I. D., Lambert R. A. (Hrsg.). Invasive and introduced plants and animals. Human perceptions, attitudes and approaches to management. Earthscan from Routledge, Oxon, Canada and New York, USA.

Graf R. F. (2005): Analysis of capercaillie habitat at the landscape scale using aerial photographs and GIS. Dissertation, ETH Zürich, Zürich, 143 S.

Graf R. F., Bollmann K., Suter W., Bugmann H. (2005): The importance of spatial scale in habitat models: capercaillie in the Swiss Alps. Landscape Ecology 20: 703–717.

Graf R. F., Mathys L., Bollmann K. (2009): Habitat assessment for forest dwelling species using LiDAR remote sensing: Capercaillie in the Alps. Forest Ecology and Management 257(1): 160–167.

Grafe T. U., Meuche I. (2005): Chorus tenure and estimates of population size of male European tree frogs *Hyla arborea*: implications for conservation. Amphibia-Reptilia 26(4): 437–444.

Grämiger M., Bitterlin L., Graf R. F. (2015): Nahrungsangebot für Auerhuhnküken – der Einfluss forstlicher Aufwertungen. Schweizerische Zeitschrift für Forstwesen 166(2): 91–96.

Green R. E., Newton I., Shultz S., Cunningham A. A., Gilbert M., Pain D. J., Prakash V. (2004): Diclofenac poisoning as a cause of vulture population declines across the Indian subcontinent. Journal of Applied Ecology 41(5): 793–800.

GREN (2010): Rempoissenement en Truite arc-en-ciel dans le Rhône et l' Arve genèvois. Impacts potentiels sur la flore et la faune. Expertise. GREN Biologie Appliquée. République et Canon de Genève, Service de la faune et de la pêche, Département de l'intérieur et de la mobilité, Direction générale de la nature et du paysage, Département de l'intérieur et de la mobilité, 15 S.

Grendelmeier B. (2011): Entwicklung einer junghasenschonenden Mähmethode. Bachelorarbeit, Zürcher Hochschule für Angewandte Wissenschaften ZHAW, Wädenswil, 24 S.

Grimm C. (2012): Das gefährliche Wanderleben der Seeforelle. Umwelt / Artenmanagement 4: 42–45.

Grimm V., Railsback S. F. (2005): Individual-based Modeling and Ecology. Princeton University Press, Princeton, New Jersey, USA, 428 S.

Grimm V., Storch I. (2000): Minimum viable population size of capercaillie *Tetrao urogallus*: results from a stochastic model. Wildlife Biology 6(4): 219–225.

Groff C., Angeli F., Asson D., Bragalanti N., Pedrotti L., Rizzoli R., Zanghellini P. (2016): Rapporto Orso 2015. Servizio Foreste e Fauna della Provincia Autonoma di Trento, 38 S.

Guisan A., Zimmermann N. E. (2000): Predictive habitat distribution models in ecology. Ecological Modelling 135: 147–186.

Hackländer K. (2005): Was ist mit dem Feldhasen los? Vom Fruchtbarkeitssymbol zur „Rote-Liste-Art". Wildbiologie, 4/31, Wildtier Schweiz, Zürich, 8 S.

Hackländer K., Tataruch F., Ruf T. (2002): The Effect of Dietary Fat Content on Lactation Energetics in the European Hare (*Lepus europaeus*). Physiological and Biochemical Zoology 75(1): 19–28.

Hagemeijer W. J. M., Blair M. J. (1997): The EBCC Atlas of European Breeding Birds. Their Distribution and Abundance. T. & A.D. Poyser, London, 903 S.

Haller H. (2002): Der Rothirsch im Schweizerischen Nationalpark und dessen Umgebung. Eine alpine Population von *Cervus elaphus* zeitlich und räumlich dokumentiert. Nationalpark-Forschung Schweiz 91: 1–144.

Haller H., Jenny H. (2013): Rothirsch und Jagd – wie mehr Wildasyle die Hochjagdstrecken erhöhen. S. 75–76 in Haller H., Eisenhut A., Haller R. (Hrsg.). Atlas des Schweizerischen Nationalparks. Die ersten 100 Jahre. Nationalpark-Forschung in der Schweiz 99/1. Haupt, Bern.

Hatlauf J. (2015): Potenzieller Lebensraum des Goldschakal (*Canis aureus*) in Österreich. Status, Habitatfaktoren und Modellierungsansatz. Masterarbeit, Universität für Bodenkultur Wien. Institut für Wildbiologie und Jagdwissenschaft, 106 S.

Hebeisen C., Fattebert J., Baubet E., Fischer C. (2008): Estimating wild boar (*Sus scrofa*) abundance and density using capture-resights in Canton of Geneva, Switzerland. European Journal of Wildlife Research 54(3): 391–401.

Hernandez M., Margalida A. (2009): Poison-related mortality effects in the endangered Egyptian vulture (*Neophron percnopterus*) population in Spain. European Journal of Wildlife Research 55(4): 415–423.

Herrero S. (2002): Bear Attacks – their Causes and Avoidance. The Lyons Press, Guilford, Connecticut, USA, 282 S.

Hertig A. (2011): Warum bei den Seeforellen die Damen in der Überzahl sind. Jagd & Natur 10: 77–80.

Herzig-Straschil B. (2008): Short note: First breeding record of the golden jackal (*Canis aureus* L., 1758, Canidae) in Austria. Ann. Naturhist. Mus. Wien 109: 73–76.

Hess R. (1997): Verbreitung des Auerhuhns im Kanton Schwyz. Unpublizierter Bericht, Bundesamt für Umwelt, Wald und Landschaft BUWAL / Schweizerische Vogelwarte, Bern / Sempach, 13 S.

Heurich M., Moest L., Schauberger G., Reulen H., Sustr P., Hothorn T. (2012): Survival and causes of death of European Roe Deer before and after Eurasian Lynx reintroduction in the Bavarian Forest National Park. European Journal of Wildlife Research 58(3): 567–578.

Hirzel A. H., Posse B., Oggier P. A., Crettenand Y., Glenz C., Arlettaz R. (2004): Ecological requirements of reintroduced species and the implications for release policy: the case of the bearded vulture. Journal of Applied Ecology 41(6): 1103–1116.

Hofer U. (2016): Evidenzbasierter Artenschutz. Begriffe, Konzepte, Methoden. Haupt, Bern, 180 S.

Hofer U., Wisler C. (2011): Raumnutzung und Überleben weiblicher Ringelnattern (*Natrix natrix helvetica*, Lacépède 1789) in einer Agrarlandschaft. Sonderdruck aus den Mitteilungen der Naturforschenden Gesellschaft in Bern, Neue Folge 68(2011): 113–126.

Hoi-Leitner M., Kraus E. (1989): Der Goldschakal, *Canis aureus* (Linnaeus 1758), in Österreich. Bonner Zoologische Beiträge 40(3.4): 197–204.

Holderegger R., Segelbacher G. (Hrsg.) (2016): Naturschutzgenetik – Ein Handbuch für die Praxis. Haupt, Bern, 247 S.

Holzgang O., Pfister H. P., Heynen D., Blant M., Righetti A., Berthoud G., Marchesi P., Maddalena T., Müri H., Wendelspiess M., Dändliker G., Mollet P., Bornhauser-Sieber U. (2001): Korridore für Wildtiere in der Schweiz. Schriftenreihe Umwelt Nr. 326 Bundesamt für Umwelt, Wald und Landschaft

(BUWAL), Schweizerische Gesellschaft für Wildtierbiologie (SGW) & Schweizerische Vogelwarte Sempach, Bern, 116 S.

Höneisen M., Schönenberger J., Andrea Y. (2009): Der Braunbär – Die Rückkehr eines Großraubtiers. Haupt, Bern. 232 S.

Horch P., Keller V. (2005): Windkraftanlagen und Vögel – ein Konflikt? Schweizerische Vogelwarte Sempach, Sempach, 64 S.

Huet M. (1949): Aperçu des relations entre la pente et les populations piscicoles des eaux courantes. Schweizerische Zeitschrift für Hydrologie 11: 333–351.

Hummel S., Graf R. F. (2014): Nahrungsangebot für Auerhuhnküken – Phänologie und Verteilung der Lepidoptera-Larven. Schweizerische Zeitschrift für Forstwesen 165(2): 43–49.

Ineichen S., Klausnitzer B., Ruckstuhl M. (2012): Stadtfauna – 600 Tierarten unserer Städte. Haupt, Bern, 434 S.

Ingold P. (2005): Freizeitaktivitäten im Lebensraum der Alpentiere. Haupt, Bern, 516 S.

IPCC (2014): Climate Change 2014: Synthesis Report. Contribution of Working Groups I, II and III to the Fifth Assessment Report of the Intergovernmental Panel on Climate Change [Core Writing Team, R.K. Pachauri and L. A. Meyer (eds.)]. IPCC, Geneva, Switzerland, 15 S.

Irvine R. J. (Hrsg.) (2011): Sustainable Upland Management. A summary of research outputs from the Scottish Government's "Environment – Land Use and Rural Stewardship" research programme. Macaulay Land Use Research Institute Aberdeen, UK, 20 S.

IUCN/SSC (2013): Guidelines for Reintroductions and Other Conservation Translocations. S. viiii+57. IUCN Species Survival Commission, Gland, Switzerland.

Jaeger J., Bertiller R., Schwick C. (2007): Landschaftszerschneidung Schweiz: Zerschneidungsanalyse 1885–2002 und Folgerungen für die Verkehrs- und Raumplanung. Kurzfassung. Bundesamt für Statistik, Neuchâtel, 36 S.

Jaeger J. A. G. (2000): Landscape division, splitting index, and effective mesh size: new measures of landscape fragmentation. Landscape Ecology 15(2): 115–130.

Jagd- und Fischereiverwalterkonferenz der Schweiz JFK-CSF-CCP (Hrsg.) (2014): Jagen in der Schweiz – auf dem Weg zur Jagdprüfung. Ott-Verlag, Bern, 360 S.

Janko C., Schröder W., Linke S., König A. (2012): Space use and resting site selection of red foxes (*Vulpes vulpes*) living near villages and small towns in Southern Germany. Acta Theriologica 57(3): 245–250.

Jenny D. (1999): Die Rückkehr des Bartgeiers *Gypaetus barbatus* ins Engadin (Schweiz). Egretta 42: 86–96.

Jenny D. (2013): Wie Phoenix aus der Asche. Die Rückkehr des Bartgeiers in die Alpen. S. 126–127 in Haller H., Eisenhut A., Haller R. (Hrsg.). Atlas des Schweizerischen Nationalparks. Die ersten 100 Jahre. Nationalpark-Forschung in der Schweiz, 99/1. Haupt, Bern.

Jenny H., Nigsch N., Schatz H., Duscher T., Duscher A., Reimoser F. (2015): Rothirsch im Rätikon – Drei Länder, drei Jagdsysteme, eine Wildart. Ergebnisse der Rotwildmarkierung im Dreiländereck Vorarlberg, Fürstentum Liechtenstein, Kanton Graubünden, 64 S.

Jenrich J., Löhr P.-W., Müller F. (2010): Kleinsäuger – Körper- und Schädelmerkmale / Ökologie. Beiträge zur Naturkunde in Osthessen, Fulda, 1–240 S.

Jhala Y., Moehlmann P. D. (2008): *Canis aureus*. The IUCN Red List of Threatened Species 2008, Downloaded on 22 April 2016.

Jonsson B., Jonsson N. (2011): Ecology of Atlantic Salmon and Brown Trout. Habitat as a Template for Life Histories. Fish & Fisheries Series, Dordrecht, 708 S.

Jung T. S. (2016): Comparative efficacy of Longworth, Sherman, and Ugglan live-traps for capturing small mammals in the Nearctic boreal forest. Mammal Research 61(1): 57–64.

Kaden D. (2014): Die Ringelnatter – Lebensweise und Schutzmöglichkeiten. Koordinationsstelle für Amphibien- und Reptilienschutz in der Schweiz KARCH, Neuchâtel, 2 S.

Kahle W. (1913): Brehms Tierleben. Kleine Ausgabe für Volk und Schule. Band 3: Die Vögel. Bibliographisches Institut, Leipzig/Wien, 648 S.

Keller V., Ayé R., Müller W., Spaar R., Zbinden N. (2010): Die prioritären Vogelarten der Schweiz: Revision 2010. Der Ornithologische Beobachter 107: 265–285.

Keller V., Müller C. (2015): Bestand und Verbreitung des Kormorans *Phalacrocorax carbo* in der Schweiz und in Europa. Der Ornithologische Beobachter 112: 259–268.

Keller V., Zbinden N. (1998): Die Weisskopfmöwe: ein Problem? Der Ornithologische Beobachter 95: 311–324.

Kemp P. S., Worthington T. A., Langford T. E. L., Tree A. R. J., Gaywood M. J. (2011): Qualitative and quantitative effects of reintroduced beavers on stream fish. Fish and Fisheries 2012: 158–181.

Kéry M., Schmid H., Zbinden N. (2009): Grundlagen der Bestandserfassung und Folgerungen für die Datenerfassung und -analyse in großräumigen Monitoringprogrammen. Vogelwarte 47: 45–53.

Kesseli C. (2013): Auswirkungen der Höckerschwäne auf die Landwirtschaftsflächen am Wichelsee. Bachelorarbeit, Zürcher Hochschule für Angewandte Wissenschaften ZHAW, Wädenswil, 50 S.

Kestenholz M., Heer L., Keller V. (2005): Etablierte Neozoen in der europäischen Vogelwelt – eine Übersicht. Der Ornithologische Beobachter 102: 153–180.

Keuling O. (2010): Habitatnutzung von Schwarzwild. Tagungsbericht zum Schwarzwildseminar in der Schwäbischen Bauernschule Bad Waldsee 5: 31–37.

Klaus S. (1991): Effects of forestry on grouse populations: case studies from the Thuringian and Bohemian forests, Central Europe. Ornis Scandinavica 22: 218–223.

Knaus P., Graf R., Guélat J., Keller V., Schmid H., Zbinden N. (2011): Historischer Brutvogelatlas. Die Verbreitung der Schweizer Brutvögel seit 1950. Schweizerische Vogelwarte, Sempach, 335 S.

Knollseisen M., Frey H., Zink R., Laass J. (2006): First case of lead intoxication: the story of Doraja, BG 465. Bearded vulture Reintroduction into the Alps. Annual Report 2006, FCBV, Vienna, 57–58 S.

Koepfli K.-P., Pollinger J., Godinho R., Robinson J., Lea A., Hendricks S., Schweizer R. M., Thalmann O., Silva P., Fan Z., Yurchenko A. A., Dobrynin P., Makunin A., Cahill J. A., Shapiro B., Alvares F., Brito J. C., Geffen E., Leonard J. A., Helgen K. M., Johnson W. E., O'Brien S. J., Van Valkenburgh B., Wayne R. K. (2015): Genome-wide Evidence Reveals that African and Eurasian Golden Jackals Are Distinct Species. Current Biology 25(16): 2158–2165.

Kormann U., Gugerli F., Ray N., Excoffier L., Bollmann K. (2012): Parsimony-based pedigree analysis and individual-based landscape genetics suggest topography to restrict dispersal and connectivity in the endangered capercaillie. Biological Conservation 152: 241–252.

Kranz A., Polednik L. (2009): Zur aktuellen Verbreitung und jüngsten Ausbreitung des Fischotters in Niederösterreich. Bericht alka-kranz, im Auftrag der Abteilung Naturschutz des Amtes der Niederösterreichischen Landesregierung, Graz/St. Pölten, 15 S.

Krausman P. R. (2002): Introduction to wildlife management: the basics. Prentice Hall, Upper Saddle River, New Jersey, USA, 478 S.

Krebs C. J. (2014): Ecological Methodology 3rd ed. (in prep).

Kruuk H. (1995): Wild otters, predation and populations. Oxford University Press, New York, USA, 290 S.

Kruuk H. (2006): Otters: ecology, behaviour and conservation. Oxford University Press, New York, USA 265 S.

Kruuk H. (2014): Otters and Eels: Long-Term Observations on Declines in Scotland. IUCN Otter Specialist Group Bulletin 31(1): 3–11.

Kupferschmid A. D., Bollmann K. (2016): Direkte, indirekte und kombinierte Effekte von Wölfen auf die Waldverjüngung. Schweizerische Zeitschrift für Forstwesen 167(1): 3–12.

Kupferschmid A. D., Brang P. (2010): Praxisrelevante Grundlagen: Zusammenspiel zwischen Wild und Wald. S. 9–39 in BAFU (Hrsg.). Wald und Wild – Grundlagen für die Praxis. Wissenschaftliche und methodische Grundlagen zum integralen Management von Reh, Gämse, Rothirsch und ihrem Lebensraum. Bundesamt für Umwelt BAFU, Bern.

Labhardt F. (1996): Der Rotfuchs. Paul Parey, Hamburg, 158 S.

Lapini L. (2012): Der Goldschakal (*Canis aureus moreoticus*) in Europa. S. 181–210 in Gansloßer U. (Hrsg.). Hund, Wolf & Co. Proceedings of the 5th International Symposium on Canids, Nuembrecht, Germany.

Largiadèr C. R., Hefti D. (2002): Genetische Aspekte des Schutzes und der nachhaltigen Bewirtschaftung von Fischarten. Mitteilungen zur Fischerei Nr. 73, Bundesamt für Umwelt, Wald und Landschaft BUWAL, Bern, 114 S.

Larson G., Dobney K., Albarella U., Fang M. Y., Matisoo-Smith E., Robins J., Lowden S., Finlayson H., Brand T., Willerslev E., Rowley-Conwy P., Andersson L., Cooper A. (2005): Worldwide phylogeography of wild boar reveals multiple centers of pig domestication. Science 307(5715): 1618–1621.

Le Lay G., Angelone S., Holderegger R., Flory C., Bolliger J. (2015): Increasing Pond Density to Maintain a Patchy Habitat Network of the European Treefrog (*Hyla arborea*). Journal of Herpetology 49(2): 217–221.

Lecour C., Rathcke P.-C. (2011): Schädigung von Fischen durch Wasserkraftanlagen. S. 1–27 in Proceedings, 26. BWK Bundeskongress, Leitthema: Wasserwirtschaft und Erneuerbare Energien – Umweltverträgliche Planung, sicherer Betrieb von Anlagen, Wernigerode.

Leitner H., Reimoser F. (2000): Grundsätze der Winterfütterung. Der Kärntner Jäger 131: 5–8.

Litvinov Y. N., Kovaleva V. Y., Efimova V. M., Galaktionov Y. K. (2013): Cyclicity of the European water vole population as a factor of biodiversity in ecosystems of Western Siberia. Russian Journal of Ecology 44(5): 422–427.

Loeffel K., Meier C., Hofmann A., Ziegler H. (2009): Praxishilfe zur Aufwertung und Neuschaffung von Laichgewässern für Amphibien. Hrsg. Baudirektion Kanton Zürich, Amt für Landschaft und Natur, Fachstelle Naturschutz, Zürich, 23 S.

Lörcher F. (2012): Enhancing genetic diversity requires continued release of bearded vultures (*Gypaetus barbatus*) from captivity. Masterarbeit, Universität Zürich, Zürich, 57 S.

Lörcher F., Keller L., Hegglin D. (2013): Low genetic diversity of the reintroduced beaded vulture (*Gypaetus barbatus*) population in the Alps calls for further releases. S. 473–478 in Proceedings, 5th Symposium for Research in Protected Areas; 10 to 12 June 2013, Mittersill.

Ludwig G. X., Alatalo R. V., Helle P., Siitari H. (2010): Individual and environmental determinants of early brood survival in black grouse *Tetrao tetrix*. Wildlife Biology 16(4): 367–378.

Lurz P. W. W., Rushton S. P., Wauters L. A., Bertolino S., Currado I., Mazzoglio P., Shirley M. D. F. (2001): Predicting grey squirrel expansion in North Italy: a spatially explicit modelling approach. Landscape Ecology 16(5): 407–420.

MacDonald D. W. (1993): Unter Füchsen. Eine Verhaltensstudie. Knesebeck, München, 253 S.

MacKenzie D. I., Nichols J. D., Royle J. A., Pollock K. H., Bailey L. L., Hines J. E. (2006): Occupancy Estimation and Modeling – Inferring Patterns and Dynamics of Species Occurrence. Elsevier Academic Press, 324 S.

Manly B. F. J., McDonald L. L., Thomas D. L., McDonald T. L., Erickson W. P. (2004): Resource Selection by Animals – Statistical Design and Analysis for Field Studies. Kluwer Academic Publishers, New York, Boston, Dordrecht, London, Moskau, 221 S.

Marboutin E., Bray Y., Peroux R., Mauvy B., Lartiges A. (2003): Population dynamics in European hare: breeding parameters and sustainable harvest rates. Journal of Applied Ecology 40(3): 580–591.

Marchesi P., Mermod C., Salzmann H. C. (2010): Marder, Iltis, Nerz und Wiesel. Haupt, Bern, 192 S.

Mason C. F., MacDonald S. M. (1986): Otters: ecology and conservation. Cambridge University Press, Cambridge, 236 S.

Mattes H. (1982): Die Lebensgemeinschaft von Tannenhäher und Arve. Berichte der Eidgenössischen Anstalt für das forstliche Versuchswesen 241, Birmensdorf, Schweiz, 74 S.

Maumary L., Valloton L., Knaus P. (2007): Die Vögel der Schweiz. Schweizerische Vogelwarte, Sempach und Nos Oiseaux, Monmollin, Sempach / Monmollin, 848 S.

Mayer W. (2001): Unterarten und Geschwisterarten. S. 692–702 in Cabela A., Grillitsch H., Tiedemann F. (Hrsg.). Atlas zur Verbreitung und Ökologie der Amphibien und Reptilien in Österreich: Auswertung der Herpetofaunistischen Datenbank der Herpetologischen Sammlung des Naturhistorischen Museums in Wien. Umweltbundesamt, Wien.

McComb B., Zuckerberg B., Vesely D., Jordan C. (2010): Monitoring animal populations and their habitats: a practitioner's guide. CRC Press, Boca Raton, FL, USA, 296 S.

Mech D. L., Boitani L. (Hrsg.) (2003): Wolves – Behaviour, Ecology, and Conservation. The University of Chicago Press, Chicago, USA, 472 S.

Meier C. (2004): Aktionsplan Laubfrosch. Amt für Landschaft und Natur, Fachstelle Naturschutz, Baudirektion Kanton Zürich, 14 S.

Meister B., Baur B. (2013): Die Ringelnatter im Schweizer Landwirtschaftsgebiet. Einfluss unterschiedlich genutzter Landschaften auf die genetische Populationsstruktur. Bristol-Stiftung, Haupt, Bern, 112 S.

Meister B., Hofer U., Ursenbacher S., Baur B. (2010): Spatial genetic analysis of the grass snake, *Natrix natrix* (Squamata: Colubridae), in an intensively used agricultural landscape. Biological Journal of the Linnean Society 101(1): 51–58.

Mermod M., Zumbach S., Lippuner M., Pellet J., Schmidt B. (2010): Praxismerkblatt Artenschutz Laubfrosch *Hyla arborea* & *Hyla intermedia*. KARCH Koordinationsstelle für Amphibien- und Reptilienschutz in der Schweiz, 21 S.

Messlinger U. (2011): Monitoring von Biberrevieren in Westmittelfranken. Im Auftrag des Bundes Naturschutz in Bayern e.V., Naturschutzplanung und ökologische Studien, Flachslanden, 135 S.

Metz C. (1990): Der Bär in Graubünden. Desertina Verlag, Disentis, 257 S.

Meyer A., Zumbach S., Schmidt B., Monney J.-C. (2009): Auf Schlangenspuren und Krötenpfaden. Amphibien und Reptilien der Schweiz. Haupt, Bern, 336 S.

Meyer M., Schweizer S., Göz D., Funk A., Schläppi S., Baumann A., Baumgartner J., Müller W., Flück M. (2015): Die Seeforellenweiche – ein mobiles Leitsystem für aufsteigende Wandersalmoniden. Wasserwirtschaft 7/8: 39–43.

Michel M. (2009): Bericht zum Fischaufstieg beim KW Reichenau bei Domat/Ems unter besonderer Berücksichtigung der Bodensee-Seeforelle. Projektbericht, Amt für Jagd und Fischerei Graubünden, Chur, 1–15 S.

Miller C., Corlatti L. (2009): Das Gamsbuch. Neumann-Neudamm, Melsungen, 207 S.

Molinari P., Breitenmoser U., Molinari-Jobin A., Giacometti M. (2000): Raubtiere am Werk. Handbuch zur Bestimmung von Grossraubtierrissen und anderen Nachweisen. Paolo Molinari (Eigenverlag), 118 S.

Mollet P., Badilatti B., Bollmann K., Graf R. F., Hess R., Jenny H., Mulhauser B., Perrenoud A., Rudmann F., Sachot S., Studer J. (2003): Verbreitung und Bestand des Auerhuhns *Tetrao urogallus* in der Schweiz 2001 und ihre Veränderungen im 19. und 20. Jahrhundert. Der Ornithologische Beobachter 100: 67–86.

Mollet P., Kery M., Gardner B., Pasinelli G., Royle J. A. (2015): Estimating Population Size for Capercaillie (*Tetrao urogallus* L.) with Spatial Capture-Recapture Models Based on Genotypes from One Field Sample. Plos One 10(6).

Mollet P., Stadler B., Bollmann K. (2008): Aktionsplan Auerhuhn Schweiz. Artenförderung Vögel Schweiz. Umwelt-Vollzug Nr. 0804. Bundesamt für Umwelt, Schweizerische Vogelwarte, Schweizer Vogelschutz SVS/BirdLife Schweiz, Bern/Sempach/Zürich, 104 S.

Monney J.-C., Meyer A. (2005): Rote Liste der gefährdeten Reptilien der Schweiz. BUWAL-Reihe: Vollzug Umwelt, Bundesamt für Umwelt, Wald und Landschaft und Koordinationsstelle für Amphibien- und Reptilienschutz in der Schweiz, Bern, 50 S.

Morrison M. L., Marcot B., Mannan W. (2006): Wildlife-habitat relationships: concepts and applications. Island Press, Washington, 520 S.

Mosler-Berger C. (2013): Von Wölfen und Schafen Herdenschutz aktuell. FaunaFocus 2013, Wildtier Schweiz, Zürich, 12 S.

Müller C. (2016): Seltene und bemerkenswerte Brutvögel 2015 in der Schweiz. Der Ornithologische Beobachter 113: 189–204.

Müller C., Keller V. (2015): Monitoring Überwinternde Wasservögel: Ergebnisse der Wasservogelzählungen 2013/14. Schweizerische Vogelwarte, Sempach, 59 S.

Müller J.-P., Jenny H., Lutz M., Mühlethaler E., Briner T. (2010): Die Säugetiere Graubündens – eine Übersicht. Stiftung Sammlung Bündner Naturmuseum und Verlag Desertina, Chur, 183 S.

Müri H. (2015): Die kleine Wildnis. Einblicke in die Lebensgemeinschaft der kleinen Raubsäuger und ihrer Beutetiere in Mitteleuropa. Bristol-Stiftung, Haupt, Bern, 225 S.

Nater S. (2012): Flussbau, Hochwasserschutz und Biber in der Schweiz – Synergien nutzen. Wasser Energie Luft 104(1): 67–72.

Neet C. R. (1995): Population dynamics and management of *Sus scrofa* in western Switzerland: a statistical modelling approach. IBEX, Journal of Mountain Ecology 3: 188–191.

Nentwig W. (2011): Unheimliche Eroberer – Invasive Pflanzen und Tiere in Europa. Haupt, Bern, 251 S.

Niebuhr K. (1993): Short note on some indication of philopatric behaviour in released Bearded vultures. Bearded vulture – Annual Report, Wien, 36 S.

Nussbaumer C. (2008): Das Potenzial der Zuflüsse des Zürich- und Obersees für die natürliche Reproduktion der Seeforelle (*Salmo trutta lacustris*). Diplomarbeit, Universität Zürich, Zürich, 114 S.

Nussberger B., Wandeler P., Weber D., Keller L. F. (2014): Monitoring introgression in European wildcats in the Swiss Jura. Conservation Genetics 15(5): 1219–1230.

Nyssen J., Pontzeele J., Billi P. (2011): Effect of beaver dams on the hydrology of small mountain streams: Example from the Chevral in the Ourthe Orientale basin, Ardennes, Belgium. Journal of Hydrology 402(1–2): 92–102.

O'Connell A. F., Nichols J. D., Karanth K. U. (2011): Camera Traps in Animal Ecology Methods and Analyses. Springer, New York, 271 S.

Oaks J. L., Gilbert M., Virani M. Z., Watson R. T., Meteyer C. U., Rideout B. A., Shivaprasad H. L., Ahmed S., Chaudhry M. J. I., Arshad M., Mahmood S., Ali A., Khan A. A. (2004): Diclofenac residues as the cause of vulture population decline in Pakistan. Nature 427(6975): 630–633.

Oro D., Margalida A., Carrete M., Heredia R., Antonio Donazar J. (2008): Testing the Goodness of Supplementary Feeding to Enhance Population Viability in an Endangered Vulture. Plos One 3(12).

Oro D., Martinez-Abraìn A. (2007): Deconstructing myths on large gulls and their impact on threatend sympatric waterbirds. Animal Conservation 10: 117–126.

Pachlatko T. (1991): Costs of the international project 1980–1990. Gypaetus barbatus 13: 42.

Pellikka J., Rita H., Linden H. (2005): Monitoring wildlife richness – Finnish applications based on wildlife triangle censuses. Annales Zoologici Fennici 42(2): 123–134.

Peter A. (2013): Fischwanderung und Kraftwerke. Binnengewässer: Konzepte und Methoden für ein nachhaltiges Management. Vorlesungspräsentation, Eawag: Swiss Federal Institute of Aquatic Science and Technology, Dübendorf, 70 S.

Prakash V., Pain D. J., Cunningham A. A., Donald P. F., Prakash N., Verma A., Gargi R., Sivakumar S., Rahmani A. R. (2003): Catastrophic collapse of Indian white-backed *Gyps bengalensis* and long-billed *Gyps indicus* vulture populations. Biological Conservation 109(3): 381–390.

Primack R. B. (2006): Essentials of Conservation Biology. Sinauer Associates, Sunderland, MA, USA, 585 S.

Questad E. J., Foster B. L. (2007): Vole disturbances and plant diversity in a grassland metacommunity. Oecologia 153(2): 341–351.

Raesfeld F. von, Frevert W. (1942): Das deutsche Waidwerk. Paul Parey, Berlin, 746 S.

Rahm U., Bättig M. (1996): Der Biber in der Schweiz. Bestand, Gefährdung, Schutz. Bundesamt für Umwelt, Wald und Landschaft (BUWAL), Bern, 68 S.

Rehnus M. (2013): Der Schneehase in den Alpen. Ein Überlebenskünstler mit ungewisser Zukunft. Bristol-Stiftung, Haupt, Bern, 93 S.

Rempfler T. (2013): Raum-Zeit-System des Rothirsches im Wildnispark Zürich und dessen Umgebung. Masterarbeit, Zürcher Hochschule für Angewandte Wissenschaften, Wädenswil, 33 S.

Rempfler T., Bächtiger M., Graf R. F., Robin K. (2009): Umsetzung des BAFU Abfallkonzepts in der Val Müstair. Zürcher Hochschule für Angewandte Wissenschaften ZHAW, Fachstelle Wildtier- und Landschaftsmanagement WILMA im Auftrag der Biosfera Val Müstair – Parc Naziunal Svizzer, Wädenswil/ Sta. Maria, 31 S.

Rey P. (2002): Regenbogenforellen-Expertise mit besonderer Berücksichtigung der Situation im Alpenrheingebiet zwischen Sargans und Bodensee. Im Auftrag des BUWAL; Hydra, Konstanz, 55 S.

Rey P., Werner S., Hesselschwerdt J. (2014): Seeforelle – Arterhaltung in den Bodenseezuflüssen – Kurzbericht. IBKF, Konstanz, 23 S.

Reynolds J. C., Stoate C., Brockless M. H., Aebischer N. J., Tapper S. C. (2010): The consequences of predator control for brown hares (*Lepus europaeus*) on UK farmland. European Journal of Wildlife Research 56(4): 541–549.

Rippmann U., Müller W., Peter M., Staub E. (2005): Erfolgskontrolle Kormoran und Fischerei sowie neuer Massnahmenplan 2005. Bericht der Arbeitsgruppe Kormoran und Fischerei, Bundesamt für Umwelt, Wald und Landschaft, Bern, 95 S.

Robin K. (1973): Einfang und Sichtmarkierung von Rehen im Revier Grabs-Ost im St. Galler Rheintal, Schweiz. Zeitschrift für Jagdwissenschaft 19: 2–13.

Robin K., Bächtiger M., Boldt A., Graf R. F., Liechti T., Rempfler T., Suter S. (2010a): Praxishilfeinstrument zur Ausscheidung von Wildruhezonen. ZHAW Wädenswil im Auftrag des Bundesamts für Umwelt BAFU, Wädenswil / Bern, 67 S.

Robin K., Filli F., Allgöwer B., Haller R. (1995): Schweizerisches Bartgeier-Monitoring. Auswertung der Beobachtungsdaten 1991–1994. Bericht zHd. Eidg. Forstdirektion, Jagd und Wildforschung, Bern, 40 S.

Robin K., Haller R., Hegglin D., Negri M., Buchli C. (2009): Evaluation neuer Aussetzungsorte für Bartgeier in den Nordalpen der Schweiz – Raumanalyse und Beurteilung ausgewählter Geländekammern. Fornat AG, Zernez; Schweizerischer Nationalpark, Zernez; Stiftung Pro Bartgeier, Zürich; Zürcher Hochschule für Angewandte Wissenschaften, Wädenswil, Zürich, 36 S.

Robin K., Müller J.-P., Pachlatko T. (2003): Der Bartgeier. Eigenverlag, Uznach, 224 S.

Robin K., Nufer A., Lienhard A., Erneste H. (1999): Projekt Neubewertung der Jagdreviere im Kanton St. Gallen für die Pachtperiode 2000–2008. Robin Habitat AG, Uznach; NuferScience, Basel; LandPlan-Info, Uster; ETHZ, St. Gallen, 13 S.

Robin K., Obrecht J.-M., Mollet P. (2004): Artenförderungsprojekt Auerhuhn – Regionaldossier 4aNord (Nordostschweiz). Robin Habitat AG, Uznach, Schweizerische Vogelwarte, Sempach, und Kant. Amt für Jagd und Fischerei St.Gallen. Projektbericht. 14 S.

Robin K., Ryser A. (2007): Luchsumsiedlung Nordostschweiz LUNO: Projektbericht 2004–2006. Uznach / Muri, Schweiz, 8 S.

Robin K., Vogel M., Graf R. F., Perron M. (2012): Kormoranschäden an Netzen und Reusen. Ausmass und Prävention am Neuenburgersee. Bericht der Fachstelle Wildtier- und Landschaftsmanagement WILMA der ZHAW Wädenswil für das Bundesamt für Umwelt BAFU, Wädenswil/Bern, 42 S.

Robin K., Vogel M., Perron M., Graf R. F. (2010b): Schäden an Fischernetzen durch Kormorane *Phalacrocorax carbo sinensis* – Präventionsprojekt Neuenburgersee. Bericht der Fachstelle Wildtier- und Landschaftsmanagement WILMA der ZHAW Wädenswil für das Bundesamt für Umwelt BAFU. Bern/ Wädenswil, 64 S.

Roedenbeck I. A., Voser P. (2008): Effects of roads on spatial distribution, abundance and mortality of brown hare (*Lepus europaeus*) in Switzerland. European Journal of Wildlife Research 54: 425–437.

Roos A. (2013): The Otter (*Lutra lutra*) in Sweden: Contaminants and Health. Acta Universitatis Upsaliensis. Digital Comprehensive Summaries of Uppsala Dissertations from the Faculty of Science and Technology, Uppsala, 47 S.

Rosell F., Bozser O., Collen P., Parker H. (2005): Ecological impact of beavers *Castor fiber* and *Castor canadensis* and their ability to modify ecosystems. Mammal Review 35(3–4): 248–276.

Roth H. U. (1986): Die Bären der Alpen. S. 10–13 in D'Oleire-Oltmans W. (Hrsg.). Das Bärenseminar, Forschungsbericht 11. Nationalpark Berchtesgaden, Ruhpolding.

Roux G., Thönen W. (1968): La nidification du Goéland argenté *Larus argentatus michahellis* au Fanel. Nos Oiseaux 29: 335–338.

Rovero F., Zimmermann F. (2016): Camera Trapping for Wildlife Research (Data in the Wild). Pelagic Publishing, Exeter, UK, 232 S.

Rowcliffe J. M., Field J., Turvey S. T., Carbone C. (2008): Estimating animal density using camera traps without the need for individual recognition. Journal of Applied Ecology 45(4): 1228–1236.

Royle J. A., Chandler R. B., Sollmann R., Gardner B. (2014): Spatial Capture-Recapture. Academic Press, Waltham, USA, 577 S.

Royle J. A., Dorazio R. M. (2008): Hierarchical modeling and inference in ecology. The analysis of data from populations, metapopulations and communities. Academic Press, New York, 464 S.

Ruf T. (2003): Feldhase: Neues zur Ernährungsphysiologie. Weidwerk 1/2003.

Ruhlé C., Ackermann G., Berg R., Kindle T., Kistler R., Klein M., Konrad M., Löffler H., Michel M., Wagner B. (2005): Die Seeforelle im Bodensee und seinen Zuflüssen: Biologie und Management. Österreichs Fischerei 58/2005: 230–262.

Ruhlé C., Deufel J., Keiz G., Kindle T., Klein M., Löffler H., Wagner B. (1984): Die Bodensee-Seeforelle – Probleme und Problemlösung. Österreichs Fischerei 37: 272–307.

Rupf R. (1998): Ökomorphologie des Vorder- und Hinterrheins. Diplomarbeit, Universität Zürich, 88 S.

Rutishauser M., Lakerveld P., Angst C. (2013): Der Biber – ein Landschaftsgestalter für die Artenvielfalt. Pro Natura und Biberfachstelle des Bundesamtes für Umwelt BAFU, Bern, 8 S.

Ryffel A. (2008): Der Knochenbrecher kehrt zurück. Charakterisierung und Modellierung von Bartgeier-Lebensräumen in den Schweizer Alpen. Diplomarbeit, Universität Zürich, 110 S.

Sage M., Caeurdassier M., Defaut R., Gimbert F., Berny P., Giraudoux P. (2008): Kinetics of bromadiolone in rodent populations and implications for predators after field control of the water vole, *Arvicola terrestris*. Science of the Total Environment 407(1): 211–222.

Scandolara C., Rubolini D., Ambrosini R., Caprioli M., Hahn S., Liechti F., Romano A., Romano M., Sicurella B., Saino N. (2014): Impact of miniaturized geolocators on barn swallow *Hirundo rustica* fitness traits. Journal of Avian Biology 45(5): 417–423.

Schadt S., Revilla E., Wiegand T., Knauer F., Kaczensky P., Breitenmoser U., Bufka L., Cerveny J., Koubek P., Huber T., Stanisa C., Trepl L. (2002): Assessing the suitability of central European landscapes for the reintroduction of Eurasian lynx. Journal of Applied Ecology 39(2): 189–203.

Schaller R. (1938/39): Einbürgerung des Höckerschwans in der Schweiz. Der Ornithologische Beobachter 36(2/3): 39–40.

Schaub M. (2012): Populationsbiologie als zentrales Element der Naturschutzforschung. Der Ornithologische Beobachter 109(3): 185–200.

Schaub M., Zink R., Beissmann H., Sarrazin F., Arlettaz R. (2009): When to end releases in reintroduction programmes: demographic rates and population viability analysis of bearded vultures in the Alps. Journal of Applied Ecology 46: 92–100.

Schloeth R. (1961): Markierung und erste Beobachtungen von markiertem Rotwild im Schweizerischen Nationalpark und dessen Umgebung. Ergebnisse der wissenschaftlichen Untersuchungen des Schweizerischen Nationalparks 7/45: 199–226.

Schmid P., Holm P., Brüschweiler B., Kuchen A., Staub E., Tremp J. (2010): Polychlorierte Biphenyle (PCB) in Gewässern der Schweiz. Daten zur Belastung von Fischen und Gewässern mit PCB und Dioxinen, Situationsbeurteilung. Umwelt-Wissen, Bern, 101 S.

Schmidt B. R., Tobler U. (2013): Die Chytridiomykose. Eine neue gefährliche Pilzerkrankung der Amphibien. KARCH, Neuchâtel, 6 S.

Schnidrig-Petrig R., Koller N. (2004): Teil A: Konzept Wildschweinmanagement. Service romand de vulgarisation agricole SRVA (Hrsg.), Lausanne, 30 S.

Schnidrig R., Nienhuis C., Imhof R., Bürki R., Breitenmoser U. (2016a): Lynx in the Alps: Recommendations for an internationally coordinated management. KORA, Muri bei Bern und BAFU, Ittigen, Bern, 70 S.

Schnidrig R., Nienhuis C., Imhof R., Bürki R., Breitenmoser U. (2016b): Wolf in the Alps: Recommendations for an internationally coordinated management. KORA, Muri bei Bern und BAFU, Ittigen, Bern, 70 S.

Schnyder J., Ehrbar R., Reimoser F., Robin K. (2016): Huftierbestände und Verbissintensitäten nach der Luchswiederansiedlung im Kanton St. Gallen. Schweizerische Zeitschrift für Forstwesen 167(1): 13–20.

Schroth K.E. (1992): Zum Lebensraum des Auerhuhns (*Tetrao urogallus* L.) im Nordschwarzwald. Dissertation, Universität München, München, 129 S.

Schütz M., Filli F., Risch A. C. (2012): Zwei unterschiedliche Speisekarten: Sommer- und Winternahrung. Cratschla 2012/2: 4–5.

Schwab G. (2014): Handbuch für den Biberberater. Bund Naturschutz in Bayern, Webversion. 240 S.

Schwarzenberger A., Zink R. (2013): 7th International Bearded Vulture Observation Days – October 5th to 14th, 2012. International Bearded Vulture Monitoring (IBM), 30 S.

Segelbacher G. (2013): Genetische Analysen von Rostgansfedern. Kurzbericht. Albert-Ludwigs-Universität Freiburg, Freiburg, 23 S.

Segelbacher G., Hoglund J., Storch I. (2003): From connectivity to isolation: genetic consequences of population fragmentation in capercaillie across Europe. Molecular Ecology 12(7): 1773–1780.

Senn J., Kühn R. (2014): Habitatfragmentierung, kleine Populationen und das Überleben von Wildtieren. Populationsbiologische Überlegungen und genetische Hintergründe untersucht am Beispiel des Rehes. Bristol-Stiftung, Haupt, Bern, 77 S.

Signer C., Graf R. F., Bächtiger M., Laube P., Wyttenbach M., Rupf R. (2016): Projekt Wildtier und Mensch im Naherholungsraum – Projektbericht 2015. Zürcher Hochschule für Angewandte Wissenschaften ZHAW, Wädenswil, 13 S.

Signer C., Ruf T., Schober F., Fluch G., Paumann T., Arnold W. (2010): A versatile telemetry system for continuous measurement of heart rate, body temperature and locomotor activity in free-ranging ruminants. Methods in Ecology and Evolution 1(1): 75–85.

Silvy N. J. (Hrsg.) (2012): The Wildlife Techniques Manual, Volume 1 Research. The Johns Hopkins University Press, Baltimore, USA, 686 S.

Spalinger L., Dönni W., Vonlanthen P. (2016): Ökologisch angemessener Fischbesatz – Empfehlungen für die Praxis. Typoskript, 21 S.

Stankowich T. (2008): Ungulate flight responses to human disturbance: A review and meta-analysis. Biological Conservation 141(9): 2159–2173.

Stock M., Bergmann H. H., Helb H. W., Keller V., Schnidrig-Petrig R., Zehnter H. C. (1994): Der Begriff Störung in naturschutzorientierter Forschung. Ein Diskussionsbeitrag aus ornithologischer Sicht. Zeitschrift für Ökologie und Naturschutz 3: 25–33.

Stocker G. (1985): Biber (*Castor fiber*) in der Schweiz. Probleme der Wiedereinbürgerung aus biologischer und ökologischer Sicht. Eidg. Anstalt für das forstliche Versuchswesen, Birmensdorf, 149 S.

Stocker M., Meyer S. (2012): Wildtiere – Hausfreunde und Störenfriede. Haupt Verlag, Bern, 352 S.

Storch I. (1993): Patterns and strategies of winter habitat selection in alpine capercaillie. Ecography 16: 351–359.

Storch I. (1995): Annual home ranges and spacing patterns of capercaillie in Central Europe. Journal of Wildlife Management 59(2): 392–400.

Storch I. (1999): Auerhuhnschutz – Aber wie? Ein Leitfaden. Wildbiologische Gesellschaft München e.V., Ettal, 43 S.

Storch I. (2002): On spatial resolution in habitat models: Can small-scale forest structure explain capercaillie numbers? Conservation Ecology 6(1).

Storch I. (2003): Raumskalen in Ökologie und Artenschutz: Das Beispiel Auerhuhn. Wildbiologie / Ökologie 10/8, Wildtier Schweiz, Zürich, 16 S.

Storch I. (Hrsg.) (2007): Grouse status survey and Conservation Action Plan 2006–2010. IUCN and World Pheasant Association, Gland, Switzerland & Fordingbridge, UK, 114 S.

Stucki P. (2010): Methoden zur Untersuchung und Beurteilung der Fliessgewässer. Makrozoobenthos Stufe F. Umwelt-Vollzug, Bundesamt für Umwelt BAFU, Bern, 61 S.

Stucki S. (2005): Rostgans: Entflogener Gehegevogel als Problem für Wildvogelarten. Merkblatt Nicht-einheimische Arten 1. Schweizer Vogelschutz SVS/BirdLife Schweiz und Schweizerische Vogelwarte, Zürich und Sempach, 6 S.

Suchant R. (2002): Die Entwicklung eines mehrdimensionalen Habitatmodells für Auerhuhnareale (*Tetrao urogallus* L.) als Grundlage für die Integration von Diversität in die Waldbaupraxis. Dissertation, Universität Freiburg, Freiburg, 331 S.

Suter S., Stoller S. (2016): Prävention von Wildschweinschäden in der Landwirtschaft – Zwischenbericht 2015. WILMA / Zürcher Hochschule für Angewandte Wissenschaften ZHAW, im Auftrag von Bundesamt für Landwirtschaft BLW, Bundesamt für Umwelt BAFU, Kanton Aargau und Kanton Bern, Wädenswil, 19 S.

Suter W., Graf R. F. (2008): Das Auerhuhn – eine naturschutzbiologische Betrachtung. Der Ornithologische Beobachter 105: 17–33.

Suter W., Graf R. F., Hess R. (2002): Capercaillie (*Tetrao urogallus*) and avian biodiversity: testing the umbrella-species concept. Conservation Biology 16(3): 778–788.

Taucher A., Gloor S. (2015): Citizen Science: Gemeinsam Wissen schaffen. Fauna Focus 22, Wildtier Schweiz, Zürich, 16 S.

Thaler E., Pechlaner H. (1979): Volierenbrut und Handaufzucht beim Bartgeier (*Gypaetus barbatus aureus*): Beobachtungen aus dem Alpenzoo Innsbruck. Gefiederte Welt 103: 21–25.

Thiel-Egenter C. (2010): Wildschweinmanagement: Probleme gemeinsam lösen. Umwelt Aargau 50: 59–64.

Thiel D. (2009): Massnahmen für den Umgang mit Höckerschwan und Graugans. Umwelt Aargau 44: 43–48.

Thiel D. (2012): Neue Wege bei der Wildschweinjagd. Umwelt Aargau 58: 45–48.

Thiel D., Jenni-Eiermann S., Braunisch V., Palme R., Jenni L. (2008a): Ski tourism affects habitat use and evokes a physiological stress response in capercaillie *Tetrao urogallus*: a new methodological approach. Journal of Applied Ecology 45(3): 845–853.

Thiel D., Jenni-Eiermann S., Jenni L. (2008b): Der Einfluss von Freizeitaktivitäten auf das Fluchtverhalten, die Raumnutzung und die Stressphysiologie des Auerhuhns *Tetrao urogallus*. Der Ornithologische Beobachter 105: 85–96.

Thiel D., Ménoni E., Brenot J.-F., Jenni L. (2007): Effects of recreation and hunting on flushing distance of capercaillie. Journal of Wildlife Management 71: 1784–1792.

Tobler U., Schmidt B. R., Geiger C. (2010): *Batrachochytrium dendrobatidis*: ein Chytridpilz, der zum weltweiten Amphibiensterben beiträgt. Schweizerische Zeitschrift für Pilzkunde SZP 3: 112–116.

Tschudi F. von (1890): Das Tierleben der Alpenwelt. Leipzig, 582 S.

Tschudi F. von (1944): Wo der Adler haust. Eduard Fischer (Hrsg.); Benziger, Einsiedeln/Zürich, 317 S.

Triplet P., Vigne J.-D. & Clergeau P. (2003): Le Cygne tuberculé: Cygnus olor (J.F. Gmelin, 1789). S. 195–197 in Pascal M., Lorvelec O., Vigne J.-D., Keith P., Clergeau P. (Koordinatoren), Évolution holocène de la faune de Vertébrés de France: invasions et disparitions. Institut National de la Recherche Agronomique, Centre National de la Recherche Scientifique, Muséum National d'Histoire Naturelle (381 pages). Rapport au Ministère de l'Écologie et du Développement Durable (Direction de la Nature et des Paysages), Paris, France. Version définitive du 10 juillet 2003.

Vetter S. G., Ruf T., Bieber C., Arnold W. (2015): What Is a Mild Winter? Regional Differences in Within-Species Responses to Climate Change. Plos One 10(7).

Wallner A., Hunziker M. (2001): Die Kontroverse um den Wolf – Experteninterviews zur gesellschaftlichen Akzeptanz des Wolfes in der Schweiz. Forest Snow and Landscape Research 76(1/2): 191–212.

Watson A., Moss R. (2008): Grouse. HarperCollins Publishers, London, 529 S.

Weber D. (1990): Das Ende des Fischotters in der Schweiz. Schlussbericht der „Fischottergruppe Schweiz". Schriftenreihe Umwelt, Bundesamt für Umwelt, Wald und Landschaft BUWAL, Bern, 103 S.

Weber D. (2011): Schutz der kleinen Säugetiere – Eine Arbeitshilfe. Umwelt Aargau, Sondernummer 36/ Nov., 70 S.

Weber D., Weber J.-M., Müller H.-U. (1991): Fischotter (*Lutra lutra*) im Schwarzwassser-Sense-Gebiet: Dokumentation eines gescheiterten Wiedereinbürgerungsversuchs. Mitteilungen Naturforschende Gesellschaft in Bern 48: 141–152.

Weber J.-M., Aubry S., Ferrari N., Fischer C., Feller N. L., Meia J. S., Meyer S. (2002): Population changes of different predators during a water vole cycle in a central European mountainous habitat. Ecography 25(1): 95–101.

Wegge P., Larsen B. B. (1987): Spacing of adult and subadult male common capercaillie during the breeding season. Auk 104: 481–490.

Weinberger I. C., Muff S., de Jongh A., Kranz A., Bontadina F. (2016): Flexible habitat selection paves the way for a recovery of otter populations in the European Alps. Biological Conservation 199: 88–95.

Weingarth K., Heibl C., Knauer F., Zimmermann F., Bufka L., Heurich M. (2012): First estimation of Eurasian lynx (*Lynx lynx*) abundance and density using digital cameras and capture-recapture techniques in a German national park. Animal Biodiversity and Conservation 35(2): 197–207.

Werner I., Kienle C., Kunz P., Vermeirssen E., Kase R. (2012): Hormonaktive Stoffe: messen, bewerten, minimieren. EAWAG News 72: 8–11.

Wiesner C., Wolter C., Rabitsch W., Nehring S. (2010): Gebietsfremde Fische in Deutschland und Österreich und mögliche Auswirkungen des Klimawandels. BfN-Skripten 279: 192.

Williams B. K., Nichols J. D., Conroy M. J. (2002): Analysis and management of animal populations. Academic Press, San Diego, 817 S.

Willisch C. (2016): Rothirsche im Mittelland – eine Rückkehr mit Überraschungen. FaunaFocus, Wildtier Schweiz, Zürich, 12 S.

Wirthner S., Schutz M., Page-Dumroese D. S., Busse M. D., Kirchner J. W., Risch A. C. (2012): Do changes in soil properties after rooting by wild boars (*Sus scrofa*) affect understory vegetation in Swiss hardwood forests? Canadian Journal of Forest Research-Revue Canadienne De Recherche Forestiere 42(3): 585–592.

Wisler C., Hofer U., Arlettaz R. (2008): Snakes and monocultures: Habitat selection and movements of female Grass Snakes (*Natrix natrix* L.) in an agricultural landscape. Journal of Herpetology 42(2): 337–346.

Wotschikowsky U. (2010): Ungulates and their management in Germany. S. 201–222 in Apollonio M., Andersen R., Putman R. (Hrsg.). European Ungulates and Their Management in the 21st Century. Cambridge University Press, Cambridge, UK.

Wotschikowsky U., Simon O., Elmauer K., Herzog S. (2006): Leitbild Rotwild – Wege für ein fortschrittliches Management. Deutsche Wildtierstiftung (Hrsg.), Hamburg, 30 S.

Zahner V., Schmidbauer M., Schwab G. (2009): Der Biber – die Rückkehr der Burgherren. Buch- und Kunst-Verlag Oberpfalz, Amberg, 136 S.

Zanoni R. G., Kappeler A., Müller U. M., Müller C., Wandeler A. I., Breitenmoser U. (2000): Tollwutfreiheit der Schweiz nach 30 Jahren Fuchstollwut. Schweizer Archiv für Tierheilkunde 142: 423–429.

Zaugg B., Stucki P., Pedroli J.-C., Kirchhofer A. (2003): Pisces, Atlas. Fauna Helvetica 7. Centre Suisse de Cartographie de la Faune, Neuchâtel, 233 S.

Zellweger F., Morsdorf F., Purves R. S., Braunisch V., Bollmann K. (2014): Improved methods for measuring forest landscape structure: LiDAR complements field-based habitat assessment. Biodiversity Conservation 23: 289–307.

Zellweger-Fischer J. (2015): Schweizer Feldhasenmonitoring 2015. Schweizerische Vogelwarte, Sempach, 26 S.

Zellweger-Fischer J., Kéry M., Pasinelli G. (2011): Population trends of brown hares in Switzerland: The role of land-use and ecological compensation areas. Biological Conservation 144(5): 1364–1373.

Ziellessen H. (1998): Mediation: Kooperatives Konfliktmanagement in der Umweltpolitik. Westdeutscher Verlag, Opladen/Wiesbaden, 247 S.

Zimen E. (1980): A short history of human attitude towards the Fox. The Red Fox Symposium on Behaviour and Ecology. Biogeografica 18: 1–5.

Zimmermann F., Breitenmoser-Würsten C., Molinari-Jobin A., Breitenmoser U. (2013): Optimizing the size of the area surveyed for monitoring a Eurasian lynx (*Lynx lynx*) population in the Swiss Alps by means of photographic capture-recapture. Integrative Zoology 8(3): 232–243.

Zumbach S., Ryser J. (2006): Weiherbau. KARCH, Bern, 20 S.

Zweifel-Schielly B. (2006): Rothirsche in Berggebieten. Wildbiologie 6/37, Wildtier Schweiz, Zürich, 16 S.

Glossar

BEGRIFF	DEFINITION	ENGLISCHER BEGRIFF
additive Mortalität	Zusätzliche Sterblichkeit durch eine bestimmte Ursache, welche den Bestand reduziert oder das Wachstum des Bestands verringert; der Begriff wird oft beim Einfluss der Jagd im Vergleich zu den natürlichen Todesursachen verwendet oder beim Einfluss (neu auftretender) Beutegreifer auf Wildtierbestände.	*additive mortality*
allochthon	Gebietsfremd; bezeichnet Arten, die direkt oder indirekt durch den Menschen eingeführt wurden; der Begriff enthält die griechischen Wortteile *állos* (= fremd) und *chthōn* (= Erde) und kann somit als «fremd-erdig» bzw. ortsfremd zusammengefasst werden.	*allochthonous*
Ausbreitung	Prozess, bei dem überwiegend junge Individuen ihr Geburtshabitat verlassen und neue Lebensräume besiedeln	*dispersal*
autochthon	Einheimisch; bezeichnet Arten, die sich im aktuellen Verbreitungsgebiet evolutionär gebildet haben oder natürlich eingewandert sind; der Begriff stammt vom griechischen *autós* (= selbst) und *chthōn* (= Erde).	*autochthonous*
Besatz mit Jungfischen, Fischbesatz	Einsetzen großer Mengen junger Fische in Fließgewässer oder Seen; die Jungfische stammen aus Fischzuchtanlagen und der Besatz geschieht oft dann, wenn die Naturverlaichung einer Art nicht gewährleistet ist.	*stocking*
Bestand	Anzahl Individuen einer Population zu einem bestimmten Zeitpunkt in einem definierten Raum	*population size*
Bestandsstützung	Aussetzung von Individuen einer Art in einem Gebiet, in dem noch ein Restbestand einer Population dieser Art vorhanden ist; diese Maßnahme ist dann sinnvoll, wenn Hinweise auf Inzuchtdepression vorliegen.	*population reinforcement*
Biodiversität	Vielfalt des Lebens auf den verschiedenen Ebenen der Ökosysteme, der Arten und der Gene sowie der Wechselbeziehungen innerhalb und zwischen den drei Ebenen	*biodiversity*

Biotop	Lebensraumtyp; der Begriff enthält die griechischen Begriffe *bios* (= Leben) sowie *topos* (= Ort), wörtlich können wir ihn also übersetzen mit einem Ort, wo Leben stattfindet. Im Gegensatz zum Begriff «Habitat» ist «Biotop» nicht artbezogen.	*biotope*
Domestikation	Prozess, bei dem ein Wildtier zum Haus- oder Nutztier gemacht wird; dabei werden Wirbeltiere durch Zuchtauswahl sowohl genetisch wie auch phänotypisch verändert. Die Zuchtziele sind unterschiedlich, z. B. Vertrautheit mit dem Menschen (Hund), Wachstumsgeschwindigkeit (Huhn, Truthuhn), verlängerte Laktation (Kuh) usw.	*domestication*
Fallwild	Tote Wildtiere, welche durch natürliche Ursachen (Krankheiten, harte Winterbedingungen, Prädatoren) oder durch Unfälle gestorben sind; die durch die Jagd entnommenen Tiere zählen nicht dazu.	*morkin* (durch natürliche Faktoren); *roadkill* (durch den Verkehr verursachter Tod von Wildtieren)
Fragmentierung	Aufteilung eines Lebensraums in kleinere Untereinheiten; werden die Fragmente zu klein, kann das Überleben einer Population gefährdet sein.	*fragmentation*
Generalist	Tierart, die keine speziellen Ansprüche an ihre Umwelt stellt, sondern unterschiedliche Ressourcen und diverse Habitattypen nutzt	*generalist*
Habitat	Lebensraum einer Tierart; der Begriff stammt vom lateinischen Verb *habitare*, was im Deutschen «wohnen» bedeutet. Der Begriff «Habitat» ist artbezogen zu verstehen.	*habitat*
Integrativer Naturschutz	Bestrebungen zur Erhaltung und Förderung der Natur auf der ganzen Fläche durch Integration der Ziele für die Erhaltung der Biodiversität in die Nutzungspraxis von Sektoren wie Landwirtschaft, Forstwirtschaft, Energienutzung, Siedlungsgestaltung usw.	*land sharing*
Inzucht	Paarung zwischen nah verwandten Individuen, wodurch Nachkommen mit geringerer Fitness entstehen können	*inbreeding*
Jagdstrecke	Anzahl erlegter Tiere, die auf den Abschuss pro Jäger, pro Revier oder politische Einheit (Kanton, Land, Staat) bezogen werden kann	*hunting bag*

Koevolution	Gemeinsame Entwicklung zweier oder mehrerer Arten, die in einer wechselseitigen Beziehung stehen (z. B. Beute-Prädator)	*coevolution*
Kohorte	Gruppe von Individuen desselben Jahrgangs einer Population	*cohort*
kompensatorische Mortalität	Sterblichkeit durch Faktoren, welche andere Todesursachen vorwegnehmen; dies betrifft zum Beispiel den Tod von Tieren, die durch Jäger erlegt oder von Prädatoren erbeutet werden, die wegen harter Winterbedingungen die nächste Fortpflanzungsperiode ohnehin nicht erreicht hätten.	*compensatory mortality*
Kondition	Aktuelle körperliche Verfassung eines Tiers (Ernährungs- und Gesundheitszustand, Leistungsfähigkeit und Widerstandskraft); eine gute Kondition zeigt sich beispielsweise in einem hohen Körpergewicht bezogen auf die Körpergröße und die Vorräte an Körperfett.	*condition*
Konkurrenz, intra- und interspezifische	Interaktion / Wettbewerb zwischen Individuen unterschiedlicher Arten, welche die gleiche begrenzte Ressource nutzen; es wird unterschieden zwischen intraspezifischer Konkurrenz (innerartlicher K.) und interspezifischer Konkurrenz (K. zwischen Arten).	*competition (intra-/ interspecific c.)*
Konstitution	Entwicklungszustand und Körpergröße eines Tiers aufgrund seiner genetischen Voraussetzung und den Ernährungsbedingungen während der Trächtigkeit und der Wachstumsphase als Jungtier. Als gute Konstitutionsmaße bei Paarhufern gelten Hinterfuß- oder Unterkieferlänge.	*constitution*
Kulturfolger	Wildtiere, die in der menschgeprägten Landschaft resp. in der Nähe des Menschen gute Lebensbedingungen vorfinden	*synanthrope species*
Melioration	Neuordnung einer Fläche für die Aufwertung der land- oder waldwirtschaftlichen Nutzung (lat. *melior* = besser); konkret bedeutete dies oft die Zusammenlegung von Parzellen zu größeren Bewirtschaftungseinheiten und die Trockenlegung von Feuchtgebieten.	*land improvement*
Metapopulation	Gruppe von räumlich getrennten Teilpopulationen, die untereinander in einer Weise vernetzt sind, dass ein eingeschränkter, aber regelmäßiger Genaustausch stattfindet	*metapopulation*

Migration	Regelmäßige und zielgerichtete Bewegungen / Wanderungen eines Individuums oder einer Population, die über den temporären Aktionsraum hinaus- und wieder zurückführen; werden von Individuen einer Population oft synchron durchgeführt, meist zwischen saisonal genutzten Räumen	*migration*
Mortalität	Sterblichkeit; die Gesamtheit der Tiere, die in einer Population pro Fortpflanzungszyklus wegen unterschiedlicher Ursachen stirbt.	*mortality*
natürliche Selektion	Ausleseprozess durch Überleben, Fortpflanzung und Sterben, bei dem sich innerhalb einer Population diejenigen Eigenschaften durchsetzen, welche die besten Chancen unter den vorherrschenden Umweltbedingungen garantieren; von Generation zu Generation überleben die optimal angepassten Individuen und geben jeweils ihre Gene weiter.	*natural selection*
Naturverlaichung	Fortpflanzung einer Fischart ohne Zutun des Menschen; im Zuge der Eutrophierung der Gewässer, der Begradigung der Flüsse und der Kolmation der Gewässersohlen war diese Grundvoraussetzung für überlebensfähige Populationen bestimmter Fischarten nicht mehr gegeben.	*natural reproduction*
Neozoon	Eine Tierart, die nach 1492 (Beginn der Erschließung der «Neuen Welt») durch den Menschen gezielt oder unabsichtlich in neue Gebiete außerhalb ihres ursprünglichen Verbreitungsgebiets verfrachtet wurde und dort als nicht einheimisch gilt	*neozoan; neozoic*
Niederjagd	Aus dem Mittelalter stammender Begriff zur Einteilung der Jagd nach Tierart. Die nicht adelige Bevölkerung musste sich zu dieser Zeit auf die Jagd auf kleinere Tierarten wie Hasen, Füchse und Flugwild beschränken. Dagegen waren attraktive Arten wie der Rothirsch, der Steinbock oder das Auerhuhn im Rahmen der Hochjagd dem Adel vorbehalten.	*small-game shooting or hunting*
Nutztier	Im Gegensatz zum Wildtier über Generationen in Menschenobhut gehalten und gezielt im Hinblick auf die Interessen des Menschen gezüchtet	*livestock*
Population	Eine Gruppe von Individuen der gleichen Art, die zur selben Zeit in einem definierten geografischen Gebiet lebt und untereinander eine aktuelle Fortpflanzungseinheit bildet	*population*

Populationsdichte	Anzahl Individuen einer Population in Bezug auf eine bestimmte Fläche resp. einen bestimmten Raum	*population density*
Populations-struktur	Aufbau einer Population in Bezug auf den Anteil der unterschiedlichen Altersklassen und das Geschlechterverhältnis pro Altersklasse	*population structure*
Prädation	Beschreibt den Einzelvorgang, bei dem ein Tier ein anderes erbeutet, sowie den Gesamteinfluss von Beutegreifern auf Beutetierpopulationen	*predation*
Revier	Auch Territorium; begrenztes Gebiet, das von einem einzelnen oder mehreren Individuen einer Art ganzjährig oder temporär bewohnt, markiert und / oder gegenüber Artgenossen verteidigt wird	*territory*
Ruhezone für Wildtiere (Wildruhezone)	Gebiet, in dem Wildtiere vor Störung durch den Menschen geschützt werden, entweder durch Betretungsverbot, Weggebote oder andere Maßnahmen zur Lenkung menschlicher Aktivitäten. Wildruhezonen können durch einen Rechtserlass ausgeschieden werden oder empfehlenden Charakter haben.	*wildlife refuges*
Schirmart	Art, die bezüglich Größe und Qualität spezifische Ansprüche an ihren Lebensraum stellt, sodass ihre Förderung das Überleben zahlreicher weiterer Arten begünstigt	*umbrella species*
Schlüsselart	Art mit großem Einfluss auf die Artenvielfalt einer Lebensgemeinschaft. Ihr Verschwinden respektive Wiederauftreten hat oft bedeutende Veränderungen im gesamten Ökosystem zur Folge.	*keystone species*
Segregativer Naturschutz	Bestrebung zur Erhaltung und Förderung der Natur durch räumliche Trennung von Schutz- und Nutzflächen; in den Schutzflächen wird entweder eine möglichst ungesteuerte Naturentwicklung zu wildnisähnlichen Lebensräumen angestrebt oder es werden durch Pflegemaßnahmen konkrete Lebensraum- und Arterhaltungsziele verfolgt.	*land sparing*
Sömmerung	Sommerlicher Weidegang von raufutterverzehrenden Nutztieren auf Weiden oberhalb der natürlichen oder künstlich abgesenkten Waldgrenze. Das Sömmerungsgebiet stellt einen bedeutenden Teil der Kulturlandschaft in den Alpen, Voralpen und im Jura dar.	*grazing on alpine pastures by domestic ungulates*

Stakeholder / Interessenvertreter	Person mit Macht und Einfluss, die nicht nur die eigene Position, sondern auch Gruppen vertritt, welche Interessen am Verlauf bzw. Ergebnis eines Projekts haben	*stakeholder*
Störung	Menschverursachter negativer Einfluss auf das Verhalten, die Kondition oder das Überleben von Wildtieren, oder Veränderungen eines Ökosystems durch katastrophale Einflüsse wie Wind, Wasser, Lawinen, Murgänge, Brände usw.	*disturbance*
Streifgebiet	Gebiet, in dem sich ein Individuum über eine bestimmte Periode (Saison, Jahr, Lebenszeit) aufhält; die Größe ist abhängig von der räumlichen und zeitlichen Verteilung der Ressourcen.	*home range*
Territorium	Siehe auch Revier	*territory*
Verbreitung	Von einer Art besiedelter geografischer Raum (Zustand)	*distribution*
Vernetzung	Räumliche Verbindung zwischen Kernlebensräumen, welche der Verinselung und Fragmentierung von Tier- und Pflanzenpopulationen entgegenwirken und einen Austausch von Individuen zwischen den Teilpopulationen ermöglicht; die Ansprüche an ein Lebensraummosaik und verbindende Strukturelemente unterscheiden sich zwischen den Arten.	*linking*, Grad der Vernetzung = *connectivity*
Zoonose	Krankheit, die von Tieren auf den Menschen und umgekehrt vom Menschen auf Tiere übertragbar ist. Sie kann durch Viren, Bakterien, Pilze, Protozoen und Parasiten verursacht werden.	*zoonosis*
Zuwachs	Jährliche Zunahme einer Wildtierpopulation durch Fortpflanzung und Einwanderung abzüglich Mortalität und Emigration. Die Zuwachsrate eines Bestands ist die Anzahl Jungtiere, die den ersten Winter überlebt, bezogen auf die Gesamtzahl des Bestandes im Frühjahr.	*growth, annual increment*

Index

F

G

H

I

J

K

L

M

N

O

P

R

S

T

U

V

W

Z

Ulrich Hofer

Evidenzbasierter Artenschutz

Begriffe, Konzepte, Methoden

2016. 184 Seiten, ca. 20 Fotos, 40 Abbildungen, 3 Tabellen, Flexibroschur
ISBN 978-3-258-07955-4

Evidenzbasiert bedeutet «auf der Basis wissenschaftlicher Erkenntnisse erfolgend» und ist der Gegenentwurf zu einer Arbeitsweise, die auf Meinungen, Erfahrung und dem beruht, was wir gemeinhin gesunden Menschenverstand nennen. Im angewandten Artenschutz bedingt evidenzbasiertes Arbeiten ein elementares Verständnis der Methoden, mit denen wir einerseits den Erhaltungszustand von Arten beurteilen, andererseits Erkenntnisse gewinnen, die uns helfen, Erhaltungsmaßnahmen zu bewerten und wirksamer zu gestalten. Im vorliegenden Buch kommen die wichtigsten Methoden mit ihren Begriffen und grundlegenden Konzepten zur Sprache. Es dient als Einstiegs- und Orientierungshilfe für all jene, die im Artenschutz Erhaltungsmaßnahmen umsetzen und deren Wirkung überprüfen wollen.

Rolf Holderegger, Gernot Segelbacher (Hrsg.)

Naturschutzgenetik

Ein Handbuch für die Praxis

2016. 248 Seiten, durchgehend farbige Abbildungen, Klappenbroschur
ISBN 978-3-258-07929-5

Genetische Methoden werden in der Naturschutzpraxis immer häufiger angewendet. Umwelt-DNA, Barcoding oder genetisches Monitoring sind nur einige der aktuellen Schlagwörter. Genetische Methoden verunsichern aber auch: Zu schwierig erscheinen die Methoden, zu wenig fassbar sind Gene, zu unverständlich sind die Fach-wörter. Hier setzt «Naturschutzgenetik – Ein Handbuch für die Praxis» an. Es zeigt der Naturschutzpraxis – ob Behörden, Planungsbüros, Verbänden oder interessierten Einzelpersonen – auf möglichst einfache Weise die vielfältigen Verwendungsmöglichkeiten von Genetik im modernen Naturschutz auf. Dabei werden in 12 Kapiteln alle nötigen Grundlagen vermittelt, die Fachwörter erklärt und Bespiele konkreter Anwendungen gegeben.

Haupt

Haupt Verlag Bern
verlag@haupt.ch • www.haupt.ch